沖縄の人とブタ

産業社会における人と動物の民族誌

比嘉理麻 著

若い知性が拓く未来

今西錦司が『生物の世界』を著して、すべての生物に社会があると宣言したのは、三九歳のことでした。以来、ヒト以外の生物に社会などあるはずがないという欧米の古い世界観に見られた批判を乗り越えて、今西の生物観は、動物の行動や生態、特に霊長類の研究において、日本が世界をリードする礎になりました。

若手研究者のポスト問題等、様々な課題を抱えつつも、大学院重点化によって多くの優秀な人材を学界に迎えたことで、学術研究は新しい活況を呈しています。これまで資料として注目されなかった非言語の事柄を扱うことで斬新な歴史的視点を拓く研究、あるいは語学的才能を駆使し多言語の資料を比較することで既存の社会観を覆そうとするものなど、これまでの研究には見られなかった溌剌とした視点や方法が、若い人々によってもたらされています。

京都大学では、常にフロンティアに挑戦してきた百有余年の歴史の上に立ち、こうした若手研究者の優れた業績を世に出すための支援制度を設けています。プリミエ・コレクションの各巻は、いずれもこの制度のもとに刊行されるモノグラフです。「プリミエ」とは、初演を意味するフランス語「première」に由来した「初めて主役を演じる」を意味する英語ですが、本コレクションのタイトルには、初々しい若い知性のデビュー作という意味が込められています。

地球規模の大きさ、あるいは生命史・人類史の長さを考慮して解決すべき問題に私たちが直面する今日、若き日の今西錦司が、それまでの自然科学と人文科学の強固な垣根を越えたように、本コレクションでデビューした研究が、我が国のみならず、国際的な学界において新しい学問の形を拓くことを願ってやみません。

第26代　京都大学総長　山極壽一

はじめに

沖縄は四月とは思えないほど暑い日だった。二〇〇九年四月五日、午前中の仕事を終えた大城さんは木陰に入って汗をぬぐい、煙草を吸い始めた。私も木陰に入り、作業着についた飼料をはたいて腰を下ろした。そこに一台の車が通りかかった。大城さんは運転席の男性にむかって軽く会釈をした。だが、車は気づかずにそのまま走り過ぎていった。そのとき大城さんは意外な一言をつぶやいた。「ブタがくさいから、村の人が挨拶しない」。その一言で私は、車の男性が大城さんに気づかなかったのではなく、気づいたにもかかわらず前をむいたまま目を合わせなかったのだと理解した。私が大城さんの養豚場でフィールドワークを始めて三ヶ月が過ぎたころだった。

大城なおき・ゆうこ夫妻（仮名）は五十代で、ブタを育てている。この出来事をきっかけに、私のなかでそれまで気に留めていなかった会話の数々が「ブタのにおい」をめぐって繋がっていった。大城さんの家には祖父の代に建てた古いブタ小屋が残っていて、その周りにはバナナの木がまばらに植えられている。私は島バナナが好きだから、ブタの足元に溜まった糞をせっせと掻き出して木の下に運んだ。フレッシュな肥料をたっぷりあげたから、食べごろはそう遠くない。意気揚々と家に戻ると、ゆうこさんがシャワーを浴びるようにと私に言った。「あの若いネーネー、ブタ・カジャー（におい）がするさ」、バスの中でそう陰口をたたかれないようにと。ゆうこさんが、私にお揃いのニット帽をくれたこともあった。豚舎でかぶると頭髪がすっぽりと覆われる。髪の毛に「ブタのにおい」がつかないようにとのことだった。外に出かけるときには着替えをしたほうがいいとも言われた。私は言われる通りにした。

ある日の昼下がり、木陰で涼んでいると二台の車が目の前で止まった。中から五人の男が降りてきて、そのうちの一人がこう言った。「饒波川（仮名、養豚場の下流）で『黒い水』が流れてきよった。豚糞をたれ流してるんじゃないか」。保健所の職員だ。立ち入り検査の帰り際、彼は私に「ブタくさくないか？」と尋ねた。私は迷わず「くさくないです」と答える。彼は「あんたはブタ好きだから、におわんさ。でもみんなは違うわけさーね。自分もくさいと思うさー」と言い残して去っていった。

「みんな」とは一体誰のことなのか。本当にブタはくさいのか。沖縄では一九六〇年代まで、ブタはどの家でも飼われていた。ブタがいる風景はありきたりのものだったはずだ。今でも、昔の生活を嬉々として語ってくれるお年寄りは少なくない。なにが人とブタを変えてしまったのか。そんなことに頭をめぐらせながら、私は午後の仕事をするために豚舎のほうへと戻っていった。

……………

私たちは「ブタはくさい」という言明に、直感的に納得してしまっていないだろうか。「ブタは本当にくさいのか」。この素朴な問いが、本書の出発点である。「ブタ＝くさいもの」という等式を自明視せず、人類学的な問いのなかに投げ込むこと。ブタのにおいに対する直感的な理解にとどまる限り、においをめぐって生じる排除の論理を可視化する道は閉ざされる。

本書の前半部では、ブタのにおいへの反直感的な理解から、においをめぐる排除の論理を可視化する方途を探る。問題は、沖縄の個別・具体的な文脈において、ブタを「悪臭の発生源」とする言説がいかに構築され、どのように養豚場の排斥を正当化したかだ。

また、「ブタはくさい」という言説は、現在の養豚の現場をどのようにつくり変えているのだろうか。本書はまた現代沖縄の養豚場を舞台に、大量生産体制のなかで人間とブタが多彩に切り結ぶ関係を扱う。現在の養豚場には「工場畜産」という安っぽいラベリングでは決して汲みとることのできない、豊かな人とブタの関係がある。

沖縄の現代史を一瞥すれば、戦後からアメリカ統治を経て日本へと復帰する過程において、沖縄社会が目まぐるしく変容したことが分かる。その政治的・経済的変化は当然、人びととブタのかかわりを著しく変えることになった。関係が変われば、おのずとブタのにおいへの態度や評価も変わらざるをえない。

思えばこの産業社会において、我々はどこまで真剣に「家畜を育て、屠り、食べる」ことを考えてきただろう。日本で一年間に殺される家畜の数は、ウシ一二七万頭、ブタ一六六〇万頭、トリ五億八九九六万頭ほどだと言われている。この数字に愕然とするのは私だけだろうか。本書の中盤では、屠殺場の現場の微細な観察を通じて、ブタを殺して肉にすることの意味を探りたい。それはひいては人間にとって家畜とは何か、動物性とは何か、という大きな問いへとつながっていく。

誤解を招かないよう言っておくが、私は豚肉が好きだ。毎日のように、豚肉を食べている。なので、私は「ブタを殺すのはかわいそうだ」と主張したくはないし、家畜に対する安易な同情に共感するつもりは、ない。事実、本書の後半では消費の現場である市場を取り上げ、豚肉職人が長い時間をかけて磨き上げた技、大腸の大量消費、買い物客の嗜好性とその世代差について詳細に論じる。私はただ、産業化した社会で人間がブタを育て殺し、そして食べる、この単純な事実をそれぞれの現場から考え抜きたいのだ。

正確にいうと、本書は沖縄における人とブタの関係の変化に関するエスノグラフィである。「ブタのにおい」への関心が本書全体の通底音をなしている。ここで強調すべきは「ブタのにおい」が常に、沖縄の自然・社会環境の改変に埋め込まれていることだ。環境が変わるとき、人とブタは無傷ではいられない。

……………………

二〇一四年八月三一日、私は沖縄の空港に降りたってタクシーを拾った。ぼんやりと窓の外を眺めていると、見慣れたはずのドブ川を勢いよく漕ぐ二艘のシーカヤックが目に入った。カヤックを漕ぐほど、きれいな川だったか。私は思わず「川、きれいになりましたね」と運転手に話しかけた。「昔、このへんにはトンシャがあったから」。運転手は間髪入れずにそう答えた。私の頭のなかで「トンシャ＝豚舎」が「川が汚れていたこと」に結びつくのに多少の時間がかかった。ブタがいなくなって川がきれいになったのだ。もはやドブ川ではない。川を汚すブタ、その肉を今日も、私たちは食べている。

沖縄の人とブタ◎目次

はじめに　iii

第1章　激変する人―ブタの関係と沖縄社会……1

1　人間と動物の人類学　2

1-1　功利主義と象徴論　2

1-2　動物人格論　6

1-3　動物のエージェンシー論　9

2　産業化以降の沖縄における人とブタの関係を捉える視座　12

3　養豚、屠殺、市場――ブタをめぐる人の営みの可視化　15

4　本書の構成　19

第2章　ブタと沖縄……23

1　沖縄における人とブタの関係　24

1-1　人とブタの沖縄史　24

1-2　養豚の現在　29

2　沖縄における豚肉食の重要性　30

2-1　豚肉食の特徴　30

2-2　沖縄イメージと豚肉料理　33

第3章　ブタをめぐる両義性の生成――養豚場立ち退きとブタへの好意……39

1　「ノット・イン・マイ・バックヤード（Not In My Back Yard）」　39
2　戦後の養豚復興から産業化への移行　42
3　人とブタの分離　45
3-1　ブタの遠隔化　45
3-2　悪臭の「発見」　49
4　「汚いブタの肉を食す」矛盾　55
4-1　肉の特権化と豚肉食の連続性　55
4-2　尊いブタのイメージ　58
4-3　在来種アグーの復興運動　60

第4章　揺らぐ嫌悪と好意――養豚の現場で……69

1　養豚場の概況　70
1-1　企業養豚の概況　71
1-2　世帯養豚の概況　72

2　専業化に伴う豚舎の改変　75
2-1　戦前型ブタ便所から戦後型豚舎への移行　75
2-2　新式の機能別豚舎の登場　78
3　汚いのはブタか人か――人とブタの境界の侵犯と維持　84
3-1　養豚場内外にみる人とブタの境界　84
3-2　養豚場内における人とブタの境界　91
4　ブタのモノ化　108
4-1　ブタの飼育作業のマニュアル化　108
4-2　ブタのモノ化　111
5　ブタの擬人化　121
5-1　ブタの名付けと個体識別　122
5-2　感情移入とブタの模倣　129
第5章　脱動物化されるブタ――近代的食肉産業と屠殺の不可視化……137
1　屠殺を捉えるまなざし　138
2　屠殺場の概況　141
3　脱動物化　144

3-1 屠殺場における作業工程 144
3-2 ブタと肉の空間的な分離 145
3-3 脱動物化の工程 148
4 格付け検査による商品価値の付与 158
5 動物性とは何か？ 161

第6章 消費する現場の嗜好性――伝統と技と眼差しと……165
1 小売市場の概況 166
1-1 A市場の概況 166
1-2 肉屋の概況 169
1-3 豚肉食の特徴 174
2 流通形態の変化と民俗分類 179
2-1 豚肉流通の変化 179
2-2 ブタの部位の民俗分類 184
2-3 市場の技と民俗分類――身体的感覚の総体としての名付け 188
3 ブタ大腸に集中する消費 205
3-1 「部分消費」の誕生 205

3-2 売り手による大腸の加工 209
3-3 大腸の売買にみる買い手の世代差 214

第7章 考察と結論……231

1 産業化以降の沖縄における人とブタの関係 232
1-1 ブタへの嫌悪と境界の維持 232
1-2 肉への嗜好性とブタの肯定的な表象 237
2 課題と展望 244

あとがき 247
引用文献 258
索引 262

第1章
激変する人―ブタの関係と沖縄社会

沖縄ではブタが最も重要な動物で、かつ最も重要な食べ物である。このような語り口を、沖縄の戦後史は拒んでいる。嵐の中、養豚復興のための種ブタを船から降ろして次々とトラックに乗せる米兵の懸命な姿、それに喝采をおくる沖縄の畜産関係者たち。壊滅状態にあった沖縄の養豚は戦後六年にして、奇跡的にも「戦前並み」の飼育頭数十万頭を超えた。しかし、急成長を遂げた養豚業を、豚価の暴落が襲った。たびたび起こる豚価暴落に憤った男たちは、現在の県庁前で雄ブタを暴れさせて、豚価安定法の制定を迫った。

「有権者みんながブタ飼い（養豚農家）さーね、（琉球）政府は怖かったはず」と語るのは、雄ブタを率いて政府を脅した男性を父親にもつ、養豚農家の五十代男性である。この男性は戦後の養豚復興が軌道にのり、さらなる発展へと歩を進めていたころに父親から養豚業を引き継いだ。父の時代に養えたブタはたった二〇頭だったが、彼は今や毎月二〇〇頭のブタを出荷するまでに養豚場を成長させた。誇らしげに語るこの男性には、ひとつ気がかりがある。ブタが嫌われていることだ。彼は物心がつく前からブタが身近におり、中学校にあがるまでブタと同じ屋敷地に住んでいた。この男性が「ブタがくさいから、村の人が挨拶しない」と語った冒頭のエピソードの人物である。

ブタをめぐって沖縄社会はふたつに引き裂かれている。ブタを嫌い、ブタを愛でる。同じ人物でさえ、このふたつのあいだを揺れ動く。この分断と揺らぎを、本書は沖縄が辿ってきた歴史のなかに位置づけて理解を試みるとともに、現在の産業社会の日常から考えていく。激変する沖縄社会の人とブタの関係は、私たちに何を教えてくれるのか。本書は沖縄における人間とブタの関係の変化を、産業化の歴史と、ブタを育て殺し食べる分業体制のエスノグラフィの両面から理解することを目指す。短期間で生じた生産者と消費者の分断や、ブタへのまなざしの変容、人とブタの濃密な関係が描かれる。

1　人間と動物の人類学

1-1　功利主義と象徴論

近年膨大な蓄積がなされている人と動物の人類学的研究は、アプローチの違いによって二つに分けることができる。功利主義と象徴論である。人と動物の関係を捉えるにあたって、まずこれまでのアプローチを整理し、本書の理論的な視座を明らかにする。

人とかかわりをもつ動物は、家畜、愛玩動物や伴侶動物、猟獣や野生動物、実験動物などに大別できる。それらの動物と人の関係は、特定の社会や生業の形態と切り離せない。大まかに言えば、人類学では狩猟採集社会、牧畜社会、農耕社会といった特定の生業形態と結びついた人と動物の関係が主題となってきた［例えば　エヴァンス＝プリチャード 1997（1978）; Ingold 2000 ; Rappaport 1968］。それに対して近年では、従来あまり着目されてこなかった産業社会の人と動物の関係を対象とする人類学的研究が増えている。概して、産業社会の研究では、人と産業家畜、愛玩・伴侶動物、保護動物などの関係に対する関心が高い（例えば　土佐 2001, 2006 ; Cassidy 2007 ; Grasseni 2009 ; Edminster 2011 ; ハンセン 2014）。それら人類学における人と動物の関係に関する研究のなかでも、ここではまず動物と食の関係に焦点を当てた研究を取り上げる。

人類学では、食用動物の選択と禁忌が、功利主義的な唯物論と構造主義的な意味論の立場から研究されてきた［例えば　ハリス 1988, 1997, 2001（1988）; サーリンズ 1987 : 226–233］。両者の論争は、いわゆる「蛋白質」論争と呼ばれ、食物の消費を蛋白質の摂取行為として説明するマーヴィン・ハリスの唯物論的な消費論に対して寄せられた激しい批判に端を発する。ハリスにとって、ある動物が食用に適しているか否かといった可食性の問題は、当該地域の自然環境や政治経済体制の利に適うか否かによって決定される［ハリス 1997 : 224–229］。

たとえば、ハリスはインドにおいてウシが宗教的な食肉禁忌の対象となる理由を、ウシが犂を牽く動物として天水農耕に不可欠である点に求める。その際、なぜ雄ウシよりも雌ウシのほうが神聖視されるかといえば、それは雌ウシの繁殖能力に因る。ウシを農耕に継続的に利用するには、仔ウシを産む能力をもつ雌ウシは宗教的な禁忌によって厳重に保護されねばならない。

ハリスによれば、こうしたウシの食肉禁忌は、インドにおいて農耕生産が強化され資源が枯渇し、人口密度が高まる歴史過程のなかで生じたものである。人口密度の上昇により農場が小規模化するなかで飼育に値する家畜は、天水農耕に不可欠で、乾季を切り抜けるために旱魃に強いウシのみであった。この状況下、ウシを飼育するコストは、ウシが農耕に寄与することから得られるベネフィットに比べれば僅かなものである。さらに言うまでもなく、飼育するウシの肉を食すことによる栄養価のベネフィットよりも、ウシそのものを失うコストは甚大である。ゆえに、たとえ飢餓の時期であっても、肉を得るためにウシを殺さずに済むよう、宗教的な食肉禁忌が課されることとなったのである［ハリス 1997：249–256］。このようにみると、インドにおけるウシの宗教的な食肉禁忌は、生態学的・経済的な諸条件にもとづいた極めて合理的な計算に裏打ちされているのである。

こうした功利主義的な立場は、サーリンズに代表される文化記号論的な立場から強く批判された［Sahlins 1976；サーリンズ 1982］。サーリンズはハリスの食肉禁忌の議論を、文化的な意味を欠いた功利主義的決定論であると批判する。彼によれば、食用動物の選択と禁忌を、コストとベネフィットの計算から説明づけるハリスの議論は、西欧の経済合理性を他地域の人びとの慣習に投影したものに過ぎない。ハリスはそれによって、一見すると「奇異な慣習」の裏に「隠れた合理性」があることを証明しようとしたが、その試みは成功したとは言い難い［サーリンズ 1982：171, 176–177］。

ハリスとは対照的に、サーリンズは経済的機能には還元できない豊かな意味の世界に注意を促す。サーリンズにとって、人間の行動は功利主義だけによって説明できるものでは到底ない。それは社会的に共有された象徴コードと突き合わせて理解されねばならない［サーリンズ 1982：174］。よって、食用動物に関する選択と禁忌も、何が食物で何が食物ではないかといった人びとの認識の問題として分析する必要がある［Sahlins 1976：299］。

こうしたサーリンズの立場を表しているのが、アメリカにおける食用家畜の選好とタブーの分析である［サーリンズ 1987：226–235］。サーリンズによれば、アメリカの「食用／非食用」の区分は、生態学的あるいは経済的な観点のみからは説明できない。たとえば、食事の中心に据えられる肉類は、「力強さ」の概念や男性性を喚起する。雄々しいウシのステーキは男らしい食事の典型であり、常食として好まれる。また、ウマやイヌが栄養価ではウシやブタにさして劣らないにもかかわらず、食されずに愛情を伴って接せられる点も、象徴的な意味づけを考慮しなければ理解不能である。

アメリカでは、家畜は食用（ウシ―ブタ）と非食用（ウマ―イヌ）のクラスに分類され、各クラスは選好の度合い（ウシ＞ブタ）と、タブーの度合い（ウマ＜イヌ）に応じて分類される。こうした分類は、その家畜と人間の社会的な距離に基づいている。イヌは家族同然であるのに対して、ウマは従僕である。また、ブタは人間とは離れたところで生き、人間と親密な関係になることはないが、前庭で残飯をあさる点で人間に近接する。それに対して、残飯をあさらないウシの肉はより高い格式と儀礼性を付与され、重宝されることになる。

このような人間と家畜の関係に応じて、人間に近い「ウチ」のカテゴリーに入る家畜（イヌ―ウマ）の肉はタブー視され、人間から離れた「ソト」のカテゴリーに入る家畜（ブタ―ウシ）の肉が選好される。なかでも、人間に最も近いイヌの肉を食することは、インセスト・タブーに近い嫌悪感をもたらし、強く忌避されるのに対して、人間から最も距離のあるウシの肉は食用として非常に好まれる。さらに、同じ論理は動物種だけでなく食用部位についても適用される。具体的に「ウチ」に属す内部器官よりも、「ソト」に属す筋肉や脂肪が選好され、高値がつけられることになる。(1) このように、家畜の食用／非食用の区分や、その経済的な価値を決めるのは社会に共有された象徴的な意味づけであって、その逆ではない。

この考え方は、動物の可食性を言語的なカテゴリーの問題として論じたリーチに通じるものである［リーチ 1976］。リーチやサーリンズにとって、食物の選択と禁忌は単に「食べるに適しているか」よりも、むしろ「考えるに適しているか」［レヴィ＝ストロース 2000（1970）：145］、すなわち象徴の論理に依存する。言い換えれば、人と家畜の関係は、単なる栄養摂取の観点から説明しきれるものではなく、文化的に構築された分類体系の問題として考察される必要があるとしたのである。

1-2　動物人格論

動物を象徴と捉える視座を確立したことは、人と動物の研究において特筆されるべき人類学の重要な貢献である［Knight 2000 : 13–14, 2005 : 1］。一九八〇年代後半になると、こうした象徴論的アプローチをさらに発展させながら、人と動物の関係をめぐる新たな議論が生まれることとなった(2)。

従来の研究は、基本的に、動物と人間の関係そのものへの関心が低かった。人類学者はあくまで、人間社会を分析する「便利な窓」として動物を分析の対象にしたに過ぎなかったのである(3)［Mullin 1999, 2010 : 147］。それに対して一九八〇年代後半からは、人と動物の関係そのものへの関心が高まっていく。そこでは、人間中心主義的な動物観が批判の対象となった(4)。

人類学における人間中心主義批判は、バーバラ・ノスケ［Noske 1989, 1997］に端を発する。それ以降、動物を単なる資源でも、単なる象徴でもない存在として扱う研究が増加していった。ノスケに始まる一連の批判は、人と動物の連続性に注目し、動物を人間と同等の存在とみなす(5)。

重要なのは、従来の研究が無意識のうちに西洋の人類学者がもつ枠組みを用いて、非西洋社会の人と動物の関係を説明してきた点が批判されたことである。つまり、それまでの研究は西洋の「自然／社会」という二元論を暗黙の前提とし、対象社会の人と動物の関係を自らの枠組みに回収してしまったため、理解を歪めてきたとされたのである

[Descola 1996 : Viveiros de Castro 1998 ; Nadasdy 2007 ; 奥野 2012]。必要なのは、非西洋社会の人びとの視点をより重視し、人びと自身の用いる概念や解釈枠組みに強く依拠した人間と動物の関係の理解だとされた。したがって、人類学における人間中心主義批判の論拠も、インフォーマントが動物を能動的な主体とみなし、人間と同等の存在、すなわち人格（person）として捉える点に求められた(6)［Hurn 2012 : 202–203］。

また動物人格論は、従来の人間の側から見た動物との一方的な関係を超え、人と動物のコミュニケーションが展開する対峙の場面に目を向ける(7)。両者のあいだに形成される双方向的な関係の記述からは、従来見過ごされてきた人間と動物の関係の新たな側面がみえてくる。たとえば、コーン［Kohn 2007］は、動物を人間と同等の主観性をもつ主体として位置づける(8)。コーンによれば、エクアドルのアマゾン上流に居住するルナ（Runa）は、狩猟において人間のパートナーとなるイヌが夢を見ると考える。つまり、イヌに自我（self）を認めるのである。なぜなら、そもそも人間は魂をもつがゆえに意識をもつとされるが、イヌを含む動物にも、この魂があるとされるからである。

さらに、ルナ特有の心身に関する観念によれば、人間や動物は、他の生物に属する物（特定の器官など）を食べることで、相手の意識や視点を我が物にすることができるとされる。それによって、異なる主観的世界を生きる人間や動物が相互に特殊なコミュニケーションを交わすことが可能になるのである［Kohn 2007 : 1–9］。こうした枠組みのもとでは、人間と動物は単純な主客の関係になく、同等の主観性をもって相互に働きかけうる存在として捉えられる。

動物人格論は、主にアマゾンや他の狩猟採集社会の地域的な文脈を重視しつつ形成された。人と動物の関係のありかたや、人間が動物をどう捉えるかは、特定の生業形態や環境のありかたに深く根ざしている。この点を重視して、非産業社会の人と動物の関係論は、民族誌に即した理論的な蓄積がなされてきた。

しかし、産業社会の人と動物の関係を考察する際、動物人格論のような象徴論的アプローチのみでは不十分である点に注意が必要である。この点については、本書と同じ日本で調査を行なったジョン・ナイトの議論が参考になる［Knight 2006］。ナイトは、紀伊半島の山村部における人間と野生動物の関係について論じている。当該地域では、一九七〇年代から九〇年代にかけて過疎化が進み、農業に使用する土地面積が減少した。また、若年層の流出により、野生動物の狩猟者も激減した。こうした人間の活動領域の縮減がもたらしたのは、野生動物の行動範囲の拡大であった。野生のイノシシ、シカ、サル、クマによる被害は増加し、それら害獣への有効な対策が求められることとなった。

ナイトによると、野生動物を「害獣」として排除の対象とする視点は、同じ野生動物を人間の生計に寄与する「資源」とみなす視点と表裏一体にある。後者にあっては、野生動物は観光資源などとして重宝される。だが、それらはともに人間中心主義的な功利主義の観点から、動物と自然を人間社会の実利に資するよう利用・駆除する点において同一の立場として捉えられる［Knight 2006 : 2–3, 14, 20–47］。

人類学における人と動物の関係論との関連で言えば、右記の功利主義的な立場は一見すると、野生動物への象徴的な意味づけを排するかにみえる。しかし興味深いことにナイトは、当該地域では「害獣」という功利主義的なカテゴリーと、野生動物への象徴的な意味づけとが併存する状況にあるとする。人類学では、動物の象徴的意味に種々の分類体系の観点から接近する。その際に問題とされるのが、分類上の境界である。とくにナイトが注意を促すのは空間的な境界の象徴的侵犯であり、この視点からは、野生動物による畑荒らしも、単なる経済的な損失に還元することはできない。なぜなら、それは村落社会の領域と自然領域の境界を侵犯する行動だからである。つまり、害獣は山村に実質的な被害をもたらすと同時に、その象徴的な秩序を侵犯するのである。

さらに産業化した日本の山村では、野生動物が人間中心主義と功利主義の観点から駆除される一方で、人びとは同じ動物に愛着をもち同一化の対象とすることさえあるという［Knight 2006 : 15–18, 238–242］。このような議論をふまえるならば、産業社会の人と家畜の関係も、功利主義的な視点と、動物人格論や境界論に顕著な象徴論的な視点の双方から理解される必要があるといえる。以上の点に留意し、次に産業社会の人と動物、とくに家畜との関係にいかにアプローチするかを考えていく。

1-3 動物のエージェンシー論

本書の対象地域である沖縄のような産業社会における人と動物の関係に関しては、個別的な民族誌にもとづいた蓄積が未だ不十分である。とくに家畜を対象とした研究は一層少ない。

人類学における人と動物の関係論を先導するティム・インゴルド［Ingold 2000］は、産業社会の人と家畜には意味のある相互行為はない、と切り捨てているようにみえる。インゴルドによれば、狩猟採集社会における野生動物は人間のコントロールの外部にあり、人間と同等の主体とみなされる。それに対して、牧畜社会の家畜は人間から支配され、主体とはみなされない。ただし、それでも牧畜社会においては、人間と家畜のあいだには、常に「意味ある直接的な関与（engagement）」がある。それとは対照的に、産業社会では家畜は単なる「モノ（objects）」すなわち客体となる。つまり、産業社会においてはじめて、人間と家畜は「完全に切り離された（disengagement）」別個の存在となるとされる［Ingold 2000 : 75］。

ただし、個別具体的な文脈に即して両者の関係をみてみると、実際にはそうではないことが分かる。本書の事例から明らかになるように、インゴルドの言うエージェンシーなき産業家畜に対してでさえ、人は単なる物体として対峙するわけではない。確かに、産業家畜はモノのように従順な動物になりうる。しかし、それはあくまで人の効率性の追求という不断の試みを通してである。つまり、産業家畜は人とのかかわり抜きに、あらかじめモノとして存在しているわけではなく、人間の管理のもとでモノ化されるのである。

飼育者は機械化を進めることで動物をモノ化しようとするが、ときに動物は人の制御を容易に超えていく。また、一見すると、工業製品の工場のような産業屠殺場でさえ、生き物を殺すこと、すなわち屠殺の恐怖を消すための工夫無しには成立しない［cf. Vialles 1994］。この具体的な相互行為のなかでは、動物は単なる受動的な物体ではなく、人とのあいだに個別的な関係性を生み出すエージェントである。

もちろん、家畜のエージェンシーは飼育環境に大きく制約されており、先述した自律性の高い野生動物と比べて相対的に低いと言わざるをえない。しかし、家畜が野生動物よりも自律性が低く、人の管理下に置かれているからといって、まったく人への作用をもたないとは言えない。それは産業家畜の場合も同じである。最低限に見積もっても、生き物であるゆえの不確実性は、人にモノ以上の扱いを求める。

さらに、産業化の文脈に限らないが、人間と家畜の関係についてナイトは先述の著作とは別の論文で、インゴルドの主張とは正反対の議論を展開している［Knight 2005, 2012］。彼は、人と動物の意味ある直接的な関与は、狩りをする人間と、狩られる野生動物とのあいだではなく、むしろ家畜と世話をする人とのあいだにこそ芽生えるとする［Knight 2012 : 334］。

その論拠はいたってシンプルだ。狩猟においてハンターと獲物が対峙するのはほんの一瞬で、パーソナルな関係が生まれる余地がないほど刹那だ。仮にパーソナルな関係が生まれたとしても、次の瞬間にその動物は死に至る。したがって、ハンターと獲物が継続的な社会関係を築くことはできない。

こうした狩猟の条件を鑑みると、個別の狩猟者と獲物とのあいだには持続的な社会性が成立しえないとされる。ナイトによれば、個々の動物が人格（person）となり、単なる客体ではなくなるのは、個別の人間とのパーソナルな関係においてのみである。そうした関係が構築されなければ、その動物に人格は生じえず、意味ある直接的な関与もないか、あるいは稀薄なものに留まってしまう。動物のエージェンシーは、集合としての人間と、種としての動物とのあいだではなく、個々の人間と個々の動物とのあいだで築かれる個別の関係に由来するのだ。

種ではなく個別性、という二者択一を迫るナイトの議論には多少極端なところがあるが、動物のエージェンシーは人との持続的かつ個別的な関係のなかで生成するという論点は、本書にとっても参考になる。もちろん、動物の種の次元が社会性とはかかわりがないとは言えない。具体的な事例を出すまでもなく、ある動物が特定地域で一般的にどのような存在として意味づけられるかに応じて、ある人がその動物種の特定個体をどのように扱い接するかは変わりうる。(9) 対象地域における種としての動物の位置づけや扱われ方が、個々の動物との相互行為のとり方を枠づけるのは明らかであろう。したがって、本書ではナイトの主張を単に踏襲するのではなく、個別の関係のあり方と、種の意味づけの両方を捉え、その関係を問うていく。

その際、話が多少複雑になるのは、やはり、沖縄の産業社会という文脈である。インゴルドの問題は、産業家畜に対する指摘が一般論として提示されている点にもある。社会成員の異質性が著しい産業社会では、大きく分けて生産者と消費者とでは、同じ動物と言っても、その関係は大きく違っている。

沖縄に関しては、これまで消費者の肉とのかかわりは着目されてきたが、ブタの飼育現場、すなわち生産者とブタの具体的な相互行為の内実は描かれてこなかった。とくに産業化以降の人とブタの飼育を介した具体的な関係は、ほぼ言及されることがなかった。重要なのは、「人とブタとの関係」と言っても、産業化以後の沖縄の人びとは、ブタの一生（生まれ育ち、殺されて肉になり食されるまで）に総体的に関与するのではなく、それぞれが各々の仕方で断片的にかかわっていることである。ブタのどの段階・局面にかかわるか、すなわち生きたブタ、屠体、肉、糞やそのにおい、そのどれに接するかによって、人間の側の態度は異なるどころか両極端にすらなりうる。さらには同じ人物でも、一貫した態度を取り出せるというよりは、むしろ相反する態度のあいだを揺れ動くのである。

本書では、「ブタ好き沖縄」あるいは「肉好き沖縄」という安易な形容に還元できない、生きたブタから屠体、肉、糞のにおい、さらにはイメージのブタと人との関係まで射程に入れる。それによって、沖縄の人とブタの具体的なかかわりと分断を詳細な民族誌に基づいて検証していく。

2　産業化以降の沖縄における人とブタの関係を捉える視座

沖縄では戦後復興とその後の近代化政策のなかで、短期間で劇的に産業化が進展し、家畜や食物とのかかわり方が急速に変化した［比嘉 2011a, 2011b, 2012］。第2章と第3章で詳述するが、さしあたり指摘しておくべきは、沖縄の人とブタの関係は、一地域の生業経済から、他地域にまたがる産業経済という別種の世界に組み込まれるなかで著しく変容したことである。この点はいくら強調してもし過ぎることはない。産業化といったマクロな次元で生じる事象は、人びとのブタに対する意味づけや態度といったミクロな次元での変化を引き起こす。それゆえ、現在の沖縄の人びととブタないし肉との関わりは、産業化の社会的・歴史的プロセスの分析無しには決して理解することはできない。

産業社会では生産者と消費者とで全く異なる家畜との関係が築かれる。本書で扱う沖縄の人とブタの関係で言えば、先行研究では両者の密な関係が強調されてきた［比嘉 2008］。しかし、そもそも大多数の消費者は生きたブタに接する機会はほとんどない。同じ社会のなかでも生産者と消費者は、ひとつの動物種との日常的な接触の度合いや物理的な距離において著しく異なっている。これは産業化のひとつの帰結であり、人と動物の関係の変化を捉えるうえで見落とすことのできないポイントである。

重要なのは、ブタが大多数の沖縄の人びとにとって〈生きたブタ〉というよりも、まずもって〈肉〉であることだ。この単純な事実は、社会の大多数が消費者であることに由来する。生産者と消費者を二分する分業化は、単なる経済的な役割分担ではない。分業化は、〈肉〉の消費者が〈生きたブタ〉を想像できなくなるという結果をもたらした。要するに、〈生きたブタ〉は消費者から、物理的にも想像のうえでも隔てられているのである。

この〈生きたブタ〉と〈肉〉の断絶が、沖縄の人とブタ／肉の関係を捉えるうえで非常に重大な意味をもっている。このことは豚肉を非常に好みながらも、その元であるブタを嫌悪するといった歪みが生じている点からも明らかである［比嘉 2011a］。沖縄ではブタの「悪臭」を理由に、養豚場の建設反対や立ち退きを求める住民運動が起きている。そこでは住民の「くさい」という訴えで、養豚業者が廃業に追い込まれている。この点に関しては第3章の歴史過程の分析を通じて明らかにしていくが、ブタへの嫌悪と肉への嗜好性は、現在の人びとに共通した態度として一般化することができる。

以上をふまえ、現在の沖縄における人とブタ／肉の関係は二つの軸から見ていく必要がある。ひとつは、過去からの持続と断絶である。この点は分業体制の確立と深くかかわる問題系であり、食の産業化に注目したジャック・グディ［Goody 1982］が打ち出した論点でもある。グディは産業化による生産の再編が、消費の変化を引き起こしたことを指摘している。分断された生産と消費の領域は、相互に連動しているのであり、それらを総合的に扱う視点が必要である。産業社会に固有な時間的・空間的広がりのなかで、人とブタの関係は展開しており、生産と消費の双方を総体的に捉える視点、いわば食研究と動物研究を統合する視点が要請されているのである。

沖縄のブタを主題とした先行研究は、豚肉消費の文化的な持続性ばかりを強調し、歴史的な変化を捉える枠組みを十分に用意してこなかった［比嘉 2008：66–67］。現在、求められているのは、消費慣行の変容を豚肉産業の総体から捉える視座である。沖縄における豚肉消費や、人とブタの関係の変化は、より広い生産・流通構造の変化とともに進展した。とくに分業化によって、生産、屠殺、販売を行なう少数の専門家と、加工済みの肉を購入する大多数の消費者の分割が生じた点は見過ごされるべきではない。

従来、こうした産業化のプロセスを想定し、豚肉消費の慣習や人とブタの関係を総体的に捉える方法は提示されてこなかった。琉球史学者の高良倉吉は、沖縄の人類学的・民俗学的研究が離島部に集中し、本島のとりわけ都市部を対象とする研究の蓄積が少ない点を批判した［高良 1996］。さらに高良の指摘の一〇年後、ハラは沖縄研究において産業構造や都市化といった歴史的な変化の問題が看過されてきたと同様の指摘をしている［Hara 2007：117–119］。当該研究においては、変化の激しい本島都市部を避け、外部との接触の少ない「伝統文化」を求めて「より周辺へ」と向かう研究態度は変わっていないといえる。本書では、これまで見過ごされてきた歴史的な変化と都市部の社会の問題、すなわち都市部を中心に展開する産業化の過程に焦点を当て、豚肉の消費や、人とブタの関係を歴史的動態のなかに位置づける。

本書は、沖縄を「伝統化」する支配的なまなざしに抗して、沖縄で豚肉が好まれることだけに注目するのではなく、その一方でなぜブタが嫌われるのかを問うていく。ブタへの嫌悪と豚肉への嗜好性を同時に扱うことは、沖縄を「伝統化」する従来の研究に対する批判につながる。産業化以降の沖縄では、ブタへの根深い嫌悪がみられるにもかかわらず、先行研究はブタの儀礼的な重要性や豚肉食文化のポジティブな側面ばかりを強調してきた感が否めない（例え

ば 萩原 2009；小松 2002a, 2007；宮平 2012）。

それに対して本書では、消費者の〈ブタ嫌い・肉好き〉の態度がどのような歴史過程のなかで形作られたかを示す。それは、沖縄の人とブタの関係を単なる持続のうえに成立する事象とみなさずに、産業化の過程でいかに変化したかを問うことでもある。具体的に本書では、豚肉の大量消費慣行と、養豚場の排斥運動が同じ歴史的プロセスのなかで生じた点を明らかにする。そのために、戦後の沖縄でどのように養豚の分業化と専業化が進められていったかを辿っていく。

次に、現在の人とブタ／肉の関係がどのようなものであるかを三つの「場所」の民族誌的事例から示す。三つの場所とは、ブタが飼育される「養豚場」、ブタが殺され解体される「屠殺場」、肉が加工されて売買される「市場」である。

3 養豚、屠殺、市場——ブタをめぐる人の営みの可視化

ここではフィールドワークにおける対象の特殊性を指摘し、そのうえで、本書で取った方法論上の工夫についてまとめておく。本書では、豚肉産業に焦点を当てるという性質上、産業社会の特徴をふまえてフィールドワークを行なう必要があった。産業社会は生活の断片化が著しく、その点を考慮することが人とブタの関係を理解するうえでも重要である。具体的に沖縄における豚肉産業の文脈では、大きくは養豚場、屠殺場、小売市場の三つの場所に分かれて、それぞれの場でそれぞれの専門家がブタ／肉と接する。それゆえ、本書では生活の断片化が著しい産業社会において、

沖縄の人とブタの関係を対象とする人類学的調査を行なう過程でマルチサイティッド・エスノグラフィ［Marcus 1998］を実践することになった。

また、産業社会の日常生活では、生産や加工の現場は不可視となっており、消費者の前に現われた商品とそれまでの姿をつなぎあわせて想像することはあまりない。そこで、本書では、市場の調査と並行して、市場の仕入れ先である卸業者へ、さらにその上流に位置する屠殺場、養豚場へと商品化の流れに逆行する形でフィールドワークを行なった。

以下でフィールドワークの概要を示しておきたい。まずはじめに、沖縄本島都市部に位置する小売市場の食料品店において、二〇〇三年一一月から二〇〇四年一二月までの通算一三ヶ月のあいだ、参与観察とインタビューを実施した。その後、二〇〇八年まで通算六回の短期調査を行なった。市場は一一五軒の常設店舗と露店から成り、その過半数が食料品店である。そのうち肉屋は一〇軒あり、豚肉を専門に扱う店は七軒である。豚肉専門店（シシヤー）は一軒を除き、夫妻二名で営む小規模かつ家族経営型である。

筆者はそのうちの一軒に主に身を置き、商品化と売買の方法について習い、観察を続けた（写真1-1）。この夫妻の肉屋を拠点に、周辺の肉屋、仕入れ先と卸し先、ならびに市場の他店に対して調査を広げていった。調査の拠点となった肉屋の夫妻は、二〇〇三年当時、四十代前半と若年であったが、この市場で肉屋を二〇年以上営むベテランであった。市場の繁忙期に当たる年中行事の前には、筆者はこの肉屋で内臓の加工を手伝いながら、売り手と買い手のやりとりを観察した。

続いて、この肉屋の仕入れ先である卸業者、さらにその上流に位置する屠殺場で調査を行なった（写真1-2）。卸業者と屠殺場では二〇〇四年一二月、二〇〇七年九月、二〇〇八年三月、二〇〇九年四月の計四回の施設見学と数回

写真 1-1　肉屋の店先で大腸を切る筆者

＊写真の中央左奥に肉屋の陳列台がある．筆者は陳列台の横に作業台を置いてもらい，この場所で作業をしながら，買い手と会話を交わしたり，売り手と買い手のやりとりを観察した．筆者の作業台は，買い物客が肉を選んだり順番待ちをする場所に面しており，ちょうど背には男性店主の作業場があったため，その両方を覗くことができた．

にわたるインタビューの実施にとどまっている。というのも、卸業者も屠殺場も一日に大量の肉を捌き、調査者がじっと立ち止ってメモを取るスペースさえままならないという事情による。こうした制約は、東京の築地市場を調査したベスター[Bestor 2003, 2004] が指摘しているように、大量生産工場や都市部の調査に必ずついてまわる困難である[10]。そのため、民族誌的事例の補足資料として、卸業者や屠殺場を規制する法令や制度、および従業員に配布されるマニュアル本を収集した。

最後に、養豚場の調査は二〇〇八年一月～二月、二〇〇九年一月、三月～四月に実施した。筆者は、経営形態の異なる二種類の養豚場にて調査を行なった。ひとつは沖縄本島北部に位置する企業経営の養豚場であり、もうひとつは同島南部の世帯経営の養豚場である。養豚場では毎日一三時間余りの連続労働を集中的に行なうかたちで密な参与観察とインタビューを実施した（写真1-3）。

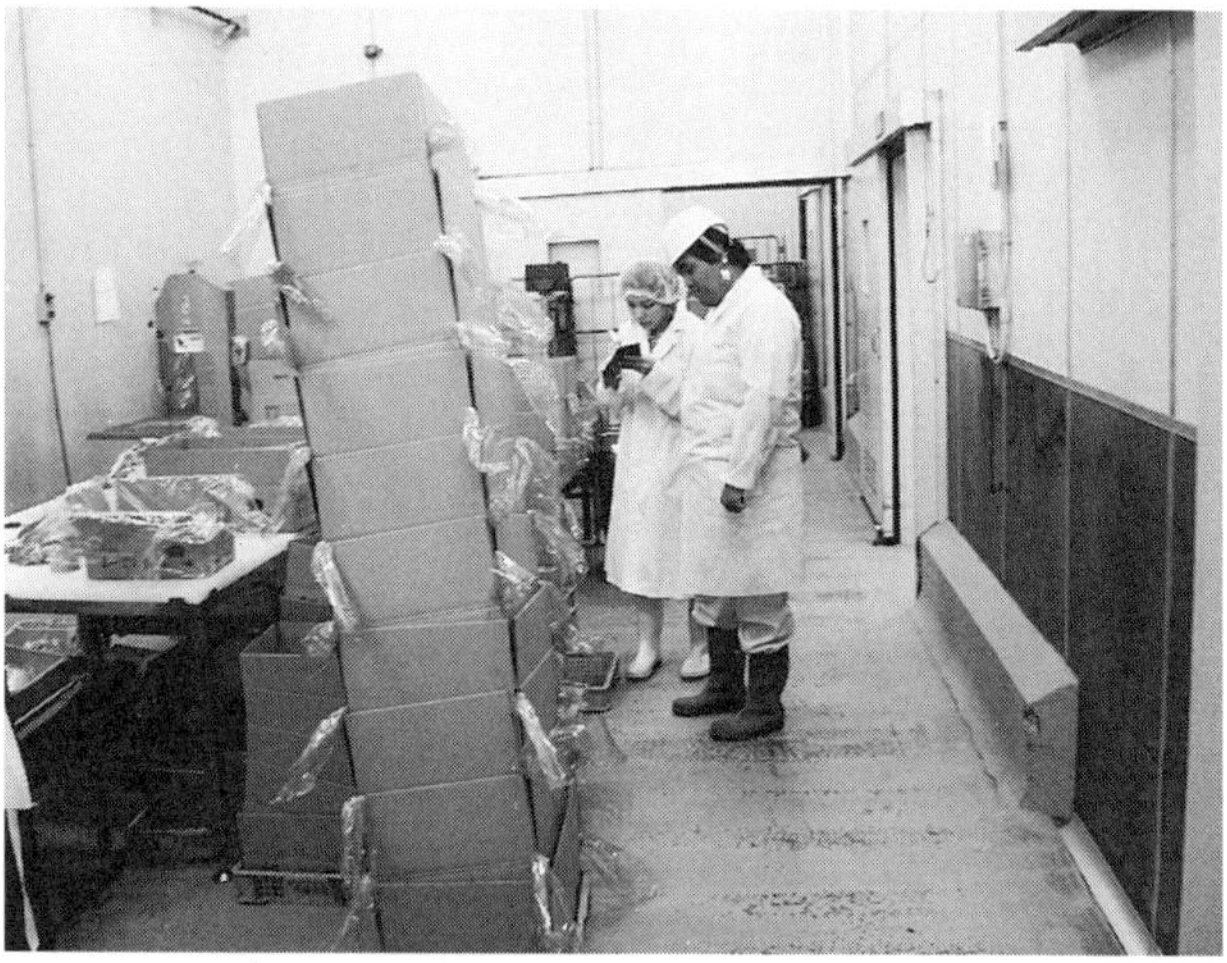

写真 1-2　屠殺場での調査風景

写真 1-3　分娩舎にて母ブタに給餌する筆者

4　本書の構成

本書は、筆者の辿ったフィールドワークとは逆向きに、すなわち生産から消費に向かう商品化の流れに沿って構成されている。三つのフィールドの民族誌的事例に入る前に、まず第2章で沖縄における養豚の位置づけを概観したうえで、次に第3章で豚肉産業の誕生と発展の歴史的経緯を明らかにする。ここでは広く沖縄における人とブタの関係の変化を見据えて、戦後の養豚復興におけるブタの自家生産・自家消費から小規模な換金体制の確立、その後の近代化・産業化の過程を素描する。その際、豚肉の大量生産システムが完成する過程で、ブタの悪臭に対する嫌悪や不快感が生まれる契機を明らかにする。さらに、豚肉の消費とブタそのものへの嫌悪を調停する、新たなブタ像の成立に言及する。以上を総合し、豚肉産業の確立過程で生じた人とブタの関係の変化を、単なる経済現象に還元せずに、総体として提示することを目指す。

第4章から第6章までは、養豚場、屠殺場、市場の民族誌的事例を取り上げ、現代沖縄のブタへの嫌悪と肉への高い嗜好性の内実について論述する。まず、養豚場を対象とする第4章では養豚の専業化に伴う人とブタの関係の変化を記述・分析する。具体的には第3章で取り上げたブタへの嫌悪と好意を、人とブタのあいだに引かれる境界に注目して読み解く。続いて、ブタのモノ化と擬人化という両極的な扱いに注目し、専業養豚場における人とブタの関係の多様性を描き出す。

次に、第5章の屠殺場ではブタの屠殺から食肉に加工するまでの作業を、ブタを肉に転換する「脱動物化」［Vialles 1994］の行為として記述・分析する。とくに脱動物化の内実が屠殺場の外の社会・文化的、政治経済的動向によって方向づけられる様相を明らかにする。第6章では、屠殺場で脱動物化された豚肉が運び込まれる小売市場の事例から、第3章で取り上げたブタを嫌悪する消費者の態度、すなわち肉好きの内実を明らかにする。市場における人と肉とのかかわりを丹念にみていくことで、加工済みの肉の購入過程にも、生きたブタとの関係のあり方が影響する点が見出される。

最後に第7章の結論部分では、産業化以降の沖縄における人とブタの関係を総合し、産業社会における人と動物の関係のあり方について議論する。

1　サーリンズによれば、動物の内部よりも外部に属す部位が食用として選好される事実は、「最深部の自我」こそが「真の自我」とされるモデルに合致する。つまり、家畜の内臓は、人間の身体内奥に潜む「真の自我」にカテゴリー上、近いがゆえに、食べるに適さないのである［サーリンズ 1987：232］。

2　シャンクリンによれば、一九八〇年代半ばまでの人類学は、動物を資源と捉える生態学的アプローチか、象徴と捉える象徴論的アプローチかのいずれかであった［Shanklin 1985］。

3　たとえば、ヌアーのウシに対する関心の高さ［エヴァンス＝プリチャード 1997（1978）：43-97］や、バリの闘鶏［ギアーツ 1987：397-402］の分析が挙げられる。

4　こうした流れは、人類学以外の分野を含めたより広い理論的潮流と部分的に関連する。近年、人と動物の関係は、動物行動学や生態学以外にも、心理学、社会学、歴史学、哲学、倫理学、ジェンダー論などのさまざまな分野で注目されている。この知的趨勢は「人間―動物研究（Human-Animal Studies：略称ＨＡＳ）」と括られ、学際的な一大研究領域を形成してきた［Demello ed. 2010］。その内容は、人間と動物の紐帯を強調するものから、人間による動物利用を批判するものまで多岐にわたるが、従来の人間中心主義的な動物観を乗り越える点で共通する。そこでは、動物を社会や文化を持たぬ受動的な客体とみなし、その優位に立つ人間主体を措定する人間優位の動物観と、それを支える「自然／社会」の二元論が疑問に付されたのである。

5　人間と動物の連続性を重視する議論に関しては、奥野らの議論に詳しい［奥野編 201；奥野・山口・近藤編 2012；奥野他 2012］。

6　本書とは立場を異にするため詳細には取り上げないが、動物の人格性（animal personhood）を強調する動物人格論は、動物の権利論や解放論といった動物福祉学や応用倫理学の分野で盛んに議論されてきた。動物人格論は、理論的な主張にとどまらず、実践的な要請を伴う点に特徴がある［佐藤 2005］。その代表的な研究として、倫理学者ピーター・シンガーの動物解放論が挙げられる［シンガー 2011（1988）］。この著作は、功利主義的な観点から、人間の「不当な」利用に付される動物たちの解放を訴えたものである。具体的には、動物実験や産業型畜産、肉食慣行の廃止が要求された。

7　ただし、日本の霊長類学は、早くから動物が社会的な存在であることに着目していた。具体的には、野生のニホンザルやチンパンジーを個体識別し、直接観察にもとづいて、彼らが形成する群れ社会の構造を明らかにした［伊谷 2010（1973）］。この流れを汲む日本の生態人類学には、動物と人の相互作用やコミュニケーションを扱った研究の蓄積がある［谷 1987；鹿野 1999；小長谷 1999；菅原 2007］。これらは、人と動物のあいだに社会関係が形成されるという、反人間中心主義的な視点の先駆けであるといえる。

8　コーンの議論は、動物が人間とは異なる知覚様式をもつがゆえに異なる環世界（Umwelt）を生きるとするユクスキュル［2005（1970）］の理論や、アマゾンの存在論においては人間だけでなく動物も、世界を自己の身体的な関心にしたがって構成する視点（perspective）をもつとするヴィヴェイロス・デ・カストロ［Viveiros de Castro 1998］の理論に依っている［Kohn 2007：4, 7］。

9　本書の対象はブタであるが、そもそも「ブタ（*Sus scrofa domestica*）」と言っても一様ではなく、地域によって多様な関係を人びととのあいだで結んでいる。地域の自然・社会環境が異なれば、接する人間とのあいだで形成される関係も異なる。これまで多数の民族誌からは、ブタと人との様々なかかわりが報告されてきた。メラネシアの交換財として重宝されるブタはあまりに有名だが、なかでもパプアニューギニアで子ブタに乳を飲ませる女性の姿は、私たち日本人の想像を容易に飛び越える人とブタの濃密な関係をみせてくれる［Meggitt 1965］。また、バングラデシュでは、ブタの飼育形態としては珍しい遊牧が行われている。ブタの群れは男性に率いられ、都市にあふれる残飯を目当てに街中を闊歩する［池谷 2014］。これら数例挙げただけでも、世界には多様な人とブタの関係が紡ぎだされていることがわかる。それら多様な関係から切り離された、あるいはいかなる関係にも共通する「単一のブタ」を想定することはできない。

10　ベスターは東京の下町［Bestor 1989］にくわえ、築地市場［Bestor 2004］でも調査を行ない、両者の調査法を比較し、調査対象の特殊性をふまえた調査法を洗練する必要性を唱えた［Bestor 2003］。たとえば、彼はマグロのような高級食材を扱う築地において、高度な専門知識や高等技術を要する築地職人たちを相手に、文字通りの「参加」を行なうことはできないと述べている［Bestor 2004：

41-45］。こうした都市部の産業を題材に調査を行なう際には、従来の参与観察法ではなく、新たに「質問観察法（inquisitive observation）」が有効であるとされる［Bestor 2003：317］。

第2章 ブタと沖縄

沖縄県は日本の南西に位置し、距離にして東西約一〇〇〇キロメートル、南北約四〇〇キロメートルにわたる海域に四九の有人島が浮かぶ島嶼県である。沖縄県の陸地面積は、日本全国で四番目に小さく、そのうちの一割強を米軍基地が占める［沖縄県企画調整課 2011：1–2］。人口は約一四〇万人である［沖縄県企画部統計課 2012：2］。沖縄県は海洋性の亜熱帯気候であり、年間を通して温暖で湿潤な気象である。沿岸海域にはサンゴ礁が発達しており、高温の貧栄養水域に適応した生態系を構成している(1)［中西 2012：41–43］。

本書の調査地である沖縄本島は、県庁所在地の那覇市があり、沖縄県全体の人口の約九割、県土の約五三パーセントを占める沖縄県最大の島である［沖縄県企画調整課 2011：1–2］。使用言語はヤマトグチと呼ばれる日本の共通語と、ウチナーグチと呼ばれる沖縄の言語である。若年の世代に関しては、それらの混成語であるウチナーヤマトグチが話される。高齢者のなかには、ウチナーグチしか話せない人も多いが、一般的に沖縄諸語は急速に衰退する言語のひとつだといわれる。

1 沖縄における人とブタの関係

1-1 人とブタの沖縄史

沖縄では古くから獣肉が食されてきた［金城 1987；新城 2010］。約四八〇〇年前の遺跡からイノシシ、イヌ、ジュゴンの骨が見つかり、当時の食料源であったと推察されている。ジュゴンに関しては、いまや絶滅危惧種に指定されて捕獲禁止だが、一二世紀ごろまでは沖縄の広い範囲で生息し食されていた。ジュゴンの骨で作られた首飾りなどの装飾品も出土しており、ジュゴンが単なる食料源ではなく、当時の人びとにとって特別な動物であったと考えられている［金城 1987：15］。

沖縄で家畜の骨が出土するようになるのは、一〇世紀以降のことである。最も古い家畜は、ウシやウマである［金城 1987：15–18］。ウシに関しては一二世紀以降に飼育され始めたとされ、ブタが登場するのは、それよりずっと後のことである。

一四七七年、与那国島に漂着した三人の朝鮮人は島民に助けられ、朝鮮へと戻る二年ほどのあいだ琉球の島々をめぐった。そのときの様子を朝鮮王府に報告したものが「李朝実録」に収録されている。この史料は当時の琉球について知ることのできる最も古いもののひとつで、文献のうえで最初に家畜の存在が確認できるものである。「李朝実録」には沖縄本島から先島諸島にかけて多種の家畜が飼育されていたことが記されている。島や地域ごとに飼育される家畜の種類に差があったという。各島々に共通して飼われていたのはウシ、ネコ、トリである。ブタ、ウマ、ヤギ、ヒツジに関しては、沖縄本島だけで飼育されていた［新城 2010：12］。

上記の史料によれば、ブタは一五世紀後半には飼育されていたことになる。それよりも前の一四世紀後半にかけて養豚が始まったとする説もあるが［金城 1987：18］、いずれにしろ、ブタは野生のイノシシを家畜化したものではなく、当時の中国との交流のなかでもたらされたと考えられている［新城 2010：10–11, 26］。

沖縄で養豚が盛んになるのは、一七世紀以降のことである。それ以前はブタよりもウシのほうが人びとの生活に根づいていた。それが転換するのは、一七世紀初頭のサツマイモ伝来と、一八世紀の琉球王朝による養豚奨励政策による。サツマイモに関しては、一七世紀初頭に、野国総管の立場にあった人物が中国の明から沖縄に苗木を持ち帰り、儀間真常が広めたとされる。サツマイモは人びとの食料源となり、その蔓や茎はブタの餌として重宝された［金城 1987：18, 21；萩原 2009：201］。

また当時、中国の明や清との朝貢関係にあった琉球王府は数年に一度、中国からの使節団（冊封使）を迎えいれていた。使節団の一行は四〇〇人にのぼり、三ヶ月間から八ヶ月間にわたって琉球に滞在したという。彼らの接待に必要な食料は、小国にとっては多大な負担であった。一日に二〇頭ものブタが必要だったからだ。琉球王府はブタを集めるのに苦労し、奄美諸島まで探しに行っていた。必要にかられた王府は、半ば強制的に養豚を推奨していった。

一八世紀半ばになると、庶民のあいだにも豚肉料理が普及するほどまでになった。こうしてブタ中心の食文化が芽生えていった。牛肉食から豚肉食へのシフトは、このように中国との関係のなかで起きたのである［金城 1987：19–21］。

その後も順調にブタは増え続け、明治期には日本の首位にまでのぼりつめた［金城 1987：22］。当時、日本の他地域ではブタがほとんど飼育されていなかったのに対して、沖縄全域では五万頭を超えるブタが飼育されていた。全戸数の約七割がブタを飼っており、沖縄本島北部の農村部（国頭郡）では一戸あたり平均一頭のブタが飼育されていた。農村部ほどではないが、首里や那覇（ともに現那覇市）といった都市部でも養豚が盛んであった。

当時、ブタは人間の排泄物や残飯、酒造りのときに出る酒粕を処理するために飼われていた。人びとの生活の営みの副産物として養豚が行われていたのである［沖縄県農林水産行政史編集委員会 1986：235］。なお、酒造に関して補足すれば、琉球王朝時代、酒造は沖縄全域で行われていたのではなく、首里の三箇《さんか》（鳥堀、崎山、赤田）と呼ばれる地域でのみ許されていた。それゆえ、酒造りを兼ねた養豚は、首里という政治の中心地においても日常的な光景であった［大本 2001］。

明治期の沖縄では、ブタの飼育頭数は一〇万頭に達するまでに増えていた［沖縄県農林水産行政史編集委員会 1986：235］。大正から昭和初期にかけて、沖縄では砂糖の価格が急激に暴落し、それが各方面に飛び火して経済不況に陥った。人びとは食料を満足に手に入れることもできなくなり、飢えをしのぐためにソテツを食べて中毒死する惨事（「ソテツ地獄」）に至るほどであった。このような状況下、日本政府は各家庭の残滓や山野草を利用して家畜を養う「有畜農業」を奨励したほか、「沖縄県振興一五年計画」において養豚振興を進めた。その結果、養豚の普及率は九七パーセントとなり、一戸あたり一・七〜一・九頭のブタが飼育されるようになった［沖縄県農林水産行政史編集委員会 1986：254］。

第二次世界大戦に突入すると状況は一変する。戦前に一〇万頭ほどいたブタは、戦争によって一割程度に激減した［沖縄県農林水産行政史編集委員会 1986：241–251, 263］。沖縄本島で戦禍を逃れたブタはたった八五〇頭、離島部でも一五〇〇頭ほどだったと言われている［吉田 1983：42］。

戦後の一九四五年八月一五日、アメリカ（琉球列島米国軍政府）は沖縄占領政策の基本となる声明を発表した。そのうち「農業」の項目には畜産の復旧が掲げられた。養豚の復旧は、まず一九四六年にアメリカから四五頭の繁殖用のブタ（外来種）を移送し増産させてから、一般の農家へ配るという方法で始まった。アメリカ軍政府は当面のあいだ、ブタの増産に重きをおき、食料用に屠殺するのを自粛するよう促した。だが戦後の食糧難の時期ともあって、実際には増産目的で配られたブタを食べてしまう人も少なくなかったという［琉球政府文教局 1988a：4–8；沖縄県農林水産行政史編集委員会 1986：263］。

ブタの飼育頭数が五万頭に達した一九四八年、屠殺場を再建する動きがもち上がった。戦前の屠殺場跡に、雨露をしのぐほどの簡易な屠殺場が建てられ、翌年には二一ヶ所の屠殺場が稼働するまでになった。そして一九五一年、ついにブタの飼育頭数は一〇万頭を超え、年間の屠殺頭数も五万頭に達した［沖縄県農林水産行政史編集委員会 1986：273］。このように終戦後のかなり早い時期から、ブタの飼育と屠殺の両面での建てなおしが進められたのである。戦後六年にして、沖縄の養豚は「戦前並み」の状態へと復興しつつあった。その後の経緯に関しては第3章で詳述するため、以下では戦後復興した養豚がどのようなものであったかについて当時の暮らしぶりと合わせてみていきたい。

戦後、復旧した養豚は主に各家庭で少頭飼育される形態であった。ブタは自家食用とするほか、換金に充てられた［吉田 1983；島袋 1989］。くわえて、ブタは畑の肥料作りのためにも飼育されていた［萩原 2009：214–215］。自家食用のブタは、一年かけて育てられ、旧暦の正月に各世帯か数世帯単位で屠殺された。ブタの屠殺はゥワー・クルシ（ブタ殺し）と言われ、主に正月になされることから「正月ブタ（ソゥグヮチ・ゥワー）」と呼ばれていたという［萩原 1995, 2009］。こうした自家消費の慣行を通して、ブタの屠殺・解体の技術や知識は、一部の専門家ではなく、成人男性の多くに体得されてきた(2)［萩原 2009：210］。

このように、ブタの自家消費は正月儀礼に組み込まれるほか、さまざまな儀礼や村落祭祀や祖先祭祀、各種年中行事と結びついていた。一例を挙げると、ブタは村落にもたらされる邪気を祓うために供犠される。(3)この儀礼はシマクサラシと呼ばれ、奄美諸島から沖縄諸島、宮古・八重山諸島一帯に広くみられる。シマクサラシは旧暦二月、八月、一二月のいずれかに、村落（シマ）の境界にブタなどの頭や骨を吊り下げ、疫病や悪霊、悪風（ヤナカジ）が村落内に入ってくるのを防ぐための儀礼である［上江州 1981：47；萩原 2009：244–248；宮平 2012：22］。また、ブタは魔物（マジムン）や災い（ヤナムヌ）から人を守るとされ、ブタ小屋にもある種の霊的な力が宿ると考えられていた。(4)このように、戦後期の沖縄におけるブタの自家生産・自家消費の慣行は、村落生活に深く根ざしていたのである。

戦後一〇年のあいだに再建された小規模養豚は、その後一九七〇年前後まで続いた。しかし、日本本土復帰を見据えた一九六〇年代半ばから七〇年代にかけて、ブタの飼育・屠殺システムは大きく変化することとなった［比嘉 2011a：132–133］。各家庭での少頭飼育から、多頭飼育へと移行するなかで、一九七一年には大型の屠殺場が新設され、食肉流通の中枢機能を担うようになっていった。それまでは個々人が自家屠殺を行なうか、各地に乱立する小規模な屠殺場が利用されていたのに対し、大型の屠殺場に機能が集中するようになったのである。さらに、流通の合理化を進めるために、屠殺場で豚肉価格を一律に決定する等級制度が導入された［當山 1979：181；吉田 1983：68–70］。こうして、本土復帰から数年間で現行の分業体制が整い、ブタと肉製品の大量生産が可能になっていった。

以上の経緯で、戦後沖縄の養豚は復旧の途を辿り、最終的には戦前型の少頭飼育から多頭飼育へと移行した。こうした歴史的経緯のうえに、現在の人とブタの関係は形成され、豚肉の大量消費の慣行も可能になっている。

1-2　養豚の現在

沖縄の主要産業は第三次産業であり、全体の七割を超える。第三次産業のなかでも観光産業が突出している。沖縄への旅行者は二〇〇三年に年間五〇〇万人を超え、その後は横ばい状態を維持する。沖縄観光の特徴は、全体の九割以上が国内からの旅行者である点にある(5)［沖縄県文化観光スポーツ部観光政策課 2012］。

それに対して、第一次産業の割合は全体の約二割程度である。農業のなかでは、畜産業の産出額は全体の約四割を占める。畜産の産出額内訳においては、単価の高い肉用ウシが首位で、全体の約四割を占める。次いでブタが三割強、ニワトリは二割弱、最後に乳用ウシが約一割となっている。

二〇一一年一二月時点で、沖縄県全体では三八一軒の養豚場があり、二一万四二五〇頭のブタが飼育されていた(6)［沖縄県農林水産部畜産課 2012：2, 29］。ブタの飼育頭数は他の家畜に比べて圧倒的に多く、ブタに次いで肉用ウシ八万六〇〇〇頭、乳用ウシ五〇〇〇頭、採卵用ニワトリ一三〇〇頭、肉用ニワトリ六〇〇頭である［沖縄県農林水産部畜産課 2012：2, 29］。同じく、屠殺頭数と肉の生産量に関してもブタが首位を占める。二〇〇八年時点で、ブタ屠殺頭数は年間で約三二万頭であり、肉の生産量は二万四〇〇〇トンである。現在、沖縄本島ではブタを含む家畜は、都市計画法の定める市街化区域から外れた地域を中心に飼育される。

このように沖縄の家畜のなかでブタの飼育頭数と屠殺頭数は突出している。一方、二〇一一年一二月時点で、沖縄の推定人口が一四〇万三九九五人、世帯数五三万二三二四戸であるのに対して、養豚農家数は三八一戸と少ない［沖縄県企画部統計課 2012：2；沖縄県農林水産部畜産課 2012：29］。世帯数で養豚農家数を割ってみると、概算で一四〇〇世帯のうち一戸しか養豚農家がいないことになる。これに加えて、沖縄県の養豚農家数の分布を見てみると、四一市町村の四分の一に当たる一〇市町村でブタが全く飼育されていない［沖縄県農林水産部畜産課 2012：29］。これらの大まかな数字から、沖縄ではブタは最も多く飼育・屠殺される家畜であるにもかかわらず、一方で日常的にブタに接する人が極めて少ない点を読み取ることができる。この点は、のちに述べるような現代沖縄の人とブタの関係を考える際に非常に重大な意味をもっている。

2 沖縄における豚肉食の重要性

2-1 豚肉食の特徴

次に、沖縄の消費における豚肉の重要性についてみていく。まず、沖縄の豚肉食は、調理法と保存法において独自性が高い。沖縄の豚肉料理の特徴は、基本的に水煮してから食される点である。水をはった大鍋に、肉を大きな塊のまま入れて沸騰させ、あくが出るまで煮た後すぐに、その湯ごと捨てて肉に付いた油分を流水で洗い流す。脂肪の多い部位にはこの作業を数回繰り返す。(7) また、肉や内臓は精肉のまま調理される以外に、過去にはいぶしたり、塩漬け（スーチキ）にしたりして保存食用に蓄えられた［萩原 1995：132–137］。塩漬け肉（スーチカー）は五月の農繁期頃まで約五ヶ月ほど保存でき、共同労働に際して分け与えられたという［島袋 1989：89–90］。

冷蔵庫が普及するまでは、大きな肉の塊に大量の塩を揉み込んで、長期保存が行われていた（写真2–1、2–2）。

写真 2-1　豚肉に塩をまぶし揉み込む塩漬けの過程

写真 2-2　塩漬け肉用の甕（スーチキ・ガーミ）
＊名護博物館所蔵，筆者撮影.

塩を揉み込んだ肉は、写真2-2の甕（スーチキ・ガーミ）に入れて保存された。

また、沖縄の豚肉料理に関しては、外来の加工品を積極的に利用する点が指摘されてきた［吉田 1999］。とくに形式性を重視する儀礼食とは異なり、日常食において外来の加工品や他地域の食材を利用し、さまざまな料理が生まれている。豚肉食の新たな形を示す最たる例として、戦時中に米兵の保存食として持ち込まれた調理済み豚肉の缶詰が沖縄料理に組み込まれ、定着している(8)。

ポークランチョンミート（通称ポーク）は、ほとんどがアメリカやデンマークからの輸入品であるが、「沖縄観光」の土産として土産物屋の店頭に並べられたり、ガイドブックでも紹介されるなど、沖縄の食文化を構成する重要な一要素となっている(9)。このように、外来の加工品は沖縄の家庭料理だけでなく、外食産業にも溶け込み、「沖縄の」料理を構成している［吉田 1999］。

以上の点にくわえて、さらに沖縄の豚肉食に関して重要なのは次のことである。沖縄では豚肉消費の特異性が強調され、一般的に「ブタは声以外すべて食べられる」と言われる。沖縄で仏教伝来に伴う「食肉禁忌」や「殺生禁断」の思想の不定着、中国の冊封体制、米国統治といった独自の歴史を背景として、ブタの自家生産・自家消費を通して豚肉集中型の消費が形成されてきた［金城 1987；萩原 1995；吉田 1999；小松 2002a, 2002b；比嘉夏 2006］。沖縄本島北部におけるブタの自家屠殺を調査した萩原は、ブタの食用部位の多さに着目し、部位に関する民俗分類と、各部位に対応した調理法を詳細に記述した［萩原 1995］。豚肉の分類体系の緻密さからは、沖縄の人びとの豚肉に対する関心の高さを読み取ることができる。

こうした正月期における豚肉の大量消費は、自家屠殺が禁じられた現在においてもみられる。豚肉は今も重要な儀礼食であり続けており、新暦の正月に大量消費される［比嘉 2008］。正月期以外にも、たとえば旧暦七月の盆（シチグヮチ）をはじめ、各種年中行事や祖先祭祀が行なわれるときに、豚肉は大量に消費される。その際、儀礼食に利用される豚肉は、部位の種類や調理法、盛り付け方などまで細部にわたる型がある。豚肉は単に食べられればよいものではなく、独自の美学とでもいうべき基準によって購入過程から調理、盛り付けまでの一切の形式性が高い［比嘉 2012：218–219］。

ただし、戦後復興を経て食糧事情が好転するなかで、儀礼食のみならず日常食としても豚肉が大量に消費されるようになった。沖縄の世帯当たりの豚肉消費量は、全国平均の約一・五倍である［小松 2002a：42–43, 46］。この点については、本書の第6章において詳述するが、沖縄では現在も豚肉への嗜好性が高く、精緻な民俗分類が発達しており、儀礼時には大量の豚肉が消費される。

2–2 沖縄イメージと豚肉料理

豚肉食は地元の消費者のみならず、観光の文脈でも重要である。近年、沖縄では在来ブタの復興運動が大々的に展開されている(10)。在来ブタは「沖縄文化」を体現する土産物としての商業的な価値をもつ［小松 2007：381–382］。その一足前には、豚肉をふんだんに使った沖縄料理が全国的に流行した。沖縄の代表的な料理として、豚肉料理は重要な観光資源になっている。

沖縄は国内有数の観光地であり、年間五〇〇万人もの観光客が訪れる。沖縄観光は、戦後アメリカ統治期の一九五九年六月に、日本から沖縄への渡航制限が緩和されてから始まった(11)［北村 2009：156］。概して、沖縄観光は一九六〇年代までは戦跡をめぐるツアーが主であったが、七〇年代以降、その内容が大きく変容していく。沖縄観光は戦争による「悲劇の島」から「癒しの島」という楽園イメージへと脱政治化されるなかで、人気を博していったのである［多田 2008：131］。

一九七〇年代以降の沖縄観光は「南国」イメージによって牽引されていく。こうしたイメージは第一次・第二次産業にも取り入れられていった［多田 2008：143–145；梅田 2003：94–95］。そのなかで豚肉料理も、観光の文脈で構築されたイメージと結びつきながら人気を博していった。また、沖縄の料理に対する評価は一九九〇年代における日本の健康ブームを機に好転する。それ以前、沖縄の料理は日本の他地域では見慣れない食材を利用することから、見た目がグロテスクだと差別の対象であった［多田 2008：176–177］。しかし、沖縄イメージの変化に応じて、その評価は一変した。

二〇〇〇年代にかけて、沖縄の食に対する肯定的な評価は、栄養学的な知識に担保され、「長寿社会」のイメージと結びつけられることで成立した。なかでも豚肉は「長寿」と結びつく代表的な食材であった。たとえば、足（テビチ）は「加齢とともに減少するコラーゲンを補充する」のに格好の食材とみなされた。「沖縄の人は長生き。その理由は料理。だから、沖縄料理を食べて長生きしよう」といったスローガンとともに「長寿食＝沖縄料理」のイメージは普及していった［多田 2008：172–179］。

また、足のみならず、日本の他地域では食されない珍しい部位として皮付きの顔肉（チラガー）がある（写真2-3）。観光スポットとしても人気の公設市場では、肉屋の店頭にブタの頭を陳列し、サングラスをかけて装飾するなど、顔肉が沖縄固有の食をアピールする名物となっている（写真2-4）。

こうした観光客向けの豚肉食品は、「本場の味」を提供する市場の観光地化によって増加したという。小松は、市場の観光地化に伴う加工品の増加に関連して、取り扱う商品も観光客を意識した品揃えに変化したと指摘する。ブタ

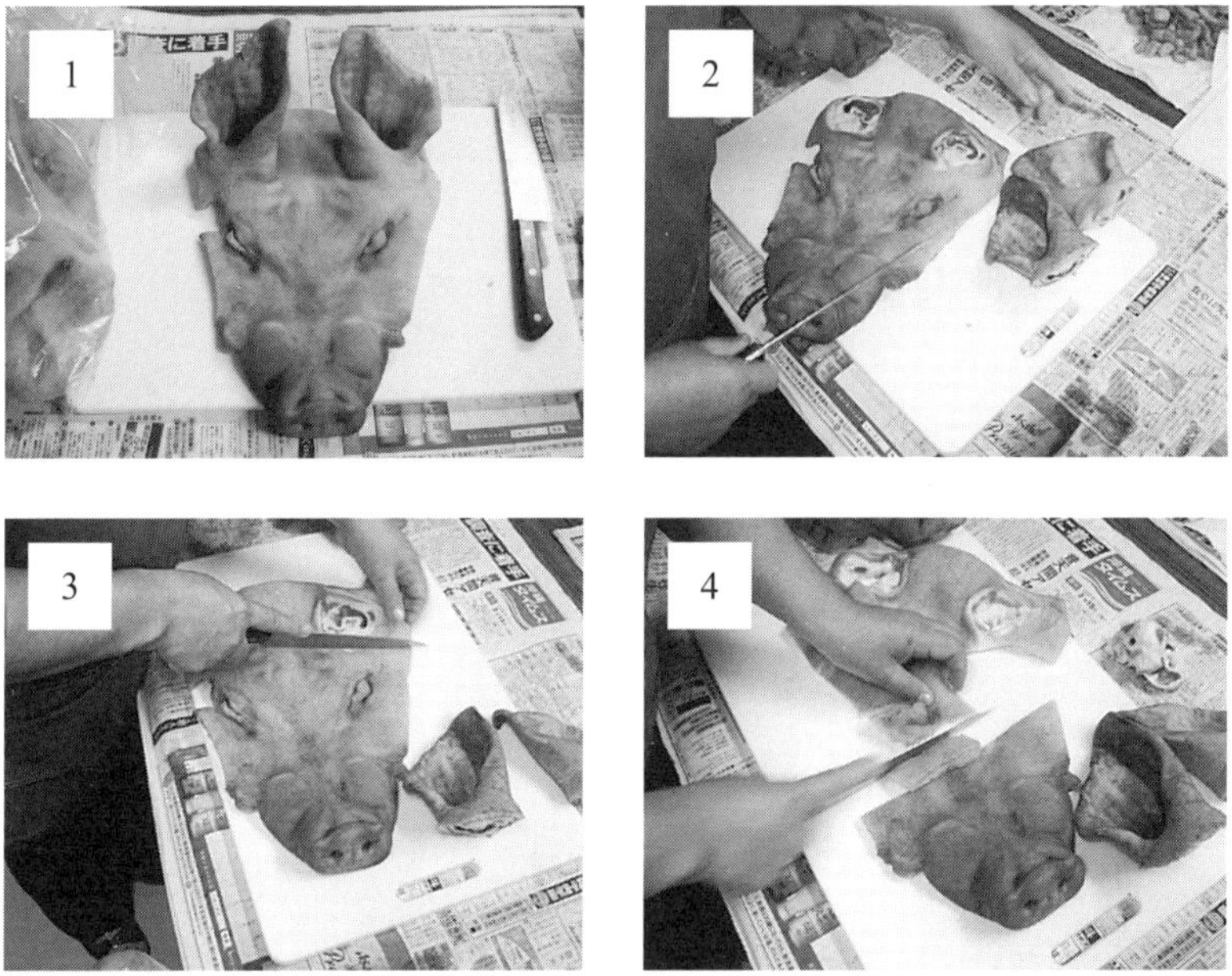

写真 2-3　ブタの顔（チラガー）の調理過程

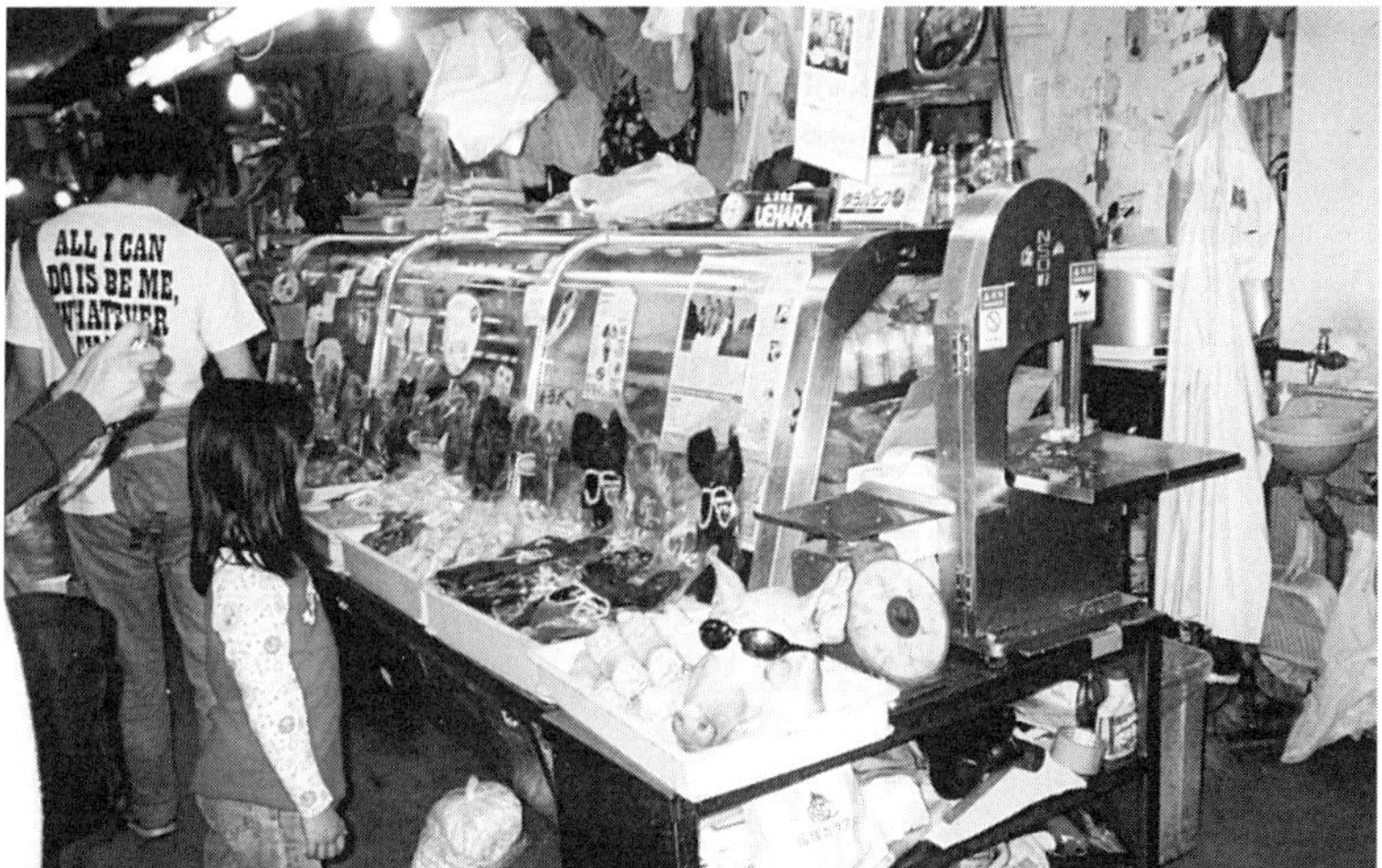

写真 2-4　ブタの顔を飾る沖縄の市場

の加工品に限っても、実に五三種類もの商品が売られている［小松 2002b：178］。このようにして豚肉食は二〇〇〇年代以降の沖縄観光において、ひとつの目玉となっていった。

以上、本章では沖縄における養豚の歴史を辿り、豚肉食の特徴を指摘した。沖縄では豚肉食の儀礼的・日常的な重要性にもかかわらず、消費者がブタに接する機会はない。ブタは頻繁に地元メディアに取り上げられ、「沖縄文化」の代表とまでされるが、実際に大多数の人びとが生きたブタを目にすることは稀有である。現在の沖縄における人とブタの関係においては、生産と消費、生きたブタとイメージのブタのあいだに乖離があることを忘れてはならない。

1　熱帯・亜熱帯の高温海域では、水中の栄養が底に沈殿して循環しないことから、表層部分は基本的に貧栄養になり、生物が生息しにくい。だが沖縄の場合、沿岸部の発達するサンゴ礁によって、その生態系が維持されている。具体的には、造礁サンゴ（テーブル・サンゴ）と共生する褐虫藻が光合成を行なうことで有機物をつくりだし、その有機物により食物連鎖が保たれる［中西 2012：43］。

2　とくに屠殺・解体のうまい男性はカッティーと呼ばれた。それに対して、屠殺の下手な男性はブックーと呼ばれ、女性や子どもらと一緒に、内臓の処理などを行なったとされる［島袋 1989］。

3　地域によって、シマクサラシは、カンカーあるいはスマフサラー、シマクサラサなどと呼ばれる。また、ブタ以外の動物が供犠獣となることもある。たとえば、沖縄本島南部の南城市糸数では、ウシが供犠される［萩原 2009：245–247］。地域差に関しては、宮平の論考［2012］に詳しい。

4　沖縄では人間の肉体から魂が一時的に遊離することがあると捉えられている。一般的に、人は驚いた拍子に、魂（マブイ）を落とすとされる。その場合、魂を落とした場所に出向いて魂を拾う必要がある。それをマブイグミ（魂籠め）と言う。その際、魂を落とした場所が不明の場合は、ブタ小屋の前でマブイグミがなされていたという［上江州 1981：48］。

5　沖縄の観光をめぐる状況は目まぐるしく変化しており、あくまで二〇一二年時点の数値である点を断っておく。最近の変化として、中国からの観光客の増加が挙げられる。

6　この数値は養豚農家数の近年の減少傾向から見て珍しく、二〇〇五年の資料と比べて三二軒ほど養豚農家数が増えている。二〇〇五年時点、養豚場は三四九軒であり、二四万五二四頭のブタが飼育されていた［沖縄県農林水産部畜産課 2006：6］。

7　今や全国的に知られるようになった豚肉の角煮ラフテーも、上記の方法で数回ほど茹でこぼし、余分な脂を捨ててから肉が軟らかくなるまで数時間煮込み、砂糖醤油で味付けた料理である。

8　他の例を挙げると、通常、沖縄で豚肉と言えば塊の肉を指すが、日常食として用いられる薄くスライスした肉は他地域からもたらされたものだが、人びとに好まれている。日本の日常食の定番料理「豚肉の生姜焼き」などには、スライス肉が用いられる。

9　ポーク缶の代表的な調理法は、炒めて煮る方法であるチャンプルーの中に取り込まれている。ポーク缶は豚肉の精肉と並んで、家庭料理にふんだんに使われるほか、食堂の定番メニュー「ポーク卵」として広く食される。

10　在来種アグーの復興までの軌跡を描いた映像作品『琉球在来豚アグー物語―おきなわブランド豚作出への道』［沖縄県農林水産部畜産課 2007］（二〇〇七年一月作成、同年三月二九日放送）を参照。

11　沖縄への観光は、戦前期にも少数ながら行われていた［梅田 2003：87–88］。

第3章 ブタをめぐる両義性の生成

養豚場立ち退きとブタへの好意

1 「ノット・イン・マイ・バックヤード（Not In My Back Yard）」

養豚場の立ち退き運動は、産業社会の矛盾を映し出す象徴的な出来事である。本章では、養豚場の移設運動から垣間見える矛盾を、沖縄の人びととブタが辿った歴史から理解することを目指す。

沖縄本島南部に位置する豊見城市では二〇〇九年の末から二〇一〇年にかけて、養豚場の悪臭を理由に、養豚場の地域外移設を求める住民運動が起きた[1]。同養豚場に対する悪臭の苦情は、個々人による単発の苦情を含めると三〇年来続いており、七年前から住民の署名活動といったまとまったかたちでも展開している。また、うるま市では他地域からの移設に反対する住民運動が起きた（写真3-1）。

豚舎転入に反対

うるま市石川 200人決起集会 「新たな悪臭いらない」

豚舎移設計画に反対の横断幕を持って行進する参加者ら＝5日、うるま市石川

【うるま】住みよい環境を考える市民の会（平川崇賢会長）は5日、うるま市石川の世栄津の森公園で、豚舎移設に反対する市民決起集会を開いた。住民ら200人を超える参加者が「石川地域に新たな悪臭はいらない」と反対の声を上げた。

石川地域の養豚悪臭問題は、合併前からの懸案事項。市では改善を図るため、緑化公園計画や住居整備などを行い、現在は臭いも軽減されつつある。しかし、国頭村安田から既存豚舎に転入が計画されている

写真 3-1　養豚場の移設計画に反対する住民運動
＊琉球新報　2011 年 6 月 6 日

産業社会では、沖縄の養豚場に限らず、さまざまな地域で多様な施設をめぐって住民の反対運動が起きている。それらの運動は概して「ニンビー（NIMBY）」と呼ばれる。ニンビーとは「ある施設の必要性は認めるが、自分の裏庭には来てほしくない」という住民の心理を表わした英語「Not In My Back Yard」の頭字語であり[2]、世界各地にみられる特定施設の移設要求や建設反対に関わる住民運動を指すのに用いられている［ギル 2007：2–3］。ニンビー運動は、地域と対象を超えた共通点を指摘されている。

第一にニンビー運動は、いわゆる「迷惑施設」に対して反対が起きている点で共通する。具体的に「迷惑施設」とされるのは、本書の対象である養豚場の他に、原子力発電所、米軍基地、ゴミ処理場、刑務所、更生施設、ホームレス・シェルター、精神病院などである。第二に「迷惑施設」に対する反対運動が、施設の是非自体

を問うものではなく、その必要性を認めるが住民自らの居住地ないし近隣地域に建設することに反対している点で共通する［ギル 2007：3］。

ここで注意すべき問題は、上記の原発から精神病院までの多岐にわたる施設への反対運動がニンビーとして一括りに論じられてきたことである(3)。原発や米軍基地などの人間の生死に関わる施設を、簡単に「必要悪」として片付けたり、単なる立地問題に還元したりすることはできない(4)。本書では右に挙げた例のうち危険度の高い米軍基地や原発を対象から除き、とくに比較的狭い地域内での「迷惑施設」に対する移設運動に限定し、議論を進めることにする。ここではまずニンビーを理解するための問いを立てる。

まず従来のニンビー研究の問題は、ホームレス・シェルターやゴミ処理場などの「迷惑施設」が「迷惑」であることを自明視してきた点である。つまり、ある施設に対して「人びとがなぜ迷惑だと感じるのか」または「なぜ嫌悪されるのか」が検討されてこなかったのである。

たとえば、本書の主対象である養豚場に対するニンビー運動の原因は、悪臭や河川の汚染などである［DeLind 1998；Stull and Broadway 2004］。しかしながら、沖縄で起きた養豚場に対するニンビー運動は「養豚場＝迷惑施設」を前提に理解することはできない。まずもって重要なことは、「養豚場がニンビーである」ことを自明の出発点とするのではなく、広く一般に流布されているブタの「悪臭」イメージを一旦括弧に入れることである。なぜなら、においに対する人びとの態度や許容の度合いは普遍の事実ではなく、特定の社会的・歴史的プロセスのなかで変化するからである。

歴史学者アラン・コルバンは、人びとの注意の向け方や、耐えられるものと耐えられないものの種類、知覚されたものの意味や評価基準が歴史的に変化することを指摘している［コルバン 1993］。彼はフランスのにおいの歴史を対象とし、一八世紀から一九世紀にかけての、においをめぐる言説と環境の変化を追い、芳香を好み、悪臭を嫌悪する新たな感性、すなわち悪臭追放の起源を発見した［コルバン 1990］。

コルバンは特定の時代と社会のなかで何が感じられ、何が感じられないのか、そして知覚されたものがいかなる情動（恐怖や不安）を引き起こすのかを歴史的に検証した。彼の検証は、ブタの悪臭が歴史的に変化するものであり、悪臭への嫌悪や「迷惑」であることそれ自体が歴史的な深度をもつことを教えてくれる。

本章では沖縄における産業化の歴史を検討し、人とブタの関係が変化するなかでブタと養豚場が嫌悪の対象となるプロセスを明らかにする。その際、においに対する実体的な見方を排し、ブタの悪臭と養豚場の立ち退き運動を単純な原因と結果の図式に当てはめる支配的な見方を相対化することを目指す。それをふまえて次に、近年新たに登場したブタに対する好意の言説を取り上げる。そこでは、嫌悪されるはずのブタが非常に好意的に評価される一面をもっていることに注目する。

沖縄における養豚場のニンビー運動ないし人とブタの関係を考える場合、ブタという同一のものに対する矛盾した態度の分析が不可欠である。本章では人とブタが辿った歴史を追うことを通して、ブタに対する両義的な態度が実は産業社会に根をもつ表裏一体の現象であることを指摘する。

2 戦後の養豚復興から産業化への移行

沖縄の養豚は、第二次世界大戦による壊滅状態から再建されて、産業化へと大きく歩を踏みだしていった。その過程で、沖縄の人びととブタの関係は大きく変化していく。

戦後、アメリカ軍政府は「戦前並み」への復旧というモデルを掲げ、沖縄の経済復興に乗り出した。養豚の場合、各家庭の庭先にブタ小屋を建て、一頭から数頭のブタを配置し、さらに簡易屠殺場を再建することが目下の課題とされた［琉球政府 1955；琉球政府文教局 1988a：9–10, 1988b：4–8］。

戦後から四年の一九四九年に、戦前あった屠殺場のすべてが稼働するようになり、一九五二年には屠殺に関する法令「屠場法」が公布された。そこには、屠殺場以外の場所で家畜を屠殺し解体することを禁じる文言がある（第三条）。ただし、自家用や特別事情の場合には、その限りではないと記されている［公報 1952.9.1］。一九五九年に、と畜場法に改められ、より強い語調で、屠殺場以外の場所での屠殺と解体を禁じる文言に変わった（第十二条）。ただし、行政主席への届け出により、「自己及びその同居者の食用」のための屠殺は可能だとされる［公報 1959.9.4］。この法令は一九七二年四月二八日という本土復帰の直前に改正されるまで続いたことから、沖縄における家畜の自家屠殺は復帰の直前まで、公に認められていたことが分かる。

一九五〇年代後半から、「戦前並みの復興」を成し遂げたという認識のもとで「発展」が目指されていく［琉球政府 1960；沖縄県農林水産行政史編集委員会 1986：51］。農水部門に関しては家畜の増産計画が立てられ、経営の合理化、家畜と食肉加工品の品質向上とコスト低減、ならびに自給率の増加と輸出が目指された［沖縄県農林水産行政史編集委員会 1986：51–55］。

しかし、復興が軌道にのり発展へと歩を進めていた一九六〇年代初頭、ブタの飼育頭数は激減し、六三年六月には、五一年以降はじめて一〇万頭を下回った。琉球政府はさらなる悪化を危惧し、早急な原因解明と対処を模索した。最終的に急激な落ち込みの原因は「零細」農家の不安定な経営にあるとされた。多頭飼育化によって経営の安定を図る

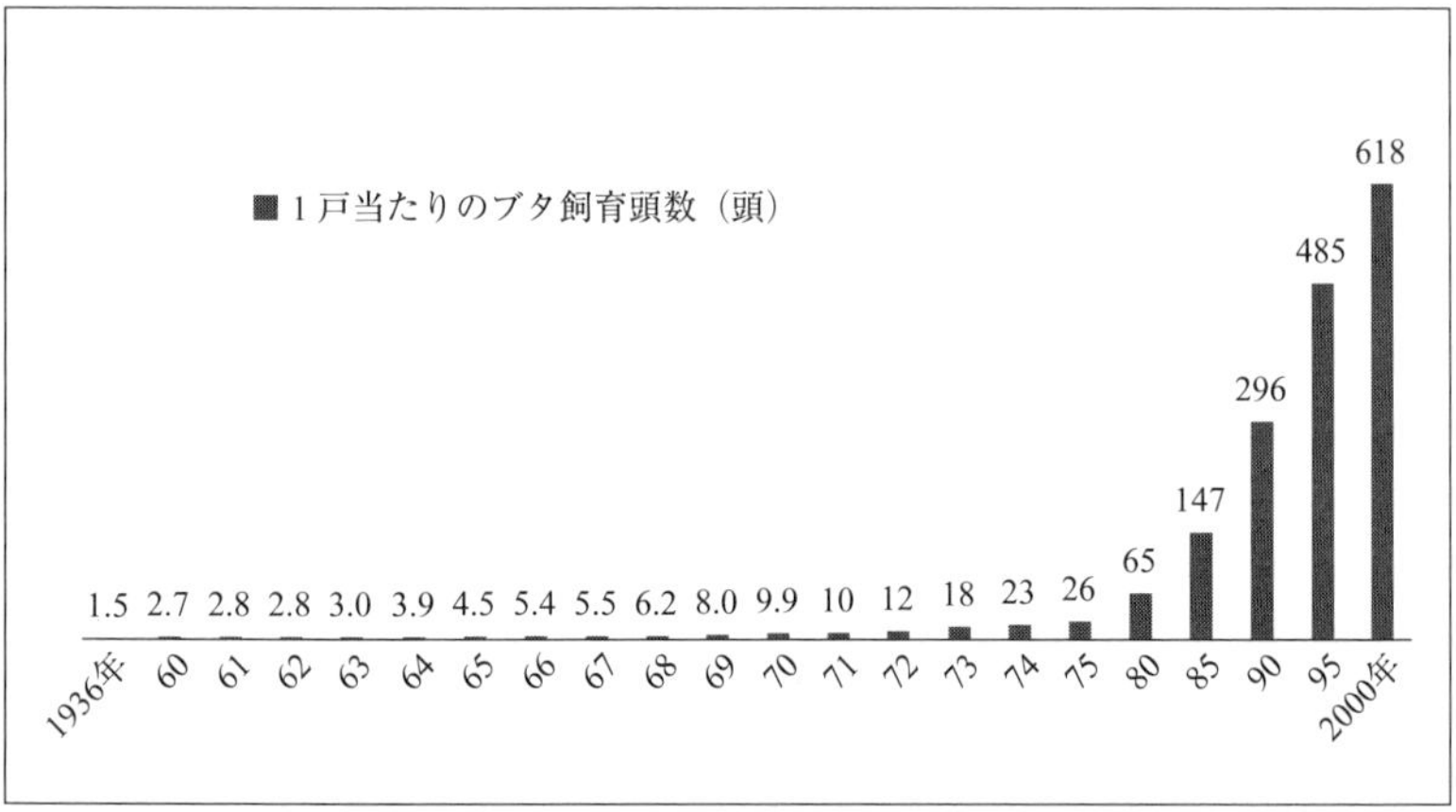

図 3-1　沖縄における養豚農家 1 戸当たりのブタ飼育頭数の推移

＊図 3-1『沖縄の畜産』［琉球政府農林水産局畜産課 1968］,『市町村別家畜飼養頭羽数の推移（昭和四五年～昭和五七年）』［沖縄県農林水産部畜産課 1983］,『おきなわの畜産』［沖縄県農林水産部畜産課 2008］をもとに作成．なお，養豚農家 1 戸当たりのブタ飼育頭数は，琉球政府と沖縄県が未計算の年に関しては，他年度と同様の方法（沖縄県全体のブタ飼育頭数÷ブタ飼育農家数）で算出した．また紙幅の関係で，1975 年以降の数値は 5 年刻みとした．

ことが最善策だと判断された［琉球開発金融公社 1972 : 25 : 沖縄県農林水産行政史編集委員会 1986 : 49］。

これを受けて一九六四年、琉球開発金融公社は畜産農家への融資を開始した［琉球開発金融公社 1972 : 20］。以後六年間にわたって多額の資金を投じ、多頭飼育を進めるための施設改善や飼育技術の向上が目指された［琉球開発金融公社 1972 : 25–36］。融資が開始された一九六四年以降、養豚農家一戸当たりのブタ飼育頭数は徐々に増え、多頭飼育が進んだことがみてとれる（図3–1）。

この時期から、養豚農家は多頭のブタを養うために、自ら育てたイモではなく加工済みの配合飼料を購入してブタに与えるようになった［當山 1979 : 209 ; 沖縄県農林水産行政史編集委員会 1986 : 290］。イモ作を止めた結果、ブタの糞尿を肥やしに利用し、育ったイモを与えてブタを飼うという耕種農業と養豚の相互依存関係は解体された。化学肥料の普及は、糞尿の肥やしとしての価値をさらに下げだ。以後、行き場のない糞尿が大量に出るようになった［當山 1979：160–161］。

さらに一九七二年の本土復帰時に、沖縄県は畜産振興政策を打ち出し、予算を約六倍に増やして多頭飼育の発展を図った［沖縄県農林水産行政史編集委員会 1986：297–301］。そのため一九七二年以降、多頭飼育化は養豚の専業化と並行して急速に加速していった。だが一連の多頭飼育化と専業化によって、かつてない量の糞尿が特定箇所に集中して発生するようになった。糞尿の大量発生と集中は、ブタの悪臭イメージと結びついて社会問題となっていく。

以上のように、戦後沖縄の発展期に起きた経済危機は、「零細」農家の脆弱さを克服し、沖縄経済の安定化を図るという課題を明るみに出した。この課題への取り組みは、養豚の経営規模の拡大に拍車をかけ、産業化を促進する一方で、新たな問題を生み出した。

3　人とブタの分離

3-1　ブタの遠隔化

本節では多頭飼育化と専業化の過程で生じた人とブタの関係の変化を、両者が埋め込まれた環境の改変から読み解きたい。

戦前から戦後初期にかけて、沖縄ではたいていの家庭で一頭から数頭のブタを養っていた［小松 2007；萩原 2009］。ブタが飼われるのは、母屋に隣接した小屋であった。それゆえ、人とブタは同じ屋敷地に居住し、物理的に近接していた。

しかし、沖縄の人びととブタの関係は、多頭飼育化の過程で大きく変化する。前述したように、多頭飼育化は一九六四年の融資を機に進行した。図3-1に明らかなように、養豚農家一戸当たりのブタ飼育頭数は一九六〇年代半ばから徐々に増え始め、七二年の本土復帰を境に急増していることが分かる（図3-1）。

ここで注意すべきは、少頭飼育から多頭飼育への移行が単に養豚の経営形態にとどまる変化ではなく、人とブタの関係の総体に関わるより大きな変化を内包していた点である。重要なのは、多頭飼育に移行する過程で、ブタの飼育場所が変化したことである。ブタは屋敷内で飼える頭数の限度に達したとき、屋敷地の外で飼育され始めた。

少頭飼育から多頭飼育への移行を経験した五十代の養豚農家男性によると、飼育頭数が二頭の頃は屋敷内の小屋でブタを飼っていたが、七頭に増えた頃、屋敷外に大きな豚舎を建てたとされる。また一九七〇年代に養豚を辞めた別の六〇代男性は、屋敷内で飼育できるブタの頭数は最大でも一〇頭で、大半の家庭では一～二頭の飼育スペースしかなかったという。先述の五十代男性は、その後さらに増頭したブタを村落の外れに移動したと語る。屋敷外でブタを飼育し始めた当初は、豚舎は自宅から目と鼻の先にあり、ブタとの距離も僅か五メートルから二〇メートルしか離れていなかった。だがその後、人とブタの距離は漸次広がっていく。

當山によると、沖縄では一九七三年に「養豚団地」が完成した［當山 1979］。養豚団地とは、人里離れた山間部などの「畜産適地」に養豚農家を誘致し、集団飼育を行なうための施設を指す。一九七三年から三年間で三五の養豚団地が建設され、二万頭のブタが収容された［當山 1979：161］。

彼らの語りと当時の平均的な屋敷地の面積を考慮すると、一世帯当たりのブタ飼育頭数が一〇頭を超える一九七一年から七二年頃には、すでにブタは屋敷地の外で飼育されていたと推察できる。遅くとも一九七三年の養豚団地建設を経て、一戸当たりのブタ飼育頭数が二六頭になる一九七五年には、確実に人とブタの居住環境は分離していたと推定できよう。さらに一九九〇年代には、都市部に限らず養豚の盛んな農村部においても、新設する豚舎は最低一〇〇メートル以上、民家から距離を取るよう条例等に明文化されるようになる。(5) 徐々にだが、確実に、ブタは人間から遠く離れていき、二度と人間の居住地に戻ってくることはなかった。

このように一戸当たりのブタ飼育頭数の増加から飼育場所の変化を読み取ると、多頭飼育化とともに、ブタは人間と日常生活をともにする居住地から物理的に離れていったことが分かる。つまり、多頭飼育はブタの遠隔化を導いたといえる。ただし、それは単にブタが人間から物理的に遠ざかったことを意味するのではない。ブタの遠隔化は、村落生活全般に関わる人とブタの関係の断片化をも意味している。

多頭飼育に移行するまで、人びとは各家庭で出る残飯をブタに与え、ブタから出る糞尿を肥やしにし、自らの畑地に散布していた。外出したときには、母屋に入る前にブタ小屋に寄ってブタの鳴き声を聴き、魔物（マジムン）を追い払ったという［島袋 1989］。ブタは肉以外にも、残飯を処理し肥やしをつくる役割があり、さらに魔物除けの効果があった。

各家庭で育てたブタは、正月や旧盆の時期に自家屠殺したり、ブタの屠殺兼商人ゥワーサーに売却していた［吉田 1983］。アメリカ統治下では、ブタの自家屠殺は法律で禁止されていたものの、比較的自由に行なわれ、ゥワーサーも各家々から買い集めたブタを屠殺場に運び、自ら屠殺・解体していた。しかし本土復帰を機に、屠殺の取り締まりは厳しくなっていく［吉田 1971］。沖縄本島で育てたすべての家畜を屠殺場に集めて屠殺するシステムが完成したのだ［沖縄県中央食肉衛生検査所・沖縄県北部食肉衛生検査所 2004 : 37］。

屠殺の独占と多頭飼育化は、分業化と専業化の過程で進められたものであり、人とブタの関係、さらにはブタを介して繋がる人びと同士の関係をも再編する大きな変化であった。一九七〇年を前後して、人びとはブタと居住をともにしなくなったばかりか、生きて動き回る生身のブタを見かけることも、間近で鳴き声を聴くこともなくなった。一部の専門家がブタを育て屠殺する分業体制が確立し、大半の人は単なる肉の消費者になった。消費者の日常生活から、ブタは切り離され不可視化されたのである。

さらに、ブタの遠隔化によって、ブタのにおいは居住、生業、信仰といった生活の諸側面から切り離された「異臭」に変貌する。専業化の過程で養豚が耕種農業と分離したために、ブタから出る糞尿は肥やしとしての役割を失い、うまく処理されなくなった。行き場のない大量の糞尿は、有用性を失うなかで不快で「迷惑な」においとなった。それまで許容されてきた糞尿のにおいは、ブタが人と接する身近な存在ではなくなり、生業や信仰の体系から外れた結果、耐えられぬ嫌悪の対象となったといえよう。

ここで強調したいのは、ブタが人間から遠ざけられた当初の理由は、ブタの汚さや悪臭によるものではなかったことである。これまで述べたように、ブタの遠隔化と不可視化は、多頭飼育化と分業化の過程で起きた現象である。つまり、養豚の産業化こそがブタを人間の生活環境から遠ざけたのである。

事実、ブタのにおいが問題化されたのは、ブタの遠隔化がかなりの程度進んだ一九七八年になってのことだった。一九七二年の本土復帰を機に、悪臭一般を取り締まる関連法が施行された。そのさらに六年後の一九七八年になってようやく、沖縄県はブタの悪臭防止策に乗り出した(6)。つまり、ブタを悪臭を撒き散らす「不衛生な害畜」であると名指したことになる。ブタが遠隔化した後に、ブタの悪臭が「発見」されたのである。

この順序は非常に重要である。繰り返し強調すると、ブタが汚く臭いから、人から遠ざけられたわけではない。人から遠ざけられた結果、ブタは汚く臭い「害畜」になったのである。しかしながら、この遠隔化は、図らずもブタの悪臭言説が受容される環境を用意してしまった。

3-2　悪臭の「発見」

ブタのにおいを悪臭とみなす言説は、人とブタが分離した環境下で浸透していく。ここでは、いかにブタの悪臭が「発見」されたかを歴史的に検証する。悪臭の定義、悪臭に対する行政の態度や対処法は、法令の制定から後の改正、具体的な指導案の策定から実行を経て変化する。その過程で悪臭それ自体もつくられていく。以下では、悪臭に対する行政の態度や対処法、悪臭の扱われ方や定義に焦点をあて、悪臭規制を四つの段階に区分し記述を進める。

まず、悪臭に関する法令が初めて施行された一九七二年を悪臭規制の第一段階とする。次に、その法令が改正され、悪臭の捉え方が変わる一九七六年を第二段階とする。続いて、悪臭の管理と処罰の方法が精緻化し、ブタの糞尿に特化した消臭対策が考案される一九七八年から一九七九年を第三段階とする。最後に、規制が強化される二〇〇四年と二〇〇六年の変化を第四段階とする。この四段階にわたる悪臭規制の歴史を以下に明らかにする。

（1）悪臭規制の第一段階：本土復帰一九七二年

悪臭を管理する法令として、本土復帰の一九七二年五月一五日に施行された「悪臭防止法」、「公害対策基本法」と沖縄独自の「沖縄県公害防止条例」がある。同年九月には、「沖縄県公害の規制基準等に関する規則」も施行された。

沖縄県公害防止条例は、公害対策基本法にもとづき「公害を防止するために必要な事項を定めることにより、県民の健康を保護するとともに、生活環境を保全すること」を目的に掲げている（第一条）。ここで定義される「公害」

とは「事業活動その他の人の活動に伴って生ずる相当範囲にわたる大気の汚染、水質の汚濁、土壌の汚染、騒音、振動、地盤の沈下及び悪臭によって、人の健康又は生活環境に係る被害が生ずることをいう。」（第二条）。ここで「七大公害」が設定され、そのなかに悪臭が含まれていることが確認できる。

また悪臭の遵守事項に関する規則は、「沖縄県公害の規制基準等に関する規則」（第六条）に別途定められている。この規則をみると、具体的に「何が悪臭か」は明示されておらず、ただ漠然と「臭いもの＝悪臭」を想定していることが分かる。悪臭はただ「悪臭」と表現されるか、「悪臭を発生する作業・機械・原材料や製品等」と記されるのみである。

それにくわえて記載される対処法も、ある建物や容器の内部に悪臭を閉じ込め、外にもれないための工夫が列挙されるだけである。たとえば、①工場などの外部に悪臭がもれない構造の建物であること、②悪臭を発生する原材料や製品は、密閉容器に収納しカバーをかけ、屋外に放置しないこと、③屋外で悪臭を発生する作業を行なわないことなどが書かれている。

ここで記されている対処法は、悪臭そのものを抑えたり除去しようとするものではなく、悪臭の元を突き止め根絶しようとするものでもなかった。むしろ、そこにある悪臭はそのままに、内と外に何らかの仕切りを設けて、外に広がるのを防ぐものだといえる。それゆえ、悪臭の原因を追究し、具体的な対策を講じることもない。

この時点では、悪臭は確固たるイメージを付与されておらず、明確な指示対象物と結びつけて論じられていなかった。そのため悪臭の対処法も、悪臭の実態が不明瞭なまま、ただ漠然とそこに在るであろう「臭いもの」に蓋をして拡散をくい止める方法だったといえる。

（2）悪臭規制の第二段階：一九七六年

本土復帰と同時に公布された沖縄県公害防止条例は、その四年後の一九七六年に全面的に改正された。沖縄県民の「健康で文化的な生活を確保するうえにおいて、公害の防止が極めて重要であること」（第一条）が強調され、新たに「特定施設」の定義（第二条）が付け加えられた。「特定施設」とは、①ばい煙、②粉じん、③排出水、④騒音、⑤悪臭、に係る施設を指す。[7] そのうち、とくに「悪臭に係る施設」については、別表に規制の対象と種類が詳細に記載されている。[8]

ここで悪臭は具体性をもち始める。まず悪臭に係る施設とは、第一に「動物質飼料、肥料（化学肥料を除く）又はにかわの製造用に供する施設」、第二に「動物（鶏を除く）の飼養に供する施設」である。第二の「動物の飼養に供する施設」には、①飼養施設、②飼料調理施設（加熱処理するものに限る）、③糞尿処理施設が該当する。そのうち飼養施設に関しては、畜種別に、規制外とする畜舎の総面積が書かれている。ブタに対する規制は、他の家畜と比べて最も厳しく、ブタは少頭でも悪臭を放つ動物と捉えられていることが読み取れる。

つまり、この時期に他でもないブタが悪臭と結びつけられるようになったのである。第一段階では曖昧で漠然としていた「臭いもの」という悪臭の定義は、この時期に「悪臭の発生源」という形で具体性を帯びた。悪臭の発生源として動物が名指され、ブタがその最たる例とされたのである。

しかし、悪臭を発する対象が定められたものの、悪臭の対処法は概して変わらず、悪臭のもれない建物の構造にするなどのままである。ただし悪臭の「防止法」という表現が用いられ始めたことは注目に値する。この時期に、悪臭は捉えどころのない曖昧なものから、具体性を帯び、防止しうるものになったのである。この「防止できるもの」という考え方は、悪臭規制の具体化に拍車をかけることになる。

（3）悪臭規制の第三段階：一九七八年〜一九七九年

沖縄県公害防止条例の全面改正（一九七六年）を受けて、沖縄県は「畜産経営環境保全対策実施方針(9)」ならびに指導マニュアルを作成した［沖縄県農林水産部畜産課 1979；農林水産部畜産課・沖縄県畜産試験場 1979］。これらの資料からは、悪臭の分類法が精緻化され、それに合わせた悪臭対策の具体案が提示されていることが読み取れる。悪臭は発生源の種類、二二種の「悪臭物質(10)」と臭気の特徴、悪臭物質の濃度と臭気の強さから分類されるようになった［沖縄県農林水産部畜産課 1979：54］。なかでも、悪臭物質の検出とその濃度の測定は注目に値する。というのも、それによって悪臭は客観的に証明できるものになり、さらに数値化できるようになったからである。その結果、悪臭に対する厳格な管理と処罰が可能になった。

この時期から養豚場の取り締まりも強化されていく。当時、多頭飼育化と専業化の過程で、ブタの糞尿が大量発生し問題になっていた。養豚場の至るところで悪臭物質が見つけられ、そのなかでもブタから出る排せつ物のにおいは、糞と尿が混ざると臭気が増すとされ問題視された。そこで、いかに糞と尿を分離し、悪臭を軽減、除去するかが課題となった。その後の悪臭対策は糞尿対策と同義になり、効果的に糞尿を処理・利用する方法が模索された。ここでの糞尿は単なる悪臭物質ではなく、利用可能な資源に転換しうるものとされた。糞尿の「適切な」処理と利用のために、糞尿の分離装置や設備が開発され、悪臭に対する組織的な消臭対策が講じられていった。

さらに特筆すべきことは、この時期から糞尿が単なる不快な悪臭ではなく、病原菌や細菌を宿す物体と捉えられるようになった点である［農林水産部畜産課・沖縄県畜産試験場 1979：12–13］。糞尿は、人びとの気分だけでなく身体をも害するとされ、不安や恐怖を喚起するようになった。菌は風にのって一〇〇メートル以上飛散する。感染を防ぐためにも、悪臭の管理と処罰はいっそう厳格化される必要があった。

以上のように、この時期に悪臭の分類法は精緻化され、それと連動して取り締まりの対象が明確になり、基準も厳しくなった。とくに悪臭の発生源として糞尿が問題とされ、糞尿に特化した対策が生まれた。悪臭物質や病原菌の発見は、悪臭を客観化し、規制の強化を促した。

（4）悪臭規制の第四段階：二〇〇四年〜二〇〇六年

悪臭規制の第四段階は、糞尿それ自体を管理する「家畜排せつ物の管理の適正化及び利用の促進に関する法律[11]（以下、家畜排せつ物法）」の完全施行（二〇〇四年）と、人間個々人の嗅覚を基準に取り締まりを強化する「臭気指数規制」（二〇〇六年）による、より徹底的な悪臭駆除によって特徴づけられる。

家畜排せつ物法は、家畜から出る糞尿の処理と利用の方法を定めた法令であり、悪臭の発生源とされる糞尿自体を規制できる点で、従来にはない画期的な悪臭規制の方法だといえる。同法の完全施行に備えて、沖縄県は養豚場を巡回し、糞尿とその派生物の取り扱いを視察し、基準に充たない養豚場に対しては施設改善の勧告を出した。一〇〇頭規模以上の養豚場では、糞尿を「適切に」処理するために、浄化槽などの大がかりな設備の取り付けが義務づけられた。養豚農家は高額な設備を取り付け、多額の借金を背負うか、そうせずに廃業するかの二者択一を迫られた。新しい糞尿基準は、悪臭ごと養豚場を駆逐する徹底的な消臭対策を打ち立てたのである。

二〇〇六年に導入された臭気指数規制は、人間の嗅覚を利用して悪臭の強さを判定し規制する方法である［沖縄県文化環境部環境保全課 2006］。この規制は、従来の機器を用いて悪臭物質の濃度を測定する方法とは異なり、「人が臭いと感じるか」どうかが取り締まりの基準となる。それゆえ、従来の方法では取り締まれなかった多様なにおいの混ざった複合臭も規制できるようになり、悪臭の取り締まりがさらに推し進められた［友寄他 2006］。

このように、近年の悪臭規制は新たな展開をみせている。家畜排せつ物法の導入より、沖縄県は、悪臭を放つ糞尿を養豚場ごと一掃する抜本策に出た。それに対して臭気指数規制は、人間の感じ方により近いかたちでの悪臭の取り締まりを成し遂げている。

以上、本節では、多頭飼育化と専業化の過程を辿り、ブタが悪臭の発生源とみなされ嫌悪の対象となる歴史を明らかにした。ブタのにおいに対する嫌悪は、人とブタの居住環境を分離し、ブタを遠隔化する過程で誕生した。屋敷地の外で飼育され始めたとき、すなわちブタが人間の居住地から離れたときに、ブタのにおいは異臭に変わり、後に「悪臭」という否定的なラベルを付与されるに至った。つまり、人とブタの居住環境の分離によるブタの遠隔化こそが、悪臭言説の浸透に基盤を与えたのである。

近年の移転事業や廃業を促す法令の制定は、悪臭に対する徹底した不寛容さと、それに合わせた環境整備の重視を表わしている。それは、悪臭に対するさらなる嫌悪を助長する言説とも解釈できる。悪臭自体の捉え方、受けとめ方や対処法の変遷に目を向けると、養豚場の移設運動を起こす動力がここに駆り立てられ、保証されている様相がみえてくる。

悪臭の中身も、その扱われ方も、人びとの許容の度合いも歴史的に変化するものである。人間の嗅覚を基準に取り締まりを強化する臭気指数規制の誕生をもって、悪臭に対する人びとの過敏さは加速するように思われる。悪臭の嫌悪と管理の歴史は、客観的な諸基準のみならず、人びと自身の主観的な反応をもその根拠に組み込むことで、さらに進展していくだろう。

4 「汚いブタの肉を食す」矛盾

4-1 肉の特権化と豚肉食の連続性

前節では、ブタのにおいを悪臭とみなす支配的な言説とそれを可能にした環境の変化から、ブタに対する嫌悪が歴史的に生み出される様相を描いた。悪臭を放つ害畜としてブタを嫌悪する態度は、人とブタを物理的に分離する環境の改変を通して生み出されたものであった。

本節では、一九八〇年代後半から二〇〇〇年代にかけて登場する肯定的なブタのイメージを取り上げる。まず、豚肉食の習慣に関する言説を取り上げ、そこで人とブタの関係がどのように描かれているのかを分析する。

沖縄では年中行事の前になると、豚肉を購入する買い物客の写真が地元紙に映し出される（写真3-2）[12]。市場で売られるブタの様々な部位から、店先に群がり順番を待つ買い物客の姿、常連客と売り手のやりとりまでを捉えた市場の写真とその説明は、年中行事と豚肉食を結びつける。シシマチ（豚肉市場）の店先に山積みになった豚肉をつまみ上げ、品定めをする年配女性の姿は、年中行事を知らせる風物詩として繰り返し取り上げられる。そして記事では決まって、儀礼食としての豚肉の重要性が強調される。

新聞記事と同様に、体験記や聞き書きなどでも、豚肉食の特異性は強調されている。たとえば『豚国・おきなわ』は、沖縄の人びとにとってブタは「「鳴き声以外、捨てるところはない」といわれるほど身近で大切な栄養源」［平川

正月料理の食材を買い求める客でにぎわう公設市場＝30日、那覇市牧志（田嶋正雄撮影）

さらば丑《うし》年　市場ギュウギュウ

正月食材「豚」に列

年の瀬の30日、県内の市場や大型スーパーでは正月用の買い物をする主婦らでにぎわった。那覇市の公設市場では正午前後をピークに、精肉店が盛況。豚の腸である中味や三枚肉、ソーキなど、沖縄の祝いごとに不可欠の食材が各店の最前列を飾った。

市場内は、値段交渉など、客と店員の歯切れ良いやりとりで大にぎわい。店舗の前で列をなした客らは肉を直接手に取り、においや赤身と脂身のバランスなどを確かめ、品定めした。

上原山羊肉店も、この日の主力商品は豚。「味にこだわる年配の方々がお得意さま。若い人にも来てほしいけどね」と上原政子店長（68）。7、8年前と比べて市場全体の客足は鈍っているが、固定客が毎年来るという。

南風原町から来ていた主婦（82）は「ここに来ないと上等が買えないから」と笑い、数店舗を渡り歩いていた。

写真 3-2　正月の風物詩である豚肉専門の肉屋を掲載した地元紙

＊沖縄タイムス 2009 年 12 月 31 日

2005：1-2］と評し、一人当たりの豚肉消費量の多さを強調している。また、「数百年の長い伝統につちかわれた豚肉料理」［平川 2005：2］という表現からは、豚肉消費の歴史的な持続が重要視されていることが分かる。ときに、豚肉消費の歴史は六〇〇年という長期にわたる時間のなかに位置づけられることすらある。(13)

沖縄におけるブタの食利用法の独自性も、豚肉消費の歴史的な長さと合わせて強調される傾向にある［島袋 1989；渡嘉敷 1996；平川 2005］。つまり、ここでも現在の豚肉消費が過去の自家消費との連続性から説明されるのである。

具体的には現在の豚肉消費は、過去のブタ殺し儀礼ゥワー・クルシを中心とするブタの自家生産と自家消費の延長上に位置づけられる。ゥワー・クルシとは、主に旧暦の正月に各家庭で育てたブタを殺し食する儀礼のことである。現在でも、正月になると豚肉を大量に消費するのは、ブタ殺しの習慣と同じだとされる。また、現在におけるブタの各部位にまで及ぶ嗜好も同様に、ブタ殺しという過去の習慣のみから説明される。つまり、ブタ殺しを通して培われた一頭のブタを無駄なく利用する技術や知識が、現在も連綿と保持されているかのように語られるのである。

ここで着目したいのは、豚肉消費の連続性の歴史が明らかに人とブタの関係の変化を捨象している点である［比嘉 2008］。実際には、豚肉を食するコンテクストは儀礼と市場という点で大きく異なる。くわえて過去とは異なり、現在の大多数の人びとはブタの飼育、屠殺、解体に関与せず、あらかじめ加工された豚肉を買う。ブタは肉の段階になって初めて消費者の前に現われるのである。端的に言うと、産業化の過程で大多数の人びとは、生きたブタに接しなくなり、加工済みの豚肉を消費するだけになった。こうした生産と消費の分離によって、人とブタ／肉の関係は著しく変容している。

しかし、繰り返し流布される豚肉消費の連続性の物語は、人とブタの関係の変化を覆い隠し、ブタの一部でしかない肉のみに焦点をあてる。つまり、豚肉食の連続性を強調する歴史観は、消費中心に構成されている。圧倒的な数と力をもつ消費者中心の社会は、消費（肉）を重視し生産（ブタ）を軽視する見方を保証しているのである。このように、ブタを無視し肉を特権視することで、人とブタの関係は変化せずに連続しているという虚構が成立する。

肉の特権化が隠しているものは、人とブタの分離、および消費のコンテクストの断絶である。この言説は、次に論じるブタの危機と再生の物語と合わせて、沖縄における人とブタの関係の支配的な見方を形成している。

4-2　尊いブタのイメージ

人とブタの総体的な関係を消費中心の関係に還元することでつくりだされる、豚肉食の連続性の物語は、現在食することのできる豚肉は先人たちの努力に負うものであるといった別の語り口を生み出し、それによって支えられている。ここでは、そうした語り口のひとつであるブタの危機と再生の物語を取り上げる。物語は、一九八〇年代頃に顕著となり、その後何度も繰り返し新聞などで取り上げられている。具体的には、戦後復興のためにハワイ在住の沖縄系移民がブタを寄付した実際の出来事に基づく叙述である。

戦後まもない一九四八年に、ハワイ在住の沖縄系移民から五三七頭ものブタが寄贈され、沖縄に届けられた。この話題は学術論文から畜産史や新聞、ドキュメンタリーに至る様々なジャンルで言及されている［當山 1979；沖縄県農林水産行政史編集委員会 1986；下嶋 1995, 1997；吉田 2004］。なかでも、一五八回にわたる新聞の連載をもとに刊行した下嶋のドキュメンタリー作品『豚と沖縄独立』［1997］は、この出来事を詳細に記述している。この作品は繰り返し新聞に取り上げられ、ミュージカル化されたり、学術論文に引用されるなど、沖縄の人びととブタに関する見方に多大な影響を及ぼしている。以下では、下嶋の『豚と沖縄独立』を読み解き、ブタと沖縄の人びとの関係がどのように表象されているのかを分析し、そこで描かれているブタのイメージを析出する。なお、適宜、農学者の論文［吉田 1983, 2004］で記述を補足する。

戦災を生き残ったブタは、第2章で述べたように沖縄本島で八五〇頭、離島で一五〇〇頭ほどと、戦前期の僅か一割であった［吉田 1983：42］。そこで戦災の報告を受けたハワイ在住の沖縄出身の人びとは、沖縄救済のための組織を設立し募金活動を始めた。養豚復興に不可欠な繁殖用のブタを送ることが、壊滅状態にあった故郷沖縄の復興につながると考えたのである［下嶋 1997：138］。

集めた資金は総額およそ五万ドルに達し、目標であった五五〇頭のブタを購入することができた。そこで寄贈されたブタは八種類の外来種であった［沖縄県農林水産行政史編集委員会 1986；吉田 2004］。ブタの輸送は、アメリカ陸軍の協力を受けてサンフランシスコから大型船で出航した。船に乗り込んだのは、沖縄系移民の男性計七人だった［下嶋 1997］。彼らはブタの普及と繁殖に寄与し、「荒廃の中に佇む沖縄の人々に、復興への力強い光を与えた」［吉田 2004：100］。

この養豚再生の物語は、ブタが窮地から脱する経緯を再現し、ブタを救った人びとの努力をドラマチックに描き出す。そこでは過剰に、ブタの尊さと重要性が強調される。さらにブタの危機は、ブタと結びつきの強い沖縄の人びと自身の危機として描かれるため、より切迫した物語となっている。危機的状況をめぐる感傷的な語りのなかで、人とブタが運命をともにする存在とされているのである。

つまり、この物語によって表現されているのは、人とブタの密接な関係の歴史的な持続と深度である。そこには沖縄の人びとにとって、ブタが単なる食用家畜ではなく、沖縄の歴史と文化を体現する存在であり、親密で自己に近しい存在だという前提がある。危機と再生の経験を共有することで、人とブタの絆はさらに深まった。途絶えかけた人とブタの関係は再び六〇〇年の歴史の連続線上に紡がれる。

4–3 在来種アグーの復興運動

ハワイの沖縄出身者から寄贈されたブタのうち、とくに人気を博したのは、生産性の高い、脂肪に富んだ白色ブタのチェスター・ホワイトであった[14]。一九六〇年代になると、新たに外来種ランドレースが導入されて急速に普及した［當山 1979：161–162］。ランドレースは、デンマーク原産の白色の大型種であり、脂肪が少なく、赤身が多い。くわえて、この種は繁殖能力の面で優れているとされる。そのため、豚肉の大量生産にとって最も好ましい品種が、ランドレースであった。その結果、チェスター・ホワイトは完全に駆逐された［當山 19791：125, 161–162；吉田 1983：47–48］。以上の経緯で、戦後から現在までブタの品種は在来種から外来種へと移行し、そのなかでも、より生産性の高い外来種のみが広く流通するようになった。沖縄では、豚肉消費は歴史的に持続する一方で、食されるブタ自体は産業化の過程で著しく変容しているのである［比嘉 2011b］。

こうした状況下、近年では新たに在来種アグーの復興運動が展開している。在来種はシマ・ゥワー（島ブタ）あるいはアグーと呼ばれ、戦後の産業化の過程で効率性の観点から見捨てられたブタである。在来種は小型の黒色ないし黒ぶち模様のブタであり、外来種と比べて一腹当たりの子数の少なさや成長の遅さが目立ち、非効率的なブタとされる。また、在来種は脂の層が厚いため、豚肉の等級制度では格付けが低い［小松 2007：370–377］。そのため、生産性と等級制度の観点から在来種は利用されなくなったのである。なお、第5章で詳述するが、等級制度とは屠殺場に導入された肉質の格付け検査制度であり、肉の価格決定に多大な影響をもつ。

しかし、近年、在来種アグーは「沖縄文化」の象徴とされ、観光資源や愛玩動物として高く評価されている[15]（写真

写真 3-3　上野動物園に展示される在来ブタ「アグー」
（上野動物園にて筆者撮影）
＊写真右には，沖縄の人びととアグーの 600 年にわたる親密なつながりが強調されており，アグーは「沖縄の宝」と表現されている．

3-3）。くわえて、その厚い脂の「おいしさ」が強調される。二〇〇九年時点で、在来種の出荷頭数は外来種の一割にも満たない六〇〇頭程度だが、観光産業や一部の養豚業者の間で在来種に対する期待が高まっている。

ここでは在来種の復興運動について、アグーが大量に出回る外来種の肉製品からどのように差異化されるかを明らかにする。その際、在来種アグーのもつ感覚的な価値が、沖縄の地域的なアイデンティティにもとづいて再評価される点に注目する。

まず、在来種の復興に尽力した人物として、名護博物館長（当時）の島袋正敏と沖縄県北部農林高校の教師である太田朝憲があげられる[16]。博物館長は一九八一年に沖縄全域で飼育されているアグーの把握に乗り出した。当時確認できたのは三〇頭ほどで、そのうちの一八頭を収集することに成功した。しかし、発見されたアグーは外来種との交配が進み雑種化し、本来の「純粋な在来ブタ」からは程遠い変わり果てた風貌をしていたという。そこで、館長は一八頭のアグーを理解ある養豚農家に預け、アグーを純粋種に近づける策に出た。この取り組みは博物館を超えて広がっていった。二七年間かけて、彼らはアグーの純度を高め、原種に近づける努力を重ね、ついに一九九三年にアグーの復元に成功したといわれる。この時点から、沖縄県を巻き込み、在来種の保存活動と商業利用が活発になっていく。

こうした状況をふまえ、アグーの隆盛がもつ現在的な意義を考えてみたい。はじめに、在来種の普及を企図する生産者や運動家は、在来種の良さを指摘する際に必ず外来種との差異に言及する。復興運動のなかでは、アグーがどれほど外来種と違うかが再三にわたって強調される。つまり、現在の文脈における在来種の意義は、外来種からの差異化によって確立しているといえる。そこでは、等級制度が支持する外来種の感覚的な価値に対して、在来種がもつ脂の味覚的な価値や、黒毛の視覚的な価値が対置される。

まず、在来種の味覚的な価値に関しては、アグーの復興運動に関わる人びとは、脂の厚薄に注目する点で等級制度と共通するが、対照的な評価を下す。等級制度の評価基準では、アグーは背脂が厚く、全体的に脂に富んでいるため、等級が低い。それに対して、アグーの復興運動は、そもそも沖縄では等級制度の設置以前、脂の厚さが好まれていた点を強調する。

アグーは戦後の「アンダ・ガーキ（脂を欠いた）」の時期に、貴重な脂の多いブタ（アンダ・ゥワー）であったといわれる。彼らは、その味が忘れられないと語る。また、アグーの脂は栄養学的な見地からも見直されている。具体的には、在来種の脂は外来種と比べて「旨み成分」が多く、栄養価が高いことが強調される[17]。アグーは人びとにとって忘れ難い戦後の経験と、近年の栄養学的知見の双方から、外来種よりも優れた豚肉として表象される。

興味深いのは、こうした味の面における在来種の卓越性が、体毛の色に結びつけられることである。一般的に、外来種の白色とは対照的な「在来種アグー＝黒ブタ」という視覚イメージは広く浸透している。この白黒の対比は、外来種と在来種の肉質の違いに通ずるとされる。つまり、体毛が白く赤身の多い外来種に対して、在来種アグーは黒毛で脂が多い。ここでは、外来種と在来種の違いは、白ブタと黒ブタの対比として理解され、在来種がもつ味の卓越性が体毛の黒さに求められる。

ただし、実際には白ぶち模様の在来種もみられる。その際、白ぶちの在来種よりも、真っ黒な在来種のほうが味の面で優れていると考えられている。在来種のなかでも、「真っ黒／白ぶちの黒」の対比が生じる背景として、子数の少なさが関係している。商業利用に際して、養豚農家は在来種の子数が少ないという欠点を補うために、在来種同士ではなく、多産な外来種と交配させる傾向にある。ゆえに、効率性を重視するならば、純血の真っ黒な在来種よりも、外来種と交配した白ぶちの在来種のほうに利点があるといえる。そのため、市場に出回るアグーの多くは外来種との雑種となっている。こうした流れに抗して、一部の運動家はアグーの黒さを守るべきであると強く主張し、外来種との雑種化を避け、在来種同士を掛け合わせる重要性を唱えている[18]。

しかしながら、養豚農家の五十代男性によると、そもそも戦後飼っていた在来種は真っ黒ではなく、まだら模様であったという。同様に調査では「昔のブタはイロ・マンチャー（色が混ざっていた）だった」という語りを頻繁に耳にする。これらの語りをふまえるならば、在来種の復興運動は単なる伝統的なブタの再生ではなく、伝統的なブタを黒色化する、新しいブタづくりとして解釈することができる。その背後に、外来種との差異化があることは明らかである。

ただし、その一方で実際にアグーを食す段階では、当然、在来種の黒さは問題とならない。なぜなら、ブタは屠殺時に脱毛されるため、在来種に限らず、どんな色のブタも毛を剥ぐと全身真っ白になるからである。つまり、消費者の手にわたる脱毛後の状態では、体表から外来種と在来種の違いを見分けることはできない。それにもかかわらず、運動家や生産者は真っ黒なブタこそが真の在来種アグーであることを訴え、黒毛のブタが生まれるよう努力している。

写真 3-4　地元紙『沖縄タイムス』創刊六〇年記念の記事
＊記事の右下には，戦後の養豚復興を支えたハワイ沖縄系移民の七人の男性が映し出されている．

こうした運動家の努力には実質的な利点もある。それは在来種が地元のメディアに頻繁に映し出されることと関わる。分業化の進んだ現在の沖縄では、一般の消費者は、新聞などに映し出される写真や映像を介してしか、ブタの姿を目にする機会がない。つまり、消費者はメディアを通してのみ、ブタのイメージをもつのである。沖縄の地元紙を見ていると、真っ黒なアグーの姿を映し出し、白色の外来種と対比する記事を頻繁に目にする。(19) 一例を挙げれば、地元紙『沖縄タイムス』の六〇年記念企画として、沖縄の戦後復興六〇年を振り返る特集が組まれたが、その際もブタの色の対比が用いられた［沖縄タイムス 2008.7.2］。紙面は沖縄の戦後復興六〇年間を「黒ブタから白ブタになる」歴史に重ね合わせ、黒ブタが衰退し、白ブタが隆盛する経緯を描いている（写真 3-4）。そこから在来種を含めた沖縄の伝統を見直す必要性を説く。
メディアを通して流布される視覚イメージは、産業社会において一定の作用をもっている。産業化以降の沖縄では、社会の圧倒的多数を占める消費者は、生身のブタに接する機会がない。そのために、生産者や運動家は外来種との差異が一瞥しただけで明白な黒ブタづくりに励んでいるのである。

味や色といった在来種の感覚的な価値が再評価され高められる背景には、沖縄の地域的なアイデンティティの興隆がある。黒い色は、在来種を外来種から差異化する重要な手立てとなっており、誰にとっても明らかな在来性、ひいては「沖縄文化」の象徴となっている。近年の地域的アイデンティティの見直しと一体となって、在来種は外来種から差異化されるのである。

以上、本節で取り上げた人とブタの親密な関係に関する言説は、産業化以降の人とブタの日常的な関係を映し出したものではない。本章で再三にわたって言及したように、一九七〇年代以降急速に、ブタは人間から遠い存在になった。ブタに対する肯定的な言説が生まれた一九八〇年代頃にはすでに、大半の人の前からブタは姿を消していた。つまり、表象される人とブタの親密な関係の持続は、産業化以後の人とブタの関係の実態とは乖離しているのである。

このブタに対する肯定的な言説が、実体のブタに対する嫌悪を消し去る可能性は低い。事実、人とブタの分離が完了した一九八〇年代以降に登場した、ブタへの好意の言説は、実体のブタに対する嫌悪に根ざす排斥運動を終結させるに至っていない。ブタへの好意の言説の流布は、前節でみたブタの悪臭言説の浸透とは、以下の点で根本的に異なるからである。悪臭言説は、人とブタが物理的に分離している環境がすでに用意されていたために、ブタに対する激しい嫌悪を掻き立てることに成功した。それに対して、人とブタの絆を強調する言説は、人とブタが身近な環境に置かれることのない、環境の改変を伴わない空虚な言説である。そのため、実体のブタに向けられる嫌悪を転覆するほどの効力をもちえないのである。

1　養豚場の移設運動については、『沖縄タイムス』二〇〇九年一一月三日付け、二〇一〇年一月二八日付け、『琉球新報』二〇一〇年一月三〇日付けを参照。
2　ニンビーに関連する用語に、LULU（Locally Unwanted Land Uses）、BIYBYTIM（Better In Your Back Yard Than In Mine）、BANANA（Build Absolutely Nothing At All Near Anybody）、NIMTOF（Not In My Term of Office）がある［Lesbirel 1998 : 1］。
3　たとえば養豚場のニンビーを論じた論考に DeLind［1998］や Stull and Broadway［2004］がある。その他に、原発に対するニンビーを取り上げた論考［Lesbirel 1998 ; 清水 1999］、ホームレス・シェルター［ギル 2007 ; Wynne-Edwards 2003］、ゴミ処理場［清水 1999 ; 土屋 2008］、米軍基地［清水 1999］などを対象とした研究がある。
4　この点に関連してウィンエドワーズは、従来の研究において同等視されてきたニンビーと「誰の裏庭にも来てほしくない」という意のニアビー（NIABY = Not In Anyone's Back Yard）を分ける必要性を説いた［Wynne-Edwards 2003 : 9］。従来の研究では、ニンビーの定義に反して、施設の必要性そのものの是非を問う住民運動にまで議論が拡散していたのである。
5　一例に、「畜舎等設置に関する取り扱い要綱」［大里村 1992］を参照した。
6　沖縄県農林水産部畜産課が「畜産公害」防止のための具体的な指導方針を定め、発表したのは一九七八年のことである［沖縄県農林水産部畜産課 1979］。
7　沖縄県公害防止条例の全部改正の三年後に、沖縄県公害防止条例施行規則も全部改正された。「特定施設」に関してはこの時期に改正された規則を参照した。
8　沖縄県公害防止条例施行規則の別表第五を参照。
9　具体的な指導方針に先立って、沖縄県は一九七四年に実施方針を発表した。だが、この実施方針は沖縄県の公害に対する基本的な方向性を示しただけであるため、具体的に養豚農家の指導方針を打ち立てる一九七八年～七九年を重視し、第三段階に分類した。
10　「悪臭物質」とは、悪臭防止法に定められているアンモニアやメチルメルカプタンなどの不快なニオイの原因となる二二の物質を指す（第二条）。

11 「臭気指数」とは、「臭気の強さを表わす数値で、においのついた空気や水をにおいが感じられなくなるまで無臭空気（無臭水）で薄めたときの希釈倍数（臭気濃度）を求め、その常用対数を一〇倍した数値」をいう［沖縄県文化環境部環境保全課 2006］。

12 一例に、二〇〇九年一二月三一日に『沖縄タイムス』に掲載された記事がある。

13 たとえば、それは名護市の広報「市民のひろば」（二〇〇七年九月号No.４３０）に記載されている。

14 ランドレースは一九六二年頃に沖縄に導入され、その後急速に普及した［當山 1979：125, 161–162；吉田 1983：47–48］。

15 在来種アグーは沖縄県内外の動物園などで展示されるほか、飲食店の看板メニューにもなっている。

16 在来種復興運動の経緯に関しては、小松［2007］が詳細にまとめており、本書でも参照した。また、本書では在来種復興の運動家であり生産農家でもある五十代夫妻と、在来種を飼育していない世帯経営の養豚農家五十代夫妻へのインタビューにくわえ、沖縄県作成の映像資料［沖縄県農林水産部畜産課 2007］と地元紙を参照した。

17 概して、栄養学的な評価は在来種のみならず、豚足料理をはじめ、沖縄料理全般に対しても高い。ただし、沖縄の食に対する評価の高さは、一九九〇年代以降の日本における健康ブームのなかで変化した点を留意すべきである［多田 2008：166–174］。

18 アグーの毛色をめぐる論争は、地元紙でも展開している［琉球新報 2009.3.6, 2009.12.15］。

19 たとえば、『沖縄タイムス』［2008.1.10, 2008.3.27］。

第4章
揺らぐ嫌悪と好意
養豚の現場で

前章では、産業化による多頭飼育がもたらした人とブタの空間的な距離が、それまでの人とブタの関係を揺るがし、ブタへの嫌悪が急速に立ち上がり、ブタをめぐる両義的な態度が生成する過程を紹介した。そして養豚の現場を詳細にみると、このブタへの嫌悪と好意が常に揺らいでいることが分かる。

本章では、養豚の専業化と効率化に目を向けることで、ブタの世話のしかた、人とブタの日常的なかかわりが変化する諸相をみていく。具体的に取り上げるのは、二つの養豚場である。ひとつは、当初一頭から数頭のブタを庭先で養う自家生産型の養豚から、毎月二〇〇頭のブタを出荷する専業農家に移行した世帯養豚場である。もうひとつは、同じく自家生産型から専業化に移行し、企業化に至った養豚場である。

人とブタの関係の変化が比較的見えやすい世帯養豚と、その比較対照として企業養豚の事例を提示することで、専業化による多頭飼育への移行に伴う、人とブタとの関係の変化と持続を浮き彫りにすることが本章の目的である。

1　養豚場の概況

はじめに、本章で使用する用語について若干の説明をしておきたい。ブタを飼育する建物を「豚舎」と言う。豚舎は大半が一棟の建物であり、そのなかはいくつかの小部屋に仕切られる。その小部屋を「豚房」と言う。豚房には一頭飼いと集団飼いの二つの形態がある。多少の違いはあるものの、複数の豚房から成る一棟の建物が豚舎であり、数棟の豚舎が集まったものが「養豚場」である。

次に、ブタの分類と表記について説明する。まず、養豚場のブタ（*Sus scrofa domestica*）は用途別に二種類に大別され、さらに成長段階や繁殖サイクルの段階ごとに分けられる。用途別にみると、ブタは①「繁殖用のブタ」と②「肉用のブタ」に区別される。前者①は性別により、メスを「繁殖メス」と言い、オスを「繁殖オス」、「種オス」、「種ブタ」と呼ぶ。後者②は「肉豚（ニクトン）」と言う。本書では分かりやすいように、これを肉ブタと表記する。さらに、肉ブタは成長段階に応じて二種類に大別される。体重三〇キログラム以下のブタは「子ブタ」と言い、三〇キログラム以上のブタを単に肉ブタか「肥育ブタ」と呼ぶ。

繁殖用のメスは、成長段階や繁殖サイクルの各段階を示す名称をもつ。繁殖用のメスがまだ子ブタのうちは肉用の子ブタと区別せずに「子ブタ」と呼ぶ。体重が七〇キログラムを過ぎたメスは「母豚候補」を意味する「候補豚（コウホトン）」と呼ぶ。さらに候補豚のうち、初めて妊娠を迎える個体を「初産豚（ショサントン）」と言う。また、メスは子ブタを授乳させているあいだは「母豚（ボトン）」と言う。本書では母豚を母ブタと表記する。この分類が重要なのは、第4節以降にみるように、ブタの飼育作業に対応した実用的な意味をもっているからである。

最後に、養豚農家の経営形態上の分類を挙げる。(1) 第一の形態は、ブタの繁殖から出荷体重までの飼育を一貫して担う一貫経営型の農家である。第二の形態は、ブタの繁殖から、子ブタの出荷までを担う子ブタ農家である。第三の形態は、第二の子ブタ農家から子ブタを買い取り、出荷体重まで育てる肥育農家である。この点を確認したうえで、以下ではこれらの分類を用いて記述を進める。

本章で扱うのは、第一の一貫経営型農家と第二の子ブタ農家である。第一の形態にあたる養豚場は、沖縄本島の農村部に位置する企業経営の養豚場である。第二の形態である養豚場は、同じく同島の農村部にある世帯経営の子ブタ農家である。

1-1　企業養豚の概況

企業養豚は、市街地から自動車で一五分の山あいに養豚場を構える。同養豚場には、社長、事務職員をはじめ、一四人が勤務する。企業養豚場には社長や事務職員が常在する事務所があり、一一棟の豚舎と人工授精を行なう施設がある。(2) ブタの飼育には九名の従業員が携わる。その他に飼料等の仕入れ・運搬と屠殺場へのブタの出荷を行なう二名の従業員がいる。

ブタの出荷頭数はひと月当たり約八〇〇頭である。ブタの飼育頭数は繁殖オス四〇頭、繁殖メス五四〇頭、肉ブタ総数五〇〇〇頭前後である。ブタの品種は、大まかには外来種と在来種に分けられる。外来種は、戦後期に急速に普及したランドレース（Landrace）、大ヨークシャー（Large White）、デュロック（Duroc）を中心に、鹿児島の黒ブタで知られるバークシャー（Berkshire）や中国原産のメイシャントン（梅山豚）が育てられている。在来種は沖縄のアグーである。

企業養豚の特徴は、機械化と分業化が進んでいる点にある。機械化については、給餌はボタンひとつで飼料タンクから各豚房の餌箱に飼料が注がれ、ブタの飲み水も自動給水装置が各豚房に備えられている。そのため、給餌や給水に時間も人力も要しない。また、糞尿の掃除は豚舎の形式により、ブルドーザーの工機を用いて一斉に各豚房から汚物を回収することができる。(3) 機械化によって作業に要する人員を減らし、一人当たりが世話をするブタの頭数を増やすことができる。

分業化については、ブタの繁殖サイクルや成長段階に応じて分業体制が組まれている。肉ブタに関しては、一人の従業員で二〇〇〇頭余りのブタを受けもつ。繁殖にかかわる作業にはより多くの人力が投じられ、繁殖ブタ五〇〇頭を一人の従業員が管理する。このように企業養豚場では、少人数で多頭飼育の管理を可能にする機械化と分業化が進んでいる。これは次に取り上げる世帯養豚とは対照的である。

1-2　世帯養豚の概況

世帯養豚場は、沖縄本島の農村部に位置する饒波村（仮名）に、自宅と豚舎を構える専業の養豚農家である。饒波村は養豚の盛んな地域のひとつとして知られるが、専業化以降、他地域の例に漏れず、同地域でも養豚農家数は徐々に減少した。調査時点の二〇〇九年、饒波村域には、世帯経営の養豚農家が五軒あった。同農家はそのうちのひとつである。

夫妻はふたりで、ブタの繁殖から子ブタの出荷までを行なう子ブタ農家である。(4) 子ブタは三〇キログラムに達したら出荷され、一頭あたり一万五〇〇〇円前後で売却される。毎週五〇頭前後の子ブタが仲買業者に買い取られ、本島北部(恩納村)の預託農家に運ばれ、そこで最終体重になるまで飼育される。

ブタの品種は外来種のランドレース、大ヨークシャー、デュロックの三種を掛け合わせる。飼育作業は、養豚歴の長い夫が種付けと給餌を担当する。結婚後に養豚を始めた妻は、子ブタの体調管理と分娩介助を担う。種付けは自然交配を採用している。くわえて、数年前から妻の兄が別の仕事を退職して同村に住むようになったため、豚舎の清掃を手伝うようになった。清掃は糞尿で汚れた豚房を水洗し、同時にブタの汚れも洗い流す作業を兼ねて毎朝行われる。妻の兄に対しては、月に五万円が支払われる。

世帯養豚場でも、自動給水機が取り付けられているが、給餌は機械化されていない。そのため、朝一番の仕事は給餌から始まる。餌は、企業養豚場と同じトウモロコシを主原料とする粉末飼料である。(5) 給餌の際には、飼料をタンクから一輪車に入れて各豚房に運ぶ。豚房では、餌箱に餌をスコップで入れていく。

夫妻の豚舎は、村落内の二ヶ所に分かれている。ひとつは、夫の父が建てた旧式の豚舎である(写真4-1)。もうひとつは夫が新設した新式の豚舎である(写真4-2)。両者は近接しており、自宅をはさんで一五〇メートルほどの場所に位置する。ブタの飼育頭数は、合計で子ブタ六三二頭に加えて、繁殖オス一四頭、繁殖メス一二四頭、肉ブタ二四頭である。(6)

以上、二軒の養豚場の概要を示した。両者は経営形態だけでなく、ブタの飼育規模や機械化の度合いに大きな差がある。ただし、両者とも飼育作業の効率化を推し進める点では共通する。多頭飼育の進んだ企業養豚と世帯養豚とでは、ブタの飼育頭数の差こそあれ、自家生産・自家消費期とは大きく異なり、少人数で効率よく、多頭のブタを飼

写真 4-1　世帯養豚の外観①—旧式豚舎
＊旧式豚舎の内部は写真 4-4 を参照.

写真 4-2　世帯養豚の外観②—新式豚舎

育・管理するための工夫が随所にみられる。

2　専業化に伴う豚舎の改変

2-1　戦前型ブタ便所から戦後型豚舎への移行

写真 4-3　現存するブタ便所の跡
＊沖縄県北中城村の重要文化財「中村家」にて筆者撮影（2008 年 8 月 30 日）.

多頭飼育化の過程で効率化を追求する養豚農家の努力は、豚舎の形式の移り変わりの歴史のなかに読み取れる。豚舎の形式の変化は、人がどのようにブタと接するか、ひいては人とブタの関係を著しく変えた点で注目に値する。以下ではまず、豚舎の変遷がいかにブタの飼育方法を簡略化したかを概観しよう。

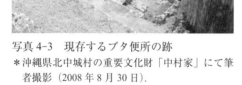

（1）戦前型ブタ便所

戦前型のブタ小屋は「ゥワー・フール（ブタ便所）」と呼ばれ、人の排泄所を兼ねた石造り

写真 4-4　戦後の旧式豚舎
＊通常は，1 豚房に 1 頭のブタが飼育される．

の小屋であった（写真4-3）。ブタ便所は母屋（ウフヤ）に隣接するかたちでつくられ、人の排泄物がブタの目の前に落ちる仕組みになっていた。ブタの飼育は排泄物の処理を兼ねていたのである。

しかし、ブタが人糞を食べることが衛生上、問題視されたために禁止され、ブタ便所は戦後にはほとんどの家庭で使用されなくなっていたという。そのため、沖縄でブタ便所を使用した世代は二〇〇九年時点で八十代から九十代の高齢者に限られる。古老たちはこの経験について多くを語らない傾向にあるが、ときに恥ずかしがりながら「ブタに尻を舐められた」経験を話してくれる。

（2）戦後の旧式豚舎

戦後、戦争で破壊された人家の建て直しと合わせて、新たにブタ小屋が建てられた。当初の小屋はブタ便所を継承した石造りであったが、その後、セメント製の豚舎に造り変えられた(7)（写真4-4）。

豚舎の床はセメントで舗装され、それぞれ豚房の囲いにはセメントブロックが積み上げられてある。豚舎のなかには、中央か端に、人間用の通路が設けられ、それと並行して数個の豚房が直線に並ぶ。豚房の広さはおおよそ三畳分ほどの大きさ（六・二五平方メートル）であり、一辺当たり二・五メートルである。(8)

石とセメントは、ともに台風に耐えられる強度においては大差がない。しかし石造りの場合、石の間や穴に糞が詰まり、掃除がしにくいという難点があった。それに比べて、セメント製の素材はそうしたことが少なく、扱いやすいのにくわえて、傾斜をつけやすいという利点がある。

新式豚舎にはいくつかの工夫が施された。まず、一豚房ごとに床に勾配をつけることで、下方の排水溝に向かって糞や尿を流しやすくなり、掃除が容易になる。くわえて、餌箱と水場を分ける工夫もなされている。餌箱と給水機をそれぞれ反対に取り付けることで、ブタは餌のある乾いたところを寝床とし、水場のある湿ったところで排泄を行なう。つまり、ブタの習性を利用することで、一ヶ所にたまった糞尿を洗い流すだけでよくなったのである。

戦後の旧式豚舎では、繁殖メスを一頭ずつ飼う。養豚農家はブタの出産時に生まれてくる子ブタをとりあげるために、つきっきりで世話をしたという。生まれた直後の子ブタは冷えやすく、暖かい沖縄でも凍死してしまうため、ブタを乾いた布で拭いてあげる必要があったからである。その他にも、豚房内に冷えを防ぐために敷き草を敷きつめ、さらにそれが母ブタの尿で濡れたり糞で汚れると、こまめに取り換えた。また生まれた直後の子ブタは、母ブタから離れないため、潰されて圧死することが多い。(9)そのため、養豚農家は常に母ブタと子ブタを見守る必要があった。出産が長引いたときには、養豚農家は母ブタの隣で、敷き草を枕にし、横になって寝ずの番をしたという。

このように戦後の旧式豚舎では、養豚農家は糞掻きなどの掃除が楽になったが、出産にかかわる作業に関しては夜通しで世話をする必要があった。そのため、この形式の豚舎では多頭飼育化がさらに進んで、ブタが毎日のように出産するようになると、そのすべてに立ち会うことが困難となる。次に取り上げる新式の豚舎は、この労苦を軽減することになった。

2-2　新式の機能別豚舎の登場

養豚の効率化を進めるために一九七〇年代頃から導入されたのが、次に紹介する機能別豚舎である。そこでは、ブタの成長段階や用途（食肉用と繁殖用）に合わせて、数種類の豚舎がつくられるようになった（表4-1）。いずれの豚舎も機械化が進んでおり、たとえば、給餌と給水が自動化された。豚舎の種類としては、第一に、発情待ちのメスや妊娠中のメスを飼う繁殖メス専用の豚舎がある（写真4-5）。第二に、出産間近になったメスを移動させ、出産と授乳の期間を過ごす分娩・授乳豚舎がある（写真4-6）。第三に、離乳した子ブタが食用に出荷されるまでのあいだを飼育する肉ブタ専用豚舎がある（写真4-7、4-8）。

繁殖メスは、第一の繁殖メス専用の豚舎と、第二の分娩・授乳豚舎を行き来することになる。それに対して、生まれた子ブタは生後二二日から二五日前後で離乳し、肉ブタ専用豚舎に移され、一一〇～一二〇キログラムまで成長し出荷されるまでここで飼育される。以下では順に、効率性の観点から新しく導入された、ブタの成長段階と用途ごとに異なる豚舎の形式と特徴、ならびに人の作業にかかわる利点をみていく。

（1）繁殖メス豚舎

繁殖メス豚舎は、妊娠中や離乳後のメスを多頭飼育する専用の豚舎である（写真4-5）。この豚舎は一九七五年か

表 4-1　戦前・戦後の豚舎の種類

	戦前	戦後			
			新式の機能別豚舎		
飼育場所	ブタ便所	旧式豚舎	繁殖メス豚舎	分娩・授乳豚舎	肉ブタ専用豚舎
ブタの種類	全てのブタ	全てのブタ	発情待ち・妊娠中のメス	出産前～授乳中の母ブタ・子ブタ	離乳後～出荷までの食肉用のブタ
写真	写真 4-3	写真 4-4	写真 4-5	写真 4-6	写真 4-7, 8

ら八五年（昭和五〇年代）にかけて普及したといわれる。その特徴は、家畜の体に合わせて最小限の大きさに豚房を仕切り、直線に配列する形式にある。この豚舎は、敷地面積当たりの収容頭数が最多の省スペース型豚舎であるといえる。これによって、養豚農家は土地を有効利用し、最大頭数のブタを養えるようになった。つまり、繁殖メス豚舎は、養豚農家が新たに土地を購入できずとも、限られた土地と資金のやりくりによって、多頭飼育へ切り替えることを可能にしたので

写真 4-5　企業養豚の繁殖メス豚舎
＊ブタの顔側前方（写真左）に，自動給餌機と自動給水器が据えつけられている．

ある。とくに広く一般の小規模農家に多頭飼育を可能にならしめたのは、この形式の豚舎であった。

(2) 分娩・授乳豚舎

分娩・授乳豚舎は、出産間際のメスが出産を迎えて授乳期間を終えるまでのあいだ、子ブタとともに飼育される専用の豚舎である(写真4-6)。この豚舎には、出産直前のメスが移動させられてきて、出産前後の約一ヶ月弱程度を過ごす。この豚舎での主な作業は、通常の給餌や掃除などの作業以外に、出産前の母ブタに予防接種を行ない、産まれた子ブタの介助を行なうことである。子ブタの介助とは、生後直後に行なう鉄剤の注射、切歯、尻尾切りであり、オスの場合は去勢も含む。

これら子ブタの介助作業がなぜ必要かというと、まず鉄剤の注射に関しては子ブタは貧血になりやすいため、生まれてすぐに鉄剤が打たれる。次に切歯は、上下・左右四本の犬歯をニッパーで挟んで砕くことで、子ブタが母乳を飲むときに母ブタを傷つけなくすむようにする。また尻尾を切るのは、ブタ同士が互いの尻尾を噛んで怪我をさせることが多いため、あらかじめ尾を短く切り落としたほうがよいとされる。

分娩・授乳豚舎の最大の特徴は、出産にかかわる作業を簡略化できる点にある。先述したように、産まれたばかりの子ブタは亜熱帯の沖縄でも、体が濡れたままでいると凍死することがある。そのため、旧式豚舎では生まれた直後の子ブタの体を布などで拭いてやり、さらに母ブタの尿で体が再び濡れることのないよう、豚房内の掃除を頻繁にする必要があった。しかし、新式の分娩・授乳豚舎は高床式で、床がステンレス製のスノコ状になっているため、尿が自動的に下に落ちる仕組みとなっている。さらに、保温箱が据え付けられており、子ブタの冷えや凍死も防ぐことができる。なお、保温箱とは写真4-6の左側に映っている発熱用の電球をともした、木製やステンレス製の囲いや小

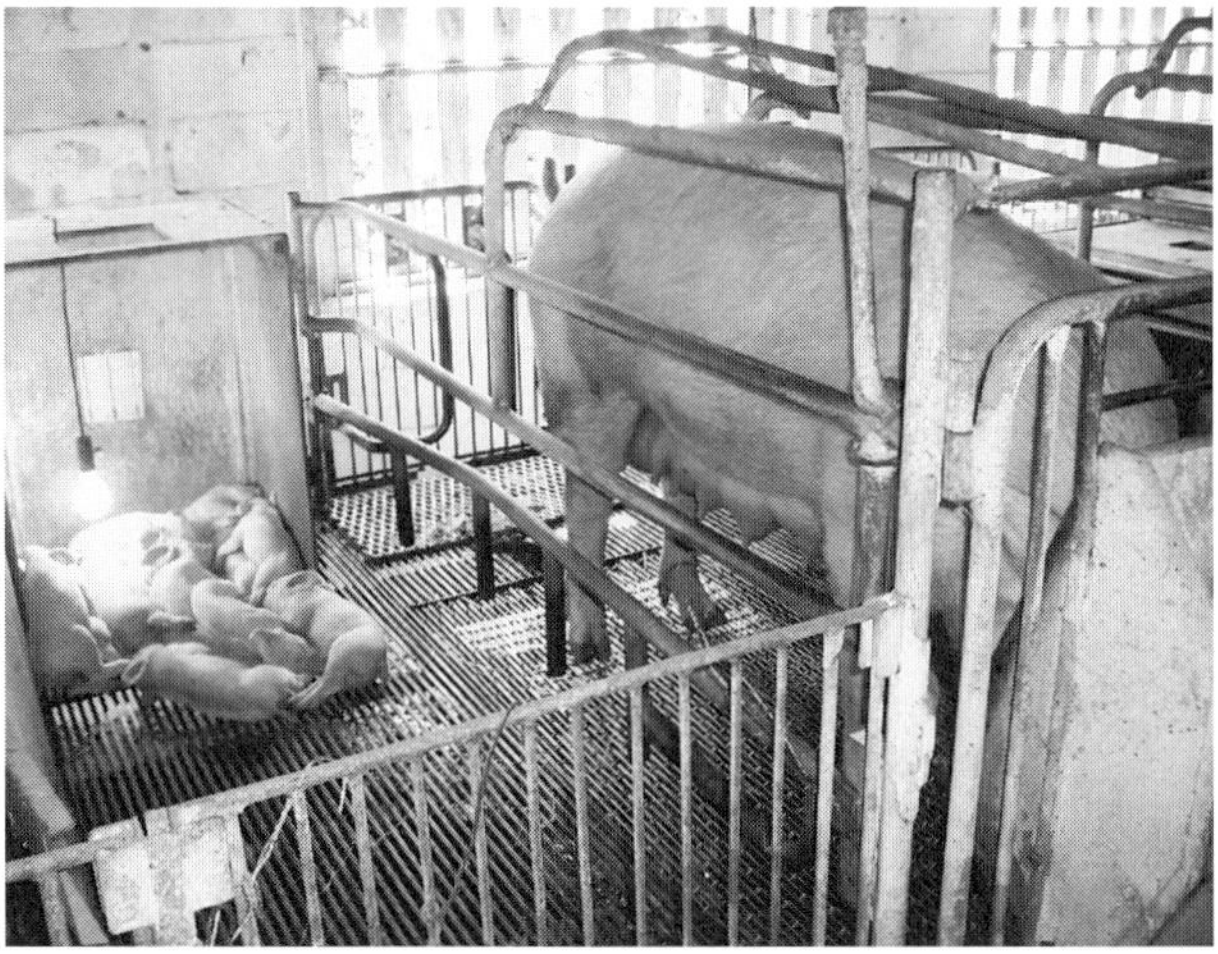

写真 4-6　世帯養豚の分娩・授乳豚舎

＊子ブタを凍死や冷えから守る保温箱の中に発熱用の電球が吊るされてある．生後まもない子ブタは自ら保温箱に歩いていき，そこで眠るようになる．写真中央には，子ブタの圧死を防ぐための柵（分娩柵）がある．

写真 4-7　企業養豚の肉ブタ専用豚舎

＊肉ブタ専用豚舎では，食肉用のブタが出荷（体重 110～120kg）まで集団飼育される．この豚舎では，豚房が約 100m にわたって計 5 列続く．

屋のことである。

凍死にくわえて、旧式の豚舎では生後すぐの小さな子ブタは圧死の危険性が高かった。旧式豚舎では、これを防ぐために人が常に付き添って、母ブタが動いたり、子ブタが鳴き声をあげるたびに、母ブタを叩きどかす必要があった。しかし、新式の豚舎では、分娩柵と呼ばれる母ブタを固定する柵がある。(10) この柵は母ブタの体の幅に沿ってつくられており、母ブタの動きを制限し固定するものである。(11) 分娩柵の設置によって、養豚農家がその場に居なくとも、せっかく生まれた子ブタが母ブタに潰され、死んだり怪我をするのを防ぐことができるようになったのである。

その他に、尿だけでなく糞もある程度まで自動的に豚房の床下に落ちるため、豚房内の掃除の手間も軽減された。世帯養豚の夫は、旧式豚舎での飼育状況を振り返って「一日中ずっと（糞尿の）掃除ばかりしてた」と言う。しかし、新式豚舎になった今では一週間に一回程度、スノコの上にたまった糞を軽くシャベルで掻き出すだけでよいと語っていた。

以上のように、分娩・授乳豚舎の導入は養豚農家にとって、子ブタの凍死や圧死の危険を軽減するとともに、人の労力を同時に減らせる点で画期的なものであった。個々のブタの出産にかかる作業の簡略化と時間の短縮は、多頭飼育化が進むにつれて大量のブタが産まれることとその労力を考慮すると、重大な意味をもっていたといえる。

（3）肉ブタ専用豚舎

肉ブタ専用豚舎とは、離乳後のブタが出荷までのあいだ集団飼育される豚舎である。この豚舎には、基本的に肉用のブタを入れ、一つの豚房に子ブタ二〇頭が一緒にされる。企業養豚の肉ブタ専用豚舎（写真4-7）と世帯養豚の肉ブタ専用豚舎（写真4-8）は、豚舎を縦断するかたちで豚房が縦一列に整然と並ぶ点で共通する。直線に配列された

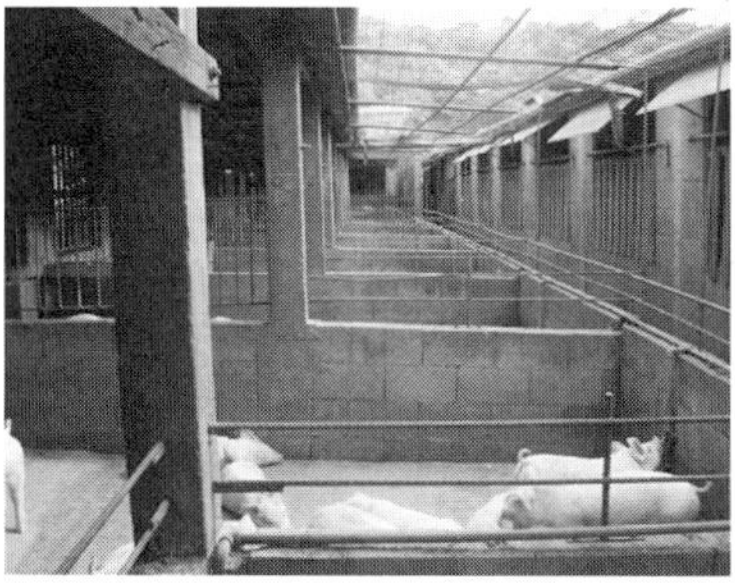

写真 4-8　世帯養豚の肉ブタ専用豚舎
＊肉ブタ専用豚舎では，食肉用の子ブタが出荷（体重 30kg）まで集団飼育される．
この豚舎では，豚房が約 40m にわたって片側 1 列に並んでいる．

豚房には、給餌や糞尿掃除の作業効率を上げる利点がある。

肉ブタ専用豚舎での主な仕事は、給餌と糞尿掃除である。この豚舎で飼育される肉ブタは、授乳中の子ブタや妊娠・出産期の母ブタと比べて、丈夫で病気にかかりにくいため、手間がかからず育てやすいとされる。そのため、肉ブタ専用の豚舎には注意を要する熟練の仕事がほとんどない。企業養豚では主に経験の浅い非熟練者が担当となる。

給餌に関しては、ブタを大きく太らせるために、常に餌箱に餌を満たしておくことが重要である。これは畜産用語で「不断給餌」と呼ばれる方法で、早く太らせるためには絶えず餌を与え続ける必要がある。そのため、給餌の自動化により作業が大幅に簡略化された。また、糞尿掃除の方法にも工夫が施されている。まず、肉ブタ専用豚舎の各豚房の床には勾配がつけられている。豚房内に傾斜をつけることで、ブタが動き回るなかで、糞尿や汚れた敷き材が下方に押し出される仕組みとなっている。それによって糞尿の掃除が容易になるという。また、企業養豚の場合、勾配をつけた各豚房の床には、おがこや敷き草が敷かれ、糞尿で汚れた敷き材ごとブルドーザーで回収される。[12] 以上の給餌と糞尿掃除は、戦前の旧式豚舎と比べて、直線配列や勾配の設計によって容易になっている。

以上、新しい豚舎の開発や改変を通して、飼育作業がいかに簡略化されたかをみてきた。新式の機能別豚舎の導入と機械化により、飼育に要する作業のなかでも、人の力を使う作業が減った。具体的には、餌の準備や給餌、水汲みが自動化され、糞掻きにもさほど労力がかからなくなった。昼夜を問わず、つきっきりで行なっていた出産の世話も、圧死防止の柵や保温箱で代用されるようになり、人の力を不可欠とする作業は減った。本節で取り上げた豚舎の変遷に伴う飼育作業の効率は、次節でみるように人とブタの関係を大きく変えている。

3 汚いのはブタか人か——人とブタの境界の侵犯と維持

3-1 養豚場内外にみる人とブタの境界

豚舎の改変と機械化は、第3章で記述した人とブタの分離の過程と並行してなされたものである。養豚の専業化の過程で、ブタは人間の居住地から遠く離れた場所で飼育されるようになった。その過程で、人とブタのあいだには空間的な境界が引かれた。現在では、人の居住地とブタの飼育場所が物理的に離れている限り、何ら問題は起きない。しかし、人とブタの物理的な境界が侵犯されたとき、境界をめぐる問題が表面化する。本節では、まず養豚場の外部者である地域住民と、養豚場で働く内部者の二つの視点から、養豚場の内と外の空間的な境界が侵犯された出来事を記述する。そこから、人とブタの境界がどのような契機に問題となるのかを明らかにする。人とブタとのあいだに引かれる境界に注目することは、養豚の専業化がもたらした人とブタの関係の変化を理解するうえで重要な足掛かりとなる。

事例1　ブタの糞を連想させる「黒い水」

二〇〇九年一月一五日、饒波村の河川に「黒い水が流れている」という苦情が保健所に入った。その上流に、筆者の調査していた世帯養豚の養豚場があった。苦情の電話連絡を受けた保健所の職員は、同地域を管轄する役場の職員と連れ立って、総勢五名で立ち入り検査に同養豚場を訪れた。

そのとき、はじめに声をかけられたのが筆者であった。筆者はちょうど新式豚舎での給餌作業を終え、外路に面した木陰に腰を下ろし休憩していた。彼らのひとりが筆者に対し、保健所の職員であること、苦情が保健所に入ったことと、苦情の内容を手短に伝えた。筆者はそれを聞いてから、豚舎の奥で作業をしていた養豚場主を呼びに行った。そして彼らは養豚場主にも同様の内容を伝え、立ち入り検査に承諾するよう求めた。

地図で「黒い水」が流れた下流域から上流へ遡ると、そこに同養豚場がある。そのことだけが、「黒い水」と養豚場への立ち入り検査をつなげる唯一の根拠であり、彼らの判断を支え、これから行なう諸事を正当化していた。具体的に何が行なわれたかというと、糞尿の処理方法に関する聞き取りと、糞尿の浄化装置の点検と水質検査であった。まず、糞尿が適切に処理されているかを調べるために、職員らは浄化槽が見下ろせる豚舎の屋根に上っていった。浄化槽は、ブタから出た糞尿が流れ込む仕組みになっており、まず糞尿の混合物を分離させ、汚水を河川に放流できるレベルまで浄化する大掛かりな装置である。そのために、彼らは浄化槽が正常に機能しているかを確認したのである。

続いて行なわれた水質検査では、浄化槽の中と排出口付近、川縁を少し下った地点の計三地点で汚水の濃度を測定した。結果、浄化槽とその放流水、河川の水のすべてが水質汚濁法の排水基準[13]を充たしていることが分かった。つまり、一連の検査によって「黒い水」の原因となる証拠は何も見つからなかったのである。結局、職員らは養豚場に近接する畑で農作業をしていた別の七十代男性に声をかけ、畑の土が河川に流れ込むことのないよう注意して帰って行った。

この出来事からは、人間の居住地に流れ込んだ河川の変色が、ブタの糞尿を連想させたことが分かる。第3章で記述したように、分業化が進んだ一九七〇年代から三〇年余りのあいだに人とブタの関係は大きく変わった。専業化と多頭飼育化に伴って、ブタは多くの人から物理的に遠隔化し、日常生活のなかで積極的な意味や役割をもたなくなっていった。こうした関係の稀薄化と並行して、ブタは悪臭を放つ「害畜」とみなされるようになった。だが、ブタへの嫌悪は、人とブタの境界が保持され、一定の物理的距離が保たれている限り、とりたてて問題になることはない。

逆に言えば、ブタへの嫌悪は人とブタの境界が侵犯されたとき、激しい不快感や感情を呼び起こす。事例1のように、人とブタの空間的な境界を越えて、ブタやそれにかかわるものが人間の空間に侵入したとされるとき、住民の側から境界を改めて維持・強化する訴えが起こる。そこでは、ブタの糞尿は悪臭を放ち、清潔で無臭の環境を汚染する物質とみなされる。この事例では、畑の土ではなく、養豚場のブタの糞尿こそが川の水を汚すものであると想定され、住民の不安を駆り立てた。住民にとって、人間の居住空間とブタが飼育される養豚場のあいだの境界が、いかに重要であるかが分かる。「黒い水」の流入は、保持されるべき養豚場と居住地のあいだにある空間的な境界の侵犯を意味したのである。

以上のように、専業化の過程で進められたヒトとブタの分離は、現在ますます、養豚場に対する消費者の日常的な監視と苦情、それに応じる行政の立ち入り検査と処罰を通して強化されている。こうした状況下、養豚農家は家畜の繁殖能力に秀でているだけでは、養豚を続けることはできない。日々の清掃や餌の工夫などこまごまとした作業から、高額な浄化槽の設置まで、多岐にわたる「環境」対策を講じ、住民の主観的な反応まで考慮してはじめて、養豚を続けられるのである。このように、養豚場の内部で行なわれる作業や、人とブタとの関係は、外部者とのかかわりに規定される部分が大きい。

事例2　外部者の立ち入りに起因するブタの流産

二〇〇九年一月一五日の午後、世帯養豚の養豚場で出産間近のメスに異変が起きた。あと一〇日ほどで出産予定のそのブタは、陰部から子宮の一部が体外に飛び出す「子宮脱」と呼ばれる状態になった。さらに、その二日後の一七日には、妊娠初期のメス二頭が立て続けに流産した。これら三頭のメスに起きた異変は、筆者が調査を始めてから僅か三日から五日のあいだに起こった。

まず一五日に起きた子宮脱について、世帯養豚の夫は、彼が養豚業を始めて二九年間、一度も出産前のブタに起きたことはなかったと説明した。(14) 次に、その後に起きた二頭のメスの流産に関しては、世帯養豚の夫は流産時のメスが餌を食べ残していなかったことから「感染症」による流産ではないとした。

それから、筆者は二週間余りの予備調査を終え、再び次回の調査日程を立てるべく、二〇〇九年一月三〇日に電話連絡を入れた。電話口で、筆者は思いがけず、世帯養豚の夫から次回の調査を断られた。その理由は筆者の養豚場への出入りが、先述の子宮脱と流産をもたらしたとされたからであった。そのとき、正確にはメスの「繁殖障害」を引き起こすPRRSという病名が告げられた。PRRSとは、「豚繁殖・呼吸障害症候群（Porcine Reproductive and Respiratory Syndrome）」というブタの疾病である。筆者は、世帯養豚の夫から「りーまー（筆者）が（養豚場に）入ったことでPRRSが動きだした」から「もう来ないで欲しい」と言われたのである。

世帯養豚でブタとの接し方に興味をおぼえていた筆者は予想外の展開に動揺したが、とにかく限られた時間のなかでPRRSについて獣医学事典や養豚専門誌を調べることから始めた。自分が原因でブタが流産したという因果関係を否定しようと考えたのである。しかし、世帯養豚の夫の説明のなかに獣医学の用語が織り交ざっていたために、反論は困難に感じた。結局、専門知識のことがよく分からなかったこともあり、反論は諦めた。そして、「私が原因でブタが流産した」という前提で、調査が可能になる方法を考えた。とにかく会って話すしかないと思い、筆者は豚舎に近づかない約束で、再び夫妻の自宅を訪れた。

そこで、世帯養豚の夫が再度、状況を説明したところによると、部外者が養豚場内に入ったことにより、通常は毒素を出すことのない常在菌が動き出し、メスの繁殖障害が生じたというものだった。[15] どういうことかというと、筆者がいろいろな場所を移動するなかで、靴底に養豚場の常在菌をおびやかす病原菌が付着していたというのである。

最終的に、世帯養豚の夫は筆者に対し、靴の履き替えと着替えを徹底するよう指示し、調査続行を許可してくれた。そのとき、彼は次のように言った。

またブタが何頭か流産するかもしれないけど、全部で、ボトン（母ブタ）は一五〇頭いるから、（少しくらい流産しても）大丈夫よ。常在菌がりーまー（筆者）に慣れるまで、（ここに）通ったらいいさ。

この語りは、養豚場にある常在菌が外部者に反応しなくなるまで通い続けてよいという意味であった。興味深いのは、彼にとって養豚場に通い続けることが、養豚場の内部者になることを意味する点である。つまり、養豚場の常在菌が反応しないのは養豚場の内部者だけであり、外部者である筆者も通い続けることで常在菌が反応しなくなる、すなわち内部者になるというのである。

一連の事件をめぐる彼の解釈は、獣医学的な説明の装いのなかに、外部者と内部者の区分、境界や接触の観念を多分に含んでいる。それは、養豚場の内部者が人とブタの関係を理解する枠組みであり、先述の事例1をはじめ、専業化以降の沖縄において支配的なブタに対する見方や態度とは真逆のものである。この点は注目に値する。世帯養豚の夫は、この事例について筆者に次のように語った。

みんな、ブタは汚い、くさいと言うさーね。でも、ブタは外部者が入ったくらいで病気（に）なって、こんなに繊細だわけよー。今のブタ飼いは、こんなだって書いたらいいさー（こういう状況を書いて欲しい。）

養豚場を出入りする人間がブタに悪影響をもたらすという認識は、養豚場の内部者からみた「接触感染」の観念として説明できる。ただし、とくにここで注目したいのは、この「接触感染」の観念からみえる、養豚場の内部者の視点からみた人とブタの関係である。悪臭を放つブタが汚く、人間から遠ざけるべきだとする支配的な見方とは異なり、養豚場の内部者の視点からみると、むしろ汚いのはブタではなく、人間のほうである。

よって、事例2では、事例1とは逆方向の分離の動きがみられる。事例1では、人の空間（居住地）からブタを排除する方向での分離の動きがみられた。それに対して、事例2では、むしろブタの空間（養豚場）から人を排除する方向での分離の動きがみられる。この二つの事例から指摘できるのは、まず人の居住地とブタの飼育場所である養豚場の空間的な境界が、養豚場の内外の人にとって維持されるべきものである点である。

汚い人間からブタを遠ざける方向での境界維持は、事例2に限らず、かなり一般的にみられる事象である。なかでも企業養豚では、非常に体系的に養豚場内外の空間的な境界を維持する仕組みが随所に設けられている。

まず、養豚場の敷地と、その外の空間は数段階にわたって遮断される。企業養豚場の入り口には、外部者がむやみに養豚場の敷地内に入るのを禁じる立て看板と、錠前の付いたステンレス製の頑丈な門がある。通勤時になると鍵は空いたままにされるが、門はその都度閉めねばならない。その門を入ると、豚舎に程近いところに再びもうひとつの門がある。その内門は二〇〇八年の春に新設され、暗証番号を押さねば開かない。それほど厳重に、養豚場の内と外が遮断されているのである。たいていの場合、従業員は養豚場へ自家用車で通勤するが、内門に車両が近づくと、自動的に消毒液のシャワーが噴射され、車両は入念に洗浄されてから、豚舎に近い空間へと進むことになる。さらに、豚舎内に踏み入ることのできる人は限られている。くわえて、必ず靴底を消毒液に浸してから豚舎に入る。

こうした企業養豚の境界維持の仕組みは、獣医学的な見地から説明されるものの、事態はそれほど単純ではない。つまり、企業養豚においても養豚場の内部者と外部者の区別が重視されており、内部者は作業着さえ着用していれば、自宅から通勤してきた格好のままで豚舎に入ることができる。それに対して、外部者は豚舎に入る際には必ず白衣を着なければならないのである。ここには、やはりブタに接することのない外部者の人間を汚いとする見方が読み取れる。

ただし、事例2のブタの空間から人を排除する方向での分離の動きは、人の空間からブタを排除する方向での分離の動きの反作用として理解されねばならない。つまり、事例1と事例2はともに、人とブタの空間的な境界の侵犯に対して、異議申し立てをする実践として捉えられるが、そこでの非対称性を等閑視してはならない。人の空間からブタを排除する方向での分離は、公的な苦情として表面化した事例1以外にも、無数の排除を伴う。つまり、事例2のブタの空間の内部から人を排除する動きよりも、外部の住民や消費者からの無数の排除のほうが、圧倒的に優勢なのである。それゆえ、人とブタのあいだの境界維持の実践をどちらの側から見るかが重要となってくる。

支配的な見方では非衛生的なのはブタであるのに対して、事例2では、むしろ人間のほうが非衛生的な存在である。ここでは、一度ブタから遠ざけられた人間が、再びブタに近づくこと、すなわち人間がブタの空間に入っていくことがタブー視されていると解釈できる。養豚場の側からみて、外部の人間が自らの居住空間を越えてブタの空間に近づくとき、人間はブタに悪影響を与える非衛生的な存在となる。このブタからの人間の分離と、人間からのブタの分離という双方向の動きによって、人とブタの空間的な境界は強化される。このように人とブタの境界は、単一の俯瞰的な視点から捉えられる静態的なものではなく、複数の視点から捉えるべき動態的な事象である。

専業化の完了した現時点における人とブタの分離は、養豚場内外の空間的な境界の維持を通して保たれる。次項では、養豚場の内と外の境界のみならず、養豚場で働く人びとのあいだで、どのように人とブタとの境界が引かれるのかを記述する。

3-2 養豚場内における人とブタの境界

ブタを「汚い」とみなすのは、外部者だけだとはいえない。養豚農家のなかにもブタを「汚い」と言い、極力、ブタに触れないように作業を進める人がいるからだ。ただし、養豚場で働く人びとが一様にブタを嫌悪しているわけではなく、ブタをどのように避けるかにも個人差がある。本項では、養豚場で働く人びとのブタとの日常的な接触の有無や程度の相違に注目し、養豚場内部の人がもつブタに対する態度の多様性を描き出す。

以下では、個々の人が特定の状況下でブタとのあいだにどのように境界を設けるかという観点から、三つのタイプに分けて記述する。まず、（1）ブタとのあいだに最も強固な境界を設けるAタイプ、（2）ブタとのあいだに最も境界を設けないBタイプ、（3）そのどちらでもない中間タイプである。ここでは上の三つのタイプに即して、企業養豚と世帯養豚の両方の事例を扱い、Aタイプ、Bタイプ、中間タイプの順に記述を進める。その際、まず3タイプの特徴が最も顕著に表われる人物を取り上げてから、三タイプにおさまらない複雑な人物について記述する。

（1） 最も境界を設けるAタイプ

はじめに取り上げる企業養豚の社長五十代男性と事務職員四十代女性はAタイプである。企業養豚の社長は、自家飼育型の小規模な世帯養豚から一代で企業化に成功した人物であり、沖縄の養豚振興に努める活動家の側面も併せもつ。事務職員の四十代女性は、経理を担当する他、同養豚場の訪問客に応対する窓口の役割も担う。同養豚場には、外部から実にさまざまな人が訪れる。通常の訪問者として飼料会社や薬品会社の営業マンがいる他、時折、農学部の実習生や地域の小中学校の児童などが見学に訪れる。また、社長の活動範囲が広いことから、行政の職員から地元のテレビ局や新聞社などのメディア関係者が頻繁に出入りする。週に一度も外部から訪問客が来ないときはない。それほど、同養豚場では人の往来が激しい。その訪問客と接するのが、大半の場合、社長と事務職員の女性である。

まず、両者に共通する特徴を指摘しておくと、両者はともにブタの飼育作業に携わらない。ただし、社長が飼育作業に従事しなくなったのは十年ほど前からに過ぎない。そうした違いがあるものの、両者にはブタとの接し方において驚くほどの共通性がある。端的に言って、両者はブタとの接触を最大限に避ける点で一致する。その避け方には非常に徹底したものがある。具体的には、社長と事務職員の女性は、飼育に直接かかわるわけではないため、ブタとの直接的な接触どころか、間接的な接触をも極力避けることに細心の注意を払っている。

企業養豚には人とブタの空間を明確に分け、両者の間接的な接触を回避する方策が至るところに設けられている。養豚場内には、事務職員と社長が常駐する建物と、作業員の建物、豚舎がある。前者の建物は一階建てで、入り口の手前のほうから、訪問客用の応接室、事務室が並び、その奥にシャワー室と洗濯場があり、さらにその奥に社長室がある。この一帯に現場に出た作業員が入ることは禁じられる。そのため、作業員が社長や事務職員に用事があるときは、入り口から声をかけることになっている。

入り口に最も近い応接室の反対側には、もう一つの部屋がある。その部屋には、現場に出る従業員のロッカーとシャワー室、ブタの飼育管理用のパソコンと机がある。この従業員用の部屋は豚舎に面しており、現場の作業員が作業着のまま出入りできる造りとなっている。この部屋は唯一、現場に出る作業員が自由に入室してよい空間となっている。この作業員の部屋と、その隣にある応接室のあいだには窓が付けられている。その窓は常時閉められており、応接室の側から鍵がかけられ、開けてはならないことになっている。

この一見些細な規則には、明快な説明づけがなされている。それは現場の作業員が応接室に入ったり、作業員の部屋に面した窓を開けると、応接室がブタのにおいでくさくなるというものである。そのため、応接室や事務室を訪れる必要のある筆者や現場監督も、普段ならそのまま入れるところ、一度現場に出ると、シャワーを浴びて服を着替えなければ、その部屋に入ることができなかった。

また、社長は窓の向こう側にいる作業員に用事がある場合、声をかけるために数秒ほど窓を開けることがある。そのときにはすぐに窓を閉め、「ブタ・カジャー（ブタのにおい）が入ってきた」と顔をしかめたりする。このように社長にとって、ブタのにおいが自身の空間に入ってくることを可能な限り抑えることが重要である。つまり、現場に出ない人にとっては、最もブタと接する作業員と自らのあいだに境界を設ける必要があるのである。

くわえて、現場に出る作業員と、現場に出ない社長や事務職員が、他の方法で区別される点をみてみよう。それは、体や衣服の直接的な汚れを落とす行為にかかわる。前述の事務室と社長室近くのシャワー室は、現場に出ない人には使用が許されるが、現場に出る人が使ってはならない。同様に洗濯機も、たとえ目に見える泥や糞尿などのシミが付いていなくても、現場で着た作業着を洗うことは許されていない。このように企業養豚では、現場に出ない人がブタとの間接的な接触まで含めて、徹底的に接触を排する方法が整えられているといえる。

続いて、社長と事務職員の行動と語りから、Aタイプの人びとがどのようにブタから自らを遮断するかを例示する。まず、社長は現場に立つことはないが、養豚場に立ち寄ってから外出するときには必ずシャワーを浴び、洋服を着替えるという。その理由はブタのにおいがつくからだという。また、社長はメディアによる取材のときに、ブタと写真を撮る機会がある。そのとき彼はブタの背中に手をおくようカメラマンに指示されることがある。その場合、社長は片手以外のどこもブタに触れないよう、細心の注意を払っているように見える。撮影時に、社長はブタを押すように腕を伸ばし、ブタの背に手をかけ、自身とブタの距離を最大にとる。写真のモデルとなるブタはおとなくして動かない個体が選ばれるが、ふいに動いたとしても、ブタの体が直接衣服に触れることのない距離が保たれるのである。撮影後すぐに、社長はその手を石鹸で洗いに行く。

さらに社長と事務職員の自動車の乗り方を観察してみると、ブタとの間接的な接触をより徹底して避ける態度をみることができる。社長夫妻は現在、自家用車で約三〇分ほどの自宅から通勤している。自動車通勤自体は珍しくなく、他の従業員全員が自動車で通っている。だが、社長は養豚場の敷地内の端にある駐車場に自家用車を一旦止めると、養豚場をあとにするまで、その車に乗らない傾向にある。たとえば、社長夫妻は定期的に養豚場の見回りを行なうが、その移動時に自家用車ではなく、養豚場用の自動車を使用する。また、社長の妻は、自家用車内に香りの強い芳香剤をおくだけでなく、乗り込む際にドアの開閉を素早くし、外気が少しでも車内に入らぬようにするという。もちろん、養豚場に駐車するあいだ窓を開けることはない。

より極端な例として事務職員の女性は、ブタのにおいをひどく嫌い、筆者がたびたび作業着に糞尿を付けたまま近づくと非常に嫌がった。彼女と一緒に昼食をとったときには、筆者が作業着のまま近寄っていくと、「あんた、ブタのにおいがする。くさいさー。先にシャワーに入りなさい」と言い、筆者は再び午後から豚舎掃除をする予定であったにもかかわらず、短い休憩時間にシャワーに入り着替えてから昼食をとらねばならなかった。

彼女のブタを避ける態度は、それだけにとどまらない。この事務職員の女性は、通勤専用の自動車を持っているのである。以前、この女性は自家用車で通勤していたが、あるとき思春期を迎えた娘が彼女の車に乗ったところ、「おかーさんの車、くさい。ブタのにおいがする」と言ったそうである。事務職員の女性は、それを社長に相談して通勤用の自動車を支給してもらったと話していた。この女性が勤労二〇年余りで、かつ同養豚場の経理の一切を任された事務職員であることを加味しても、通勤専用車の支給は驚くべき対応であろう。

ここまで、ブタとのあいだに最も境界をつくる人の例を挙げた。彼らはブタに日常的に最も接しない役職に就いており、かつ最も外部者と接する立場にある。それゆえに、間接的にであれブタに触れるのを避ける傾向にあるのである。

最後に、社長夫妻の日常的な宣伝活動について簡単に触れ、そこでのブタの扱いについて言及したい。同養豚場にはさまざまな訪問客が訪れる。訪問客がはじめに目にする養豚場の外装には工夫が凝らされている。まず、養豚場の入り口には、さまざまな種類の草木が植えられ、一年中何らかの花が咲く。花々のあいだにはブタの置物が飾られている。応接室の玄関口にも外来者を出迎えるかのように、ブタの置物がこちらを見ている。外部の見学者が訪れるところであれば、ブタのオブジェは応接室や社長室、豚舎脇の休憩室と至るところにある。また、訪問客に出される湯呑はブタの絵を模したものだったり、ときに振る舞われる食事にもブタをかたどった箸置きが用意される。

外来者から見える場所はすべて花やブタの置物で装飾が施される。そのことについて社長の妻は筆者に対し、「ゥワー　ヌ　ヤー（ブタ小屋、またはブタを飼う家）は汚いって言うけど、花がいっぱいで綺麗でしょう」と語る。そして彼女は筆者が再訪するたびに前庭のように彩られた養豚場入り口を案内してくれる。そしてブタの置物を前に、生きたブタで生計をたててきた歴史と誇りが外部者向けに語られる。

これら夫妻の行動は、沖縄県農林水産部畜産課の悪臭対策事業に重なる部分がある。同課は、ブタの悪臭対策として糞尿処理の方法を指導するだけでなく、近隣住民からの苦情を未然に防ぐ対策として、養豚場の入り口に花を植えるよう推奨している(16)［例えば 沖縄県農林水産部畜産課 2006：5］。事実、同課のパンフレットにはたびたび同養豚場が消臭対策の模範例として写真付きで紹介される。これら行政側の悪臭対策を合わせてみることで、一連のセッティングが、社長と妻の個人的な思いいれではなく、行政、メディア、数々の訪問者とかかわるなかで外部のまなざしによって構築され、洗練されたものであることが分かる。

以上のような社長夫妻の行動と語りは、実体のブタとの接触を最大限に避ける実践と一見矛盾する。しかし、ブタのオブジェを愛でる仕草は、応接室を中心に繰り広げられており、実体のブタから遮断された状況下ではじめて成立する。そうであるならば、実体のブタを遮断し嫌悪する態度と、イメージや表象のブタを愛でる行為は何ら矛盾するものではないことが分かる。すなわち、実体のブタと自身の境界を維持できる位置にいるからこそ、一見矛盾するブタへの両義的な態度が共存しうるのである。生身のブタを前にしたときに立ち現われてくる嫌悪とは対照的に、ブタから隔てられた状況下で養豚業の成功を語るとき、逆説的にも、ブタに対する肯定的な意味づけが如実に表われてくる。

（2）最も境界を設けないBタイプ

次に取り上げるのは、ブタとのあいだに最も境界を設けないBタイプについてである。Bタイプは、企業養豚でメスの繁殖を担当する三十代後半の男性Hである。最も境界を設けないBタイプと、先ほどのAタイプは、ともに企業養豚に属するため、ブタとの接し方の両極の態度が同養豚場内にみられることになる。

まず、繁殖担当のHは、ひとりで二〇〇頭ほどのメスを管理する。主な仕事はメスの発情確認、人工授精による種付けと記録（記帳）、妊娠成功か否かの確認、妊娠初期から出産までのメスの体調管理と、出産間近に分娩・授乳豚舎への移動がある。その他に毎日行われる単純労働として、ボタンひとつでできる朝晩の給餌と、簡単な掃き掃除で終わる糞の清掃がある。ただし、Hの一日の大半はメスの発情確認と、人工授精による種付けに費やされる。

はじめに、Hの世話するブタについて説明しておく。Hが担当する繁殖メスは、写真4-5の繁殖メス豚舎で飼育される。この豚舎には一頭だけオスが飼育されており、このオスはメスの発情確認に利用される。Hは約二〇〇頭の繁殖メスと、この一頭のオスを受けもつ。

次に、繁殖担当のHが作業のなかでどのようにブタと接するかを具体的にみていく。まず、人とブタがどの程度、近接したり接触するかは豚舎の形式に左右されるため、繁殖メスが飼育される豚舎の特徴を振り返っておきたい。繁殖メス豚舎は、豚房にメスを一頭ずつ入れ、縦列に配列する形式の豚舎である。メスは体の大きさに合わせて最小限に仕切られた狭い檻に入れられ、半ば固定され身動きがとれない状態にある。そのため、人間が近づくことはあっても、ブタのほうから人間に近づいてくることはない。つまり、豚舎の形式上、ブタのほうから人に触れてくることはなく、ブタに触れる場合には必ず人のほうからの働きかけによる。

以上を確認したうえで、まずHが繁殖メスの発情確認とその後の種付けのなかで、どのようにブタと接するかを記述する。企業養豚場では、種付けは自然交配ではなく、人工授精によって行われる。人工授精による種付けとは、メスの発情期にあらかじめオスから採取して保存しておいた精子を、専用の器具でメスの陰部から注入する交配方法である。種付けを成功させるには、メスの発情を正確に見極められる必要がある。

通常、繁殖メス豚舎では、ブタに触れずに作業を行なうことができる。具体的に、人はメスの後方にある通路に立ち、後方部から精子をメスに注入する。そのとき、メスに触れる部分は最低限、両手だけで済む。事実、筆者が種付け方法をHや係長に習ったときには、ブタに触れる必要があったのは両手だけであり、触れた部位は陰部だけであった。しかし、Hは自らが種付けをするときには、それ以外にメスの背中や後ろ足の付け根に頻繁に触れる。

二〇〇八年三月一一日、Hはメスが発情しているかを確認し、そのうち発情兆候の強かった三頭のメスに種付けを行なった。以下の記述は、この三頭のメスへの種付け作業の観察とその場での説明による。

まず、人工授精による種付けには、「自然な」交尾の状態を模した道具が用いられる。種付け時に、メスの背中にはU字型をしたゴム製フックが付けられる。この道具は、交尾時のオスの行動をかたどったものであり、ちょうどオスがまたがる位置に腹部までかぶさるように、メスの背を挟むものである。これによって、メスはオスがまたがっているように感じるため、種付けには欠かせない道具とされる。この道具は人工授精を採用する養豚場ではどこでも使われる。しかしながら、Hはこの道具を使うこともあるが、それよりも実際にメスの背にまたがって、メスに管を入れたほうがうまくいくと話す。

精子を注入している時間は一頭当たり一五分から三〇分ほどであるが、そのあいだ、Hはブタの背を断続的にさすり続ける。ときに、メスが途中で動き出し、管が外れそうになると、彼は自身の手でメスの背や後ろ足の付け根をぽんぽんと強めに叩いた。そうすることで、メスが動かなくなるため、種付けがしやすくなるとされる。また、こうした予期せぬメスの動きは、U字フックで種付けするよりも、Hが背にまたがっているほうが防げるとされる。

一連のメスへの接触を、Hは種付けを成功させる秘訣だと説明する。管をさしているときに、メスの背をさするのは、そうすることで精子の吸い込みがよくなるからだとされる。また、メスの足の付け根を叩くのは、そこが交尾のときにオスの足がちょうど当たる位置であるからである。足の付け根を叩くことで、メスはオスがまたがっているように感じるため、その場に固定することができるという。さらに実際に、背にまたがることで、不測の動きをあらかじめ防ぐことができるとされる。以上の種付け作業では、Hは他の人よりもブタに頻繁に触れながら、作業を遂行し、作業着の下半身すべてがブタに密着することも厭わない。

さらにHは、作業外でも頻繁にブタに触れる点についても強調しておきたい。彼は作業に直接関係なくても、気に入ったブタを頻繁に撫でる。とくに彼が頻繁に触れるブタは、発情確認用のオスである。このオスは、繁殖メス豚舎のなかで唯一、自由な動きができる豚房で飼育されており、Hが豚房近くを通ると、必ず、通路側に近づいてくるという。他のメスの場合にはそうはいかず、そもそも豚房の構造上、人が近づいても後方を振り返るような動きをとることができないようになっている。Hは自分に唯一近寄ってくるオスブタを見ると、豚房の柵の隙間から手を入れて、背を撫でたり、柵の隙間から突き出した顔の目の下辺りをこすっていた。

最後に、繁殖担当のHが、一日の仕事を終えたときに取る行動を、他の作業員との比較から示す。通常、一日の仕事の終わりには、現場に出た作業員は、従業員用の部屋でシャワーを浴び、作業着を洗濯機に入れ、出勤時に着てきた洋服に着替えて帰宅する。だが、Hひとりだけはシャワーに入らず、着替えもせず、そのまま自家用車に乗り込み、帰路に着く。作業着は自宅の洗濯機で妻が洗うという。しかも、彼は作業時に体のどの部分がブタに触れることも構わないだけでなく、撥水加工のエプロンを着用しないため、作業の過程でさまざまなシミが作業着につく。子宮脱や難産のブタの介助など、作業によってはブタの血液が付着していることすらある。それにもかかわらず、シャワーにも入らず、着替えもしないで帰宅するHに対して、ブタとの接触を厭わない傾向にある別の作業員も驚いていた。

以上のように、繁殖担当のHはブタに最も触れる人物である。養豚場内で、ブタに触れる作業員は他にもみられるが、養豚場と自身の持ち物や空間を分けない人物はHただひとりである。以上の点において、繁殖メス担当の男性は、日常的に最もブタに接し、かつ自らとブタとのあいだに境界を最も設けない、Bタイプの極に位置づけられる。

(3) 中間タイプ

続いて、AタイプとBタイプの中間に位置づけられるタイプについて、同様に企業養豚の例から示す。この中間タイプにある人たちは、ブタとの接触を積極的に回避するわけでもなく、また積極的に接触をもとうとするわけでもない。作業の内容に応じて、必要であればブタに触れ、必要がなければ敢えてブタに触れることはない。この種のブタとの接し方は、ブタの繁殖にかかわらない業種の人、すなわち肉ブタ担当の男性らに該当する。肉ブタ担当の男性は、生後一ヶ月ほどの子ブタを、出荷するまで世話をする。主な仕事はブタの体調管理、給餌、糞尿掃除である。

肉ブタ担当者は、繁殖担当者と比べて非熟練だとされ、たいてい若年層や養豚歴の浅い人がなる。企業養豚場では、最年少の二〇歳男性Oや転職したばかりの三〇歳男性R、他三人が肉ブタの世話に当たる。なお、後述する世帯養豚では夫妻ともに繁殖に携わるため、このタイプの分業はみられない。

以下に、肉ブタ担当の男性OとRの事例から、彼らのブタとの接し方を示す。男性OとRは、二人ひと組で肉ブタの飼育管理を担当する。彼らが二人で担当するブタの数は、二〇〇八年三月一八日時点で合計一六〇〇頭余りであった。彼らは離乳後から出荷までの約五ヶ月から六ヶ月間、肉ブタの世話にあたる。また、彼らの作業は機械化の進んだ給餌や糞尿掃除が主であることから、ブタと至近距離で作業を行なう必要がほとんどない。このように、飼育期間、豚舎の形式や飼育方法、機械化の程度によって、彼らとブタのあいだに設けられる距離の遠さが、ある程度決まるといえる。

次に、肉ブタ担当の男性OとRが具体的に給餌や糞尿掃除をどのように進めるかを記述し、ブタとの接し方をより詳細にみる。まず、彼らの担当するブタは写真4-8の肉ブタ専用豚舎において、一豚房当たり最大二〇頭の集団で飼育される。肉ブタへの給餌は、ボタンひとつで全豚房の餌箱に自動で飼料が注がれる。糞尿掃除に関しても、機械が用いられる。各豚房の床には、尿などを吸収するおがくずなどが敷かれており、豚房内をブタが動き回るなかで、敷材が糞尿ごと豚房の外に押し出される仕組みになっている。その通路に出された敷材ごと、ブルドーザーで回収するのが、彼らの仕事である。各豚房は豚舎を縦断するかたちで一直線に並んでいるため、糞尿の回収も一直線に一度だけブルドーザーを走らせれば、糞尿掃除は終了する。糞尿は堆肥化する施設にそのまま運び込まれる。このように、給餌と掃除はともに極めて手間のかからない、短時間で済む作業となっている。そのなかでは一貫して、ブタと直に接する作業がないことがみてとれる。

その他に、肉ブタの体調管理も彼らの仕事となっている。具体的には、肉ブタの担当者は各豚房を歩いて周り、ブタを一瞥して病気にかかった個体がいないかを探す。病気にかかったブタがいた場合には、症状に合わせて適切な治療を行なう。ブタの治療は症状別に一六種類ほどの薬剤があり、そのなかから薬を選んで注射を打つ。そのとき、彼らは豚房で集団飼育される二〇頭ほどのブタのあいだをぬって病気の個体に近づくため、注射を終え、豚房を出るまでのあいだブタに囲まれる。出荷直前のブタは彼らの臀部から腰くらいの高さに達するため、その範囲がブタに触れることになる。とくに暑い季節に、ブタは水場で泥遊びをすることが多いため、作業着には糞尿と混ざった泥が付くことになる。だが、彼らはブタとの接触を避けようとはせず、特段、ブタに触れるのを厭うわけではない。彼らは撥水加工のエプロンを着用せずに、頭髪ににおいがつくことを嫌う人が着用する帽子もかぶらない場合がある。

彼らは次々と豚房を見回り、ある程度ブタに接触しながら、病気のブタを治療していく。そして一日の作業を終え

表4-2　ブタとの接し方による人の類型

	Aタイプ	中間タイプ	Bタイプ
接触の有無	日常的に接しない	日常的に接する	日常的に接する
接触のしかた	極力触らない	作業の必要上のみ触る	作業中だけでなく作業外でも触る
接触前	着替える 撥水加工のエプロン　頭髪を覆う帽子	着替える	着替えない
接触後	シャワーに入る	シャワーに入る	シャワーに入らない
	手洗いする	手洗いする	手洗いしない
担当	経営，事務，宣伝	肉ブタ担当	繁殖担当

ると、併設されたシャワー室で交替でシャワーに入って着替える。着ていた作業着は、同じく併設の洗濯機でまとめて洗い、自宅に持ち帰ることはない。

以上の日常的な作業にみられる些細な記述から、肉ブタ担当の男性のブタとの接し方がみえてくる。前述のBタイプのように作業外にブタに敢えて触れることはないものの、Aタイプのようにブタを避けることもない。彼らは作業に伴うブタとの接触を最大限避けるわけではないが、帰宅時にはすべて洗い落とす。つまり、彼らは、養豚場内ではブタとのあいだに厳重な境界を設けないが、養豚場と自宅のあいだの境界は強固に保つのである。

以上、本節のはじめに養豚場で働く人びとのブタとの接し方を二分し、その中間形態として第三のタイプを設定した。ここまでの記述からは、両極のAタイプとBタイプ、およびその中間タイプを以下のように表に整理することができる（表4−2）。

ここまでは、ブタとの接し方がはっきりと両極に位置づけられる二タイプと、その中間形態に分けて記述を進めてきた。一連の記述に明らかなように、これまでの記述はすべて企業養豚の事例である。それに対して、世帯養豚の夫妻のブタとの接し方は、これら三タイプに整然と振り分けることができない。そこで、これまでの類型を念頭に入れ、多少複雑なブタとの接し方をみせる世帯養豚の事例を記述していくことにする。以下では、夫妻の行動を分類する際に、中間タイプを念頭に入れながらも、AタイプとBタイプの極を軸に、便宜的にさらに「Aより」または「Bより」と記す。

(4) AよりのタイプとBよりのタイプ

世帯養豚の夫妻は、妻が基本的にブタに触れるBタイプの極に近く、夫はブタに触れないAタイプの極に近い。妻の仕事は出産・授乳中の母ブタの世話と、産まれた子ブタの介助とその後の体調管理、その他にメスの出産回数や産まれた子ブタの数などを記録することである。それに対して、夫はすべてのブタの給餌作業と見回りを行ない、繁殖にかかわる作業を受けもつ。繁殖にかかわる作業とは、繁殖メスの発情確認、妊娠の確認とその後の体調管理などである。ただし、世帯養豚では人工授精ではなく、自然交配が採用されているため、メスの発情期にオスの交尾誘導を行なう必要がある。[17] オスの交尾誘導とは、メスの豚房にオスを移動させることである。

概して、世帯養豚では企業養豚と比べて機械化が進んでおらず、日々の作業でブタとの接触が多い。ただし、夫妻のあいだには、ブタへの接し方において大きい相違がみられる。以下では、まずブタに触れる妻の事例から取り上げ、次にブタに極力触れない夫の事例を取り上げる。

世帯養豚の妻は、作業時にブタに触れることを厭わない。具体的に、彼女の主な仕事は写真4-6の出産・分娩豚舎で、メスの出産介助と授乳中の子ブタの世話をするほか、写真4-8の肉ブタ専用豚舎で離乳後の子ブタの体調管理を担う。とくに後者の子ブタの体調管理は、先述の企業養豚の肉ブタ担当者と似ており、治療の際に子ブタと多分に接触する。そのとき、彼女は夫から再三にわたって衣服の前面を覆う撥水加工のエプロンを着用するよう言われたが、通常の仕事時にエプロンを着けることはない。彼女が自らすすんで着用するのは、エプロンではなく頭髪を覆う帽子である。彼女の帽子は、すっぽりと覆うニット帽であり、肩下ほどある髪の毛を束ねてすべて帽子の中にしまう。そのうえに、さらに日よけを兼ねた麦わら帽子を重ねるのが彼女の通常の作業姿である。

ただ、唯一、妻が自らエプロンを着けるのは、一ヶ月に一回の大掃除のときである。毎朝、彼女の兄が豚舎を水洗するのとは別に、出産・分娩豚舎の豚房の床下に溜まったひと月分の糞を掻き出し、糞置場に一輪車で運ぶ。そのとき、彼女は汚れの付き易い衣服の前面部分をエプロンで覆う。彼女にとって、エプロンはブタとの接触を回避する目的ではなく、糞が直接付くのを防ぐために着用されるといえる。

また、昼食時になると、一度近くの自宅に夫妻は戻り、昼食と長めの休憩をとるが、そのときも彼女は作業した格好のまま、帽子だけ外して自宅にあがり、調理を始める。そのまま昼食もとり、食後の休憩にテレビを見たり、ときに横になり、うたた寝をすることもある。

しかし、豚舎と自宅の行き来のときとは打って変わり、外出時にはシャワーと着替えは欠かせない。たとえば、彼女は近所に買い物に行く際にも必ずシャワーを浴び、着替えてから出掛ける。また、自家用車に乗るときにも必ずシャワーと着替えを欠かさない。たとえ急ぎの用事があっても、客人をすぐそこまで見送りに行く場合でも、子供が空腹で早くスーパーマーケットに買い出しに行くようせがんだとしても、彼女は必ずシャワーに入ってから外出する。

次に、夫がどのようにブタと接しているかに移る。妻とは対照的に、夫は豚舎に着いたら、まずはじめにエプロンを着けてから、ブタの見回りを開始する。基本的に、午前中の仕事はブタに触れる作業がないにもかかわらず、彼は豚舎に居るときにエプロンを外すことはない。また、帽子も着けて頭髪を覆うが、頭の半分ほどしか隠れないカウボーイハットである。帽子の着用は、ブタのにおいがつかないためと説明されるが、頭が半分出ることに関してはとくに問題とされない。

彼のブタとの接し方には特筆すべき徹底した態度がみられる。彼はブタの繁殖全般を受けもつが、ブタとの接触を最大限に避ける傾向にある。企業養豚の社長のように現場に出ない人なら、ある程度可能であるが、彼はかなり努力してブタとの接触を回避する。接触が避けられない場合は、接触の痕跡が可能な限り残らぬよう努力する。ここで、彼のブタに極力触れない工夫と、ブタの痕跡への対処法を例示しよう。

毎日、夫は白色のつなぎを着て仕事をする。何枚も真っ白な作業着を持っているのである。汚れが付いたらすぐに分かってしまう白色の作業着を、なぜ彼が選んで着るのかは、世帯養豚で調査をはじめて徐々に分かっていった。彼はいつも白色の作業着の上に、かなり高い位置から前方を覆うエプロンを重ねる。ある日の給餌後、彼は筆者の汚れた作業着と比較し、いかに自身の白色の作業着が、作業を終えてもシミひとつなく何ら見た目の変化がないかを強調した(18)。そのとき彼は、だから白い作業着を着ているのだと言った。

事実、彼はエプロンで覆われていない部分に、ブタが触れることのないように行動する。たとえば、彼が掃き掃除や交尾の補助をする際に豚房内に入るときには、ブタの動きに注意を払い、ブタが彼に触れそうになったら、その動きを先回りして追い払う。一連の行動と語りから、汚れが付いたらすぐに分かってしまう白色の作業着を着ることで、彼は逆に自身が汚れていないこと、すなわちブタと接触しておらず、糞が付いていないことを示しているといえる。

養豚歴の長い夫の態度をどのように考えたらよいのであろうか。彼は生まれたときからブタが身近におり、父母が母屋の脇でブタを育てる養豚農家を引き継ぎ、専業化を果たし、今ではひと月に二〇〇頭もの子ブタを出荷するに至った。その彼がなぜこれほどまでにブタとの接触を避け、ブタの間接的な痕跡まで消さねばならないのであろうか。このことを理解する一助として、以下に事例を提示したい。

夫妻の養豚場と自宅がある饒波村には、村を縦断する村道があり、その村道から山手側に畑が広がる。養豚場は村道に面しており、豚舎脇の道を通行人や自動車が通るようになっている。往来は少ないが、通る人はほとんど村人で顔見知りである。たいてい、夫妻は豚舎脇を通り過ぎる村人と挨拶や雑談を交わすのが日常である。

こうした状況下、豚舎脇で筆者と世帯養豚の夫が午前中の餌やりを終え、雑談していたところ、一台の自動車が通り過ぎて行った。彼は運転席の男性に対して、軽く頭を下げ、会釈した。ところが、運転席の男性はそのまま前方を向いたまま、こちらを見ず、走り去っていった。それに対して、彼は「ブタがくさいから、村の人が挨拶しない」と筆者に言った。この発言には、彼が村人との関係不和の原因をブタに求めることが分かる。つまり、彼は養豚場の外部者との関係を意識するとき、ブタのにおいに焦点をあてるのである。

この点に関して、世帯養豚の事例から多少離れるが、別の文脈から補強する語りを取り上げる。饒波村の山を越えた北側の村に住む八十代女性は、筆者が饒波村で養豚の調査を始めたことを伝えると、ブタと聞いた瞬間に顔をしかめ、「北（饒波村の北側）にはもうブタはいない。南（饒波村の南側）にはまだいるけど」と言った。断片的な語りではあるものの、この女性の村ではブタが飼育されなくなったことが、自慢のように語られたのである。同地域では過去に、ブタの自家生産が盛んであった。しかし、この語りにあるように、今となってはブタが自らの村で飼育されることは否定的な意味をもつのである。

以上のように、世帯養豚の夫妻はブタに対する態度において異なる点が多い。しかし、夫妻に共通する行動として、夫妻が昼食時に帽子のみを取り、自宅にそのままの格好で入り、調理し食事をとる点に言及した。それだけでなく、夫妻は外出時には必ず着替えやシャワーに入る点でも共通する。つまり、両者にはある興味深い共通点がある。両者とも、外部者との対峙状況が想定されるとき、ブタとの接触や、接触の痕跡を忌避する傾向にあるのである。このことから、夫妻は外部／内部の区別に応じて、ブタとの境界の設け方が変わるといえる。

ここまでみてくると、本項ではじめに紹介した、ブタに最も接しないAの極に位置する企業養豚の社長とその妻、事務職員との共通点がみえてくる。このAタイプの三人は企業養豚で最も外部者に接する機会の多い役職に就いていた。同様に、世帯養豚の夫妻は外部者との関係が想定されるとき、ブタとの接触を拒み、その痕跡を消そうとしていた。以上を総合すると、養豚場の内部者によるブタとの境界を維持する実践は、一面では、外部者から向けられるまなざしや、外部者との相互作用の産物であるといえる。そのため、養豚場の内部者にみられるブタへの嫌悪は、彼らを起点とするものとは言い難い。

このブタへの嫌悪は、本節の前半部で取り上げた事例1と合わせて理解される必要がある。事例1は、人とブタの空間的な境界が、養豚場の外部者の訴えにより再確認され、維持・強化されるものであった。つまり、人の居住空間とブタの飼育空間である養豚場の境界は、養豚場の外部者の側からの監視と苦情によって保たれる側面が強いといえる。この外部者の側からの境界維持は、事例2でみたように、養豚場の内部者の側からの反作用を伴っていた。既述のように、事例1の人とブタの空間的な境界侵犯には、行政措置が伴う以上、この双方からの境界維持の実践は非対称の関係にある。

そしてさらに、養豚場の外部者にみられるブタへの嫌悪も、彼ら自身の個人的な感覚に帰することは差し控えるべきである。というのも、それは養豚の専業化の過程でブタが人の日常生活のなかで積極的な意味を失う過程と並行して、支配的となったブタの悪臭言説に端を発するからである。現代沖縄のブタへの嫌悪は、重層的な構造から理解される必要があり、個々人のブタへの嫌悪は一連の不可逆的な歴史過程を内に含むのである。

本節の前半部では、養豚場の内と外の空間的な境界をめぐる二つの事例を取り上げ、内側と外側の双方からの境界維持の実践を記述し、その非対称的で不可逆的な側面を指摘した。また後半部では、養豚場内部において、個々人がブタとの境界をどのように引いているかを比較した。後半に既述した世帯養豚の夫は、ブタへの嫌悪が顕著な一方で、ブタの飼育能力に対する強い自負がある。また、企業養豚の社長も実体のブタを極力避ける一方で、ときにブタを肯定的に語る。これらブタへの両義的な態度については、第4節と第5節で焦点をあてることにする。以下では、ブタとの接触を避けながら、ブタを飼育することの意味について理解することを目指す。

4　ブタのモノ化

4-1　ブタの飼育作業のマニュアル化

専業養豚場では、ブタの飼育はある程度のところまでマニュアル化されている。沖縄では本土復帰を境に活発化した養豚推進事業の一環として、この飼育作業のマニュアル化が行政主導で推奨され、広く普及した。この飼育マニュアルは企業養豚と世帯養豚で運営上の違いは多少あるが、共通するパターンがある。

現在の養豚産業では、企業養豚でも世帯経営の養豚農家でも、一頭のブタを育てるのにどれだけの人間がどれほどの作業時間を費やしたかが重視される。専業養豚には、少人数で多頭のブタを飼育することが肝要である。そのためには、個々の養豚農家が作業効率を上げ、不確実な家畜の繁殖をコントロールする必要がある。本節では、まずブタの飼育管理のマニュアル化について説明してから、飼育管理を通して形成される人とブタの関係に関する具体的な事例に進んでいく。

はじめに、ブタの用途別にそれぞれの飼育期間についてみておきたい。飼育期間の長さは、ある個体と作業にかかわる人がどのような相互行為をもつかを規定する側面がある。とくにこの点に関しては、次節で述べる人とブタの個別具体的なかかわりを理解するうえで重要である。

沖縄の専業養豚場では、ブタの用途により飼育期間が異なる。この飼育期間の長さは、ある目的で飼育された個体とその世話をする人がどの程度長期にわたる関係を形成するかを左右する点で重要である。まず、前述の男性Hの担当するブタは繁殖目的で飼われており、肉ブタよりも飼育期間が長い。肉ブタが生後半年程度で出荷されるのに対して、繁殖用のブタは、通常メスが約四年程度、オスは五年ほど役目が続く。さらに、発情確認用のオスに関しては、実質的な繁殖能力が必要とされるわけでないため、それ以上の月日を養豚場で過ごすことが可能である。このように、肉ブタよりも繁殖ブタのほうが、圧倒的に飼育期間が長く、さらに発情確認用の一頭のオスは長期にわたり飼育される。

次に、ブタの用途と成長段階によって区別される管理方法について略述する。既に第3節の後半部で明らかになったように、専業養豚場では企業経営と世帯経営とで程度の違いはあれ、ブタは内部の分業によって育てられる。端的に言えば、ブタの一生を一貫して、ひとりの人が担当することはないのである。ブタは繁殖用と肉用に分けられ、ある人が繁殖メスを管理し、別の人が繁殖オス、また別の人が肉ブタを担当する、といった用途ごとにまず分業される。くわえて、ブタは段階別に分けられ、各段階を特定の人が担当する。

このように、ブタを用途と段階によって分類し、グループ化してひとまとめにして、ひとりの人がその一部を担当する。その場合、担当者は用途別に分かれた豚舎に固定され、そこを特定の段階に達したブタが移動してくる。つまり、担当者は用途別のブタの成長段階に対応した特定の場所に固定され、そこをブタが回るのである。この分業体制は、世帯養豚の夫妻も例外ではない。言ってみれば、夫妻による分業も、相手の仕事を十全に代行することはできず、それぞれの仕事を遂行することによって成立する。

次に、繁殖ブタの飼育管理の前提となる、ブタの出産予定日の計算式について説明する。ブタの出産予定日を正確に予測できるか否かは、ブタの効率的な管理に不可欠である。メスがいつ出産を迎えるかは、種付け日から予想することができる。企業養豚と世帯養豚の双方において、以下の計算式に則って、出産予定日は算出される。ただし、当然、ブタの出産予定日はあくまで予定であって、常に実際の出産日とズレが生じる。しかしながら、注目すべきは数日のズレは想定内である点である。養豚農家はこのズレをあらかじめ計算に入れ、ローテーションを組み立てる。具体的なブタの出産予定日の計算方法は以下の通りである（図4-1）。

種付け日＋妊娠期間114日間＝出産予定日
妊娠期間「114日」の覚え方
1月×3　・・・3ヶ月＝90日
1週×3　・・・3週間＝21日
＋　1日×3　・・・3日間＝3日
――――――――
114日

図4-1　ブタの出産予定日の計算方法とその覚え方

ブタの出産予定日を予測するには、種付け日を正確に把握しなければならない。多頭のブタを飼育するなかで、特定の個体を種付けした日にちは、個人の記憶に頼るわけにはいかない。種付け日を記録する必要がある。こうした記録と計算は、出産日だけでなく年間の出産回数（＝繁殖ブタの生殖能力の高さ）、繁殖ブタの使用期限（＝いつまで繁殖に使えるか）についても同様になされ、それらの予測にもとづいて繁殖ブタが管理されていく。

以上、ここではブタの飼育概要をまとめた。専業養豚場では、できる限り少人数で多頭のブタを効率よく管理することが利益増大の前提であり、それを可能にするのが飼育作業のマニュアル化である。マニュアル化は、扱う対象が生き物であるゆえに生じるリスクを最小限に抑え、個々のブタの生殖能力を最大限に引き出し、活用するための方法である。ブタは発情、種付け、妊娠、出産、離乳、再び発情を単調に繰り返し、狭い豚舎のなかで繁殖を続ける。ブタは肉の大量生産システムの歯車となるのである。飼育作業のマニュアル化は、ブタを、肉を大量に生み出す機械のように仕立てあげるための仕掛けであり、いわゆる「工場畜産」と呼ばれる飼育・経営形態の特徴だといえる。

ただし、当然、このマニュアル化も個々の人間が運用してはじめて稼働するものであり、またブタの側も実際には肉を生み出すだけの単なる機械ではない。人が努力してはじめて、生き物であるブタは機械になりうる。それだけでなく、ある作業にかかわる特定の人とブタが対峙する状況では、肉を生み出す機能からこぼれ落ちる局面が少なからず見られる。逆に言えば、だからこそ作業にかかわる人はブタをあくまでモノのように扱う必要があり、部品を組み立て均一な製品をつくるように、ブタの生殖をコントロールする必要があるのである。

4-2　ブタのモノ化

本項では、従来、産業社会の家畜がエージェンシーなき客体、あるいは肉を作りだす機械と捉えられてきたのに対して、別の理解を提示する。ブタはあらかじめモノなのではなく、個々の養豚農家が大量生産を進める過程で、モノにされる、すなわちモノ化されるのである。まずここでは、具体的な事例を提示する前に、いかにブタを「見る」ことが重視されているかを示しておきたい。

養豚場では、頻繁に「ブタを見れない」という表現を耳にする。「ブタを見れない」とは、「ブタのことを分からない」という意味で用いられ、同業種間の侮辱や悪口、非難、辞職の理由などに使われる。その逆に、「ブタを見れる」

という表現は、褒め言葉である。とくに飼育作業のなかで最も「見る」能力を要するのは、繁殖のコントロールにかかわる作業、すなわち発情の有無を見極められるかどうかであり、「ブタを見る」能力が高い人のみがこの仕事を担当することができる。

しかしながら、彼らの語りに反して、「見る」ことは必ずしも高度の熟練を必要としない。なぜなら、ここでの「見る」とは、数百から数千のブタを管理するために必要なシステムの一部として制度化され、画一化されているからである。多頭飼育の養豚場で飼われているブタの大半は、体表に目立った模様などが一切ない。品種ごとに、たとえば耳の形や大きさに多少の違いはあるが、一瞥して明らかな体表の色の違いなどは少なく、ほとんどは全身真っ白である。つまり、養豚農家は、個体識別の指標となる視覚情報が極めて少ない状況のなかで、多頭のブタを管理しなければならない。それにもかかわらず、誰もがブタの必要情報を瞬時に「見る」制度が養豚場にはあるのである。

以下では、目立った違いのない数千ものブタを管理する方法として考案された個体識別の方法をみていく。ブタは単に「見られる」客体であるだけでなく、動物としての生を剥ぎとられ、部分化・部品化された「モノ」として、効率的な管理の対象となる。

（1）情報管理の単純化

養豚場での日々の作業は、「見る」作業に満ちている。まず、病気にかかったブタを発見できるかどうかが重要な「見る」作業である。とくに伝染性の高い疾病は、発見が遅れると感染が広がり、多頭飼育の養豚場にとって壊滅的な損失をもたらす。また毒性が強いとされる疾病に関しても発見が遅れると、翌日にブタが死んでしまうことがあるため、早期の発見と治療が欠かせない。子ブタの場合はとくに抵抗力が弱いため、病気にかかりやすく、注意が必要とされる。たとえ軽い下痢でも、子ブタはすぐに痩せるため、結果的に出荷までの日数が延び、消費する餌量が増えることになる。病気は儲けを減少させるため、養豚農家は予防と治療に関心が高い。

同様に、病気の見極めだけでなく、一度見つけた病気のブタを見失わずに治療することも重要である。治療はブタを群れ飼いしている場合には容易ではない。なぜなら、病のブタを見つけてから治療の準備をしている間に、二〇頭から三〇頭の群れの中で病気のブタを見失いやすいからである[19]。その場合、治療が必要なブタをもう一度探し出さなければならない。こうした二度手間をできる限り避けるために採用されているのが、病気のブタに水溶性の色スプレーを噴射し、一時的に目印をつける方法である（写真4-9、写真4-10）。治療の必要なブタに目印を付けることで、病気の特定から処方薬を決め、注射器を準備するまでのあいだに、そのブタを見失わないで済む。

さらに、一度付けた目印は病気の回復状態を確かめる際にも役に立つ。病気の治療では、複雑な症状に複数の薬剤を組み合わせて処方を下すため、作業にあたる人にとっては適切な薬剤を処方したかどうかが常に不確実である。そのため、養豚農家は治療後のブタの状態から、処方した薬剤の効き目を確かめる。そのときに、遠くからでも目立つスプレーの色が役に立つのである。通りがかりに色のついたブタに視線を注ぎ、回復に向かっているかを判断し、仮に病気が治っていなかったら、再び養豚農家はブタにスプレーをかける。ゆえに、スプレーが色褪せていく様子は、ブタの病気が回復に向かい、もう治療の必要がないことを示している。

色スプレーは、数千ものブタが飼われる養豚場で、病気のブタについての複雑な情報を単純化し管理する方法であり、少人数で大量のブタの健康管理を行なうことを可能にしている。養豚場では、ブタは一見、動物として生かされている。しかし、それは経済的な利益の最大化を目標とした効率的システムにとって、有用な限りにおいてに過ぎない。ブタの病の効率的な情報化も、ブタを完全にコントロール可能なモノとして管理する制度の一部であるといえる。

写真 4-9　治療の必要な子ブタに目印をつける女性
＊病気のブタを見つけたら，その個体を見失わないようにスプレーを吹きかける．

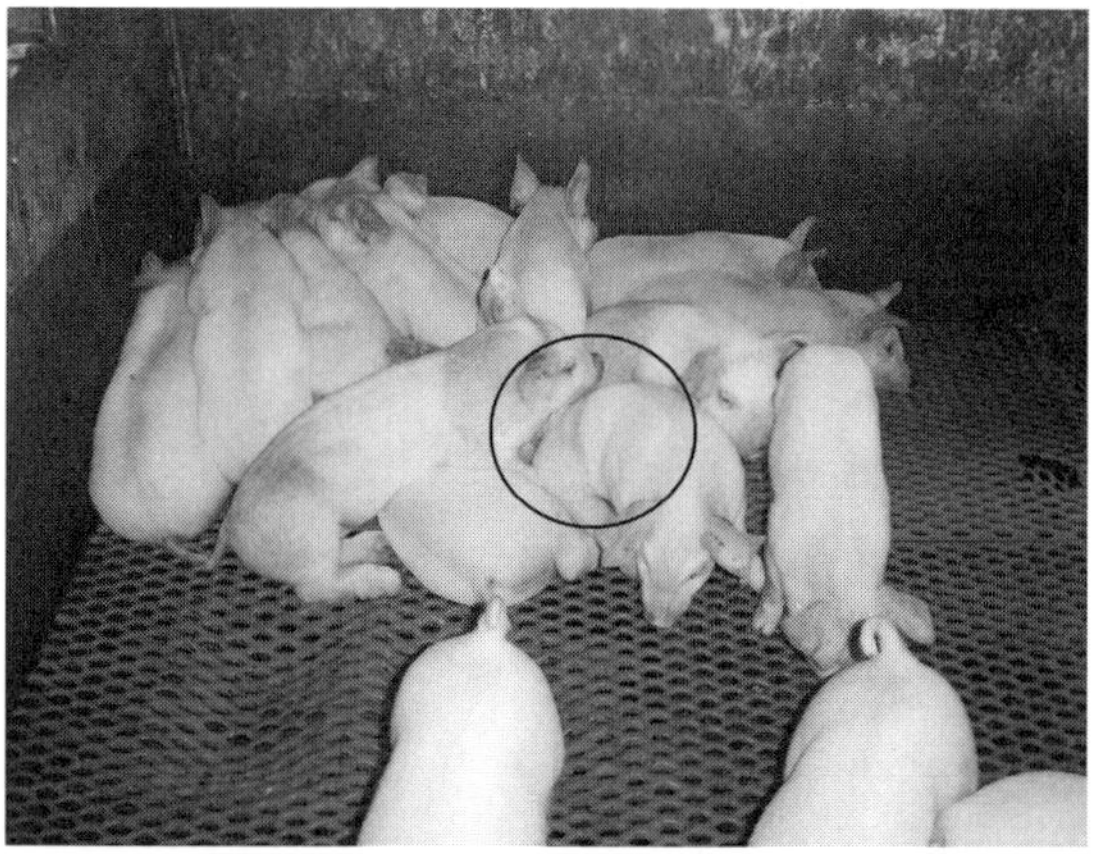

写真 4-10　マーキングされた病気の子ブタ
＊写真中央に，青のスプレーで印を付けられた子ブタがいる．

同じ構図は、ブタの個体識別や生殖管理においても反復されていく。

（2）耳番号によるブタの数字化

ブタを単純な情報や数値に置き換える技術は、多頭のブタを飼育する養豚場において個体別の効率的な管理を可能にしている。一九七〇年代に本格化する多頭飼育化の過程で、沖縄の養豚農家は行政の畜産コンサルタントから、ブタに番号を振り、番号ごとに繁殖の記録を残すように指導された。現在、ブタは顔や体の特徴ではなく、数字によって識別される。

この個体識別は繁殖管理のためになされている。たとえば、世帯養豚では繁殖用のメスが一二四頭いるが、これらのメスに一～一二四番までの番号をふる。そして番号別に、繁殖にかかわる重要な情報を記録に残す。記録に残すことで、生殖にかかわる二種類の管理が可能になる。ひとつは、妊娠した場合にいつ分娩・授乳豚舎に移動するかを個体別に計画することである。もうひとつは、繁殖に関して優良な個体とそうではない個体を判別し、前者を残して後者を食肉にまわすことである。そのために、具体的には種付け日と出産予定日、これまでの出産回数、そのときの産子数と離乳子ブタの数などが記帳される。

ブタを多頭飼育する状況では、このような情報の管理はブタに番号をふり、正確に個体を識別できてはじめて可能になる。さらに、番号ごとに繁殖の正確な記録をつけることで作業員間で情報を共有できるようにもなる。このような繁殖に関する情報の管理は、効率よくブタを増頭させるのに不可欠である。

ここで注目したいのは、個体番号がブタの耳にそのまま刻まれる点である。養豚業界ではブタの耳に個体番号を刻むことを「耳刻（ジコク）」という。個体番号は、ブタの耳が両サイド合わせて四辺あることを利用し、そこに四桁の数字を表わす切れ込みを入れることで示される（写真4-11）。ニッパーの形をした型抜きを用い、耳の縁四辺と各辺の位置から、四桁の数字を表わす（図4-2）。四桁の数字は、ブタに向かって左耳の左側の辺から順に、一の位、千の位、百の位、十の位となる。各辺では、上・真ん中・下がそれぞれ五・三・一を示す。切れ込みを入れた数の合計がそのブタの番号となる。たとえば写真4-11のブタは、一の位の「五」と「三」の位置に刻みが付けられているため、それらを足した八番がこのブタの番号となる[20]。また二番なら、「一」の位置に二ヶ所の切れ込みを入れる。

以上の方法で、養豚農家はブタに振った番号を耳に直接刻む。耳番号を効果的に用いることで、養豚農家は多頭のブタを見間違えることなく、個々のブタに関する重要な情報を記録に残し、後に参照することができるのである。具体的に、どのように耳番号が現場での情報管理に有効かは、企業養豚と世帯養豚の対比によって明らかになる。とくに耳番号を効果的に用いるのは、企業養豚である。たとえば、妊娠中のメスに与える餌の量は、胎児の発育に合わせて増やすため、種付け日が定かであれば餌量が決まる。そこで作業員は耳番号を見て、そのメスが妊娠何週目で、どのくらいの餌を与えるべきかを即座に把握できる。言うまでもなく、そのような判断には、次の世帯養豚について述べるような、視覚的な熟練は必要ない。ブタの耳番号を読み取ることさえできれば、たとえ新参者でも容易に数千頭ものブタを個体識別でき、記載された情報を辿ることができるのである。よって、作業員間で必要な情報のみを引き出し、個体の情報を共有できるようになる。

これとは対照的に、世帯養豚では耳番号が機能していない。なぜなら、妻がつける耳番号の規則が夫と共有されていないからである。そのため、給餌を担当する夫は、耳番号を読み取れず、耳番号からはメスが妊娠何週目に入ったかが分からない。だが、夫は長年の経験をもとに、それぞれのメスの腹の膨らみや大きさから、妊娠してどれぐらい時間が経ったかを推測し、餌の量を決める。ただし、一頭ごとにブタを観察して判断を下すのには多少の時間がかか

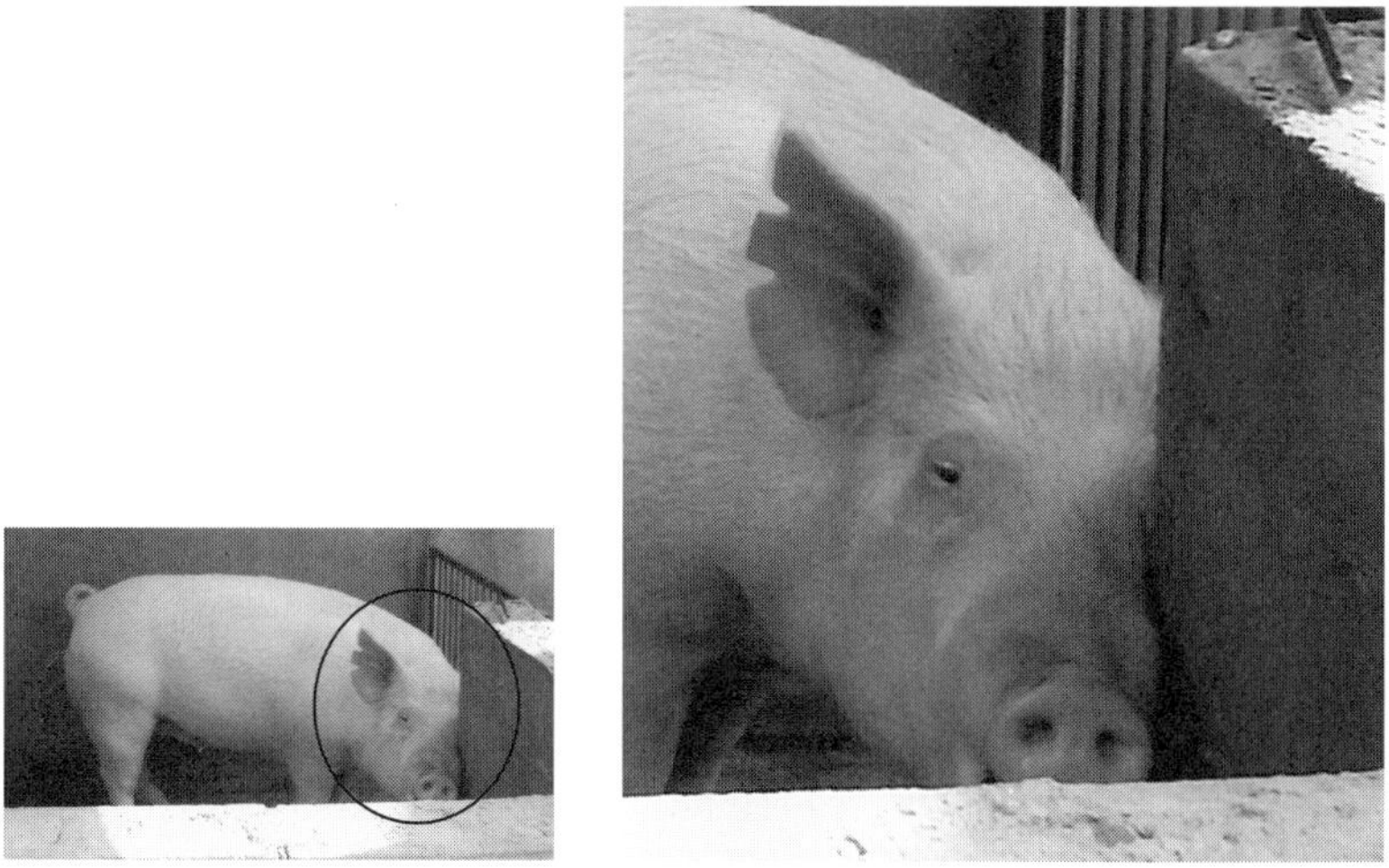

写真 4-11　耳に個体識別の番号を刻む「耳刻」
＊耳番号の振り方は，図 4-2 を参照.

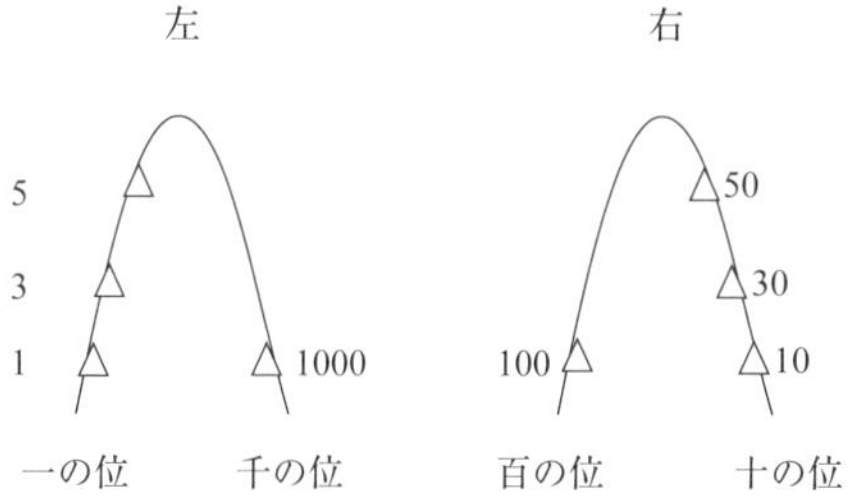

図 4-2　耳番号の振り方
＊ブタの耳番号は，人間の側から見たものを記載.

る。くわえて、新式豚舎の導入当初、メスブタの妊娠期間を見誤ることがあったという。その結果、妊娠中のメスブタを繁殖メス豚舎から、出産用の分娩・授乳豚舎へと移動させる時期を間違え、生まれた子ブタが狭い豚房の中で母ブタに踏みつぶされ死んでしまったことがあった。彼によると、メスブタの腹の膨らみを見て、妊娠期間を正確に判断できるようになるまでに、数年かかったという。このように企業養豚と世帯養豚の比較から、耳番号を用いることで、作業効率が高まり、長い年月をかけてブタを見る目を養う必要がなくなることが分かる。

(3) 発情確認の効率化

ここでは第2節で紹介した新式豚舎の繁殖メス用豚舎と、旧式豚舎を比較し、いかに繁殖管理が効率化されているかを論じたい。取り上げるのは、繁殖のコントロールに最も重要な発情確認の作業である。現在、豚舎が旧式から新式へと移行したことは既に述べたが、世帯養豚では経済的な理由から、未だ一部に旧式豚舎が残っている。旧式と新式豚舎では、発情確認の効率性において大差がある。

概して、メスは子ブタを離乳させてから五日から一週間で発情がくるとされる。そのときを見計らって、養豚農家はメスの発情を確認する。世帯養豚の旧式豚舎では、メスが発情しているかを確かめる際、まず陰部を見る。そのとき、陰部が赤く腫れていたら発情がきている印である。逆に、ピンク色で皺が入った状態のときは、発情がきていない。しかし旧式の豚舎では、ブタの動きが作業の妨げになる。写真4-12のように、人が豚房に近づくと、ブタは囲いの上に身を乗り出してくるため、通路から陰部を見ることはできない。そのため、養豚農家はブタの顔や首を叩いて、囲いから下ろして陰部を見ようとする。だが、ブタは柵から下りてからも人間に顔を向けるため、陰部を見ることは難しい。

写真 4-12　旧式豚舎で身を乗り出すメス

＊人間が近づくとブタが柵に乗り出すため，陰部が見えにくいのが最大の問題とされる．

写真 4-13　新式豚舎で餌を食べている最中の陰部が見えやすい繁殖メス

そこで、養豚農家は陰部ではなく、他の情報から発情を確かめようとする。ブタの耳の動き、豚房の床に落ちている糞の状態、鳴き声である。それらから読み取れる発情の印は、陰部の色や皺ほど明確ではないため、判断に習熟を要する。くわえて、ブタが動き回り作業を妨げるなかで耳、糞、鳴き声をすべて把握して総合的に判断するため、ある程度の時間を要する。旧式豚舎は明らかに、次に紹介する新式豚舎と比べると非効率的である。

企業養豚の新式豚舎では効率よく発情を確認できる。なぜなら、多頭のブタの陰部を短時間で観察できる構造になっているからである。新式の豚舎は、ブタの体長と体高に合わせて、鉄柵でぎりぎりの長さと高さと幅にブタを囲い、直線に配列することで、多頭収容を可能にしている[21]（写真4-13）。また、豚房の幅とブタの横幅が同程度であるため、ブタは三六〇度ひと回りしたり、寝返りを打つことができない。ブタは自由に身動きが取れないのである。この豚房に、ブタは陰部が通路側を向くように入れられるため、人はブタの発情を簡単に確認できる。

さらに、豚房の幅を最小限にするだけでなく、豚房を一直線に配列することで、繁殖に直接かかわる情報のみを効率的に収集できる。ブタの体と陰部を固定し、さらに一列に多頭のブタを配列することで、人は定位置から必要な情報を一度にまとめて瞬時に得ることができる。それによって、人は陰部を見るだけで、ブタの生殖をコントロールするうえで見逃してはならない発情の兆候や流産の危険をすべて観察することができる。新式豚舎は人間にとって非効率的なブタの動きを制御し、作業効率を上げることに成功している。

ここで最も重要なポイントは、ブタを見る行為においては、見る人と、見られるブタのあいだに一定の距離が設けられていることである。この距離のとりかたは、第3節で取り上げた人とブタの境界維持と適合的である。人はブタと接触せず、自らの境界を維持したままブタを見ることができる。とくに多頭のブタを一列に並べる繁殖メス豚舎では、人はブタを俯瞰できる位置に立つ。それだけでなく、人はブタの特定部分だけを見て、必要な情報を読み取る。ここでのブタは、大量生産体制のもとでの無味乾燥とした作業のなかで、単に必要最低限の情報を読み取られるだけの客体である。ここでの人とブタの距離の取り方および情報の取捨選択は、「人がブタを見る」という一方的で限定的な関係に限られ、ブタからの働きかけや相互的なコミュニケーションは想定されていない。この種の関係構築が、利益の極大化を目指す効率的な多頭飼育の基底にあるといえる。

しかし、人とブタのあいだで形成される個別具体的な関係は、ブタをモノ化するシステムだけからは捉えられない側面をもつ。かつて過去には、ブタは単に「鳴く（ナチュン）」動物ではなく、「話す（アビル）」存在とみなされており、人もブタに話しかけながら作業をしていたという。現在でも、人によってはブタと言語的なコミュニケーションをとる場合がある。もちろん人びとは、ブタが人間の言葉が分かると信じているわけではない。だが、次節で明らかにするように、そこには固定的な「見る／見られる」関係とは決定的に異なる、人とブタの関係がある。

5　ブタの擬人化

人は常に、単なるモノや数字としてブタと対峙するわけではない。人とブタのかかわりは、効率性を重視する現在の養豚産業の文脈においても、多様なかたちをとりうる。本節では、人とブタの個別具体的な相互行為に注目し、人によるブタのモノ化の対極に位置づけられる両者の関係を描き出す。

5-1　ブタの名付けと個体識別

前節で取り上げたように、現在、専業養豚場では、繁殖メスは陰部を固定された状態で飼育される。繁殖メスを担当する人は、ブタの顔側ではなく、陰部側を頻繁に歩くことになる。常にブタの陰部側を歩くということは、顔を見る機会が減ることを意味する。この変化は、ブタの個体識別にどう影響しているのであろうか。

まず、筆者が世帯養豚の夫に対して行なった質問から出発したい。二〇〇九年四月二二日、筆者はブタの個体識別について尋ねた際、ブタの顔で個体ごとの違いが分かるかを彼に質問した。彼のブタとの接し方を見る限り、個体ごとに対応を変えているように見えたからである。彼はブタの耳番号を見ることはなく、そもそも妻の刻む番号の振り方を共有していないため、何か別の方法で個体を識別しているはずだと推測したのだ。

しかし、意外なことに、彼は「ブタの顔はどれも同じよー」と答えた。その答えに納得できなかった筆者は、同じことを妻にも尋ねた。彼女は、自身は個体識別できないと答え、夫については「とーさんはノートもメモも見ないでブタの顔を覚えてたけど、最近は忘れる」と答えた。この夫の「ブタの顔はすべて同じだ」とする発言と、妻の「最近はブタの顔を忘れる」という発言は、陰部固定型の新式豚舎の導入と無関係ではないだろう。事実、新式豚舎での日々の作業では、ブタの顔を見る機会は、陰部と比べて格段に少ない。新式豚舎の導入から既に二十年以上が経過した調査時点では、彼がブタの顔を区別できなくなりつつあることは当然といえよう。

ただし、こうした状況でも特定のブタの顔を見分けられることが僅かながらある。先述した企業養豚の男性Hは、あるとき、「研なおこに似たブタがいる」と案内してくれた。彼は二〇〇頭ものメスが一列に並ぶ豚舎のなかを、そのブタの前まで歩いていった。そこに並ぶブタのほとんどは全身真っ白で、見た目に顕著な違いは何ら見られない。(22)ただし、このケースは大変珍しいもので、顔の特徴から個体識別するやり方は他に例がなく、Hも他の個体に対してはなさないことから、例外的な事例だと考えられる。

そこで、ここでは他の個体識別の方法を取り上げる。前節で記述した数字による個体識別は、従業員間の情報伝達や情報の共有を可能にした。しかし、ここで着目したいのは、特定のブタが情報管理の目的以外の文脈で個体識別される場合がある点である。以下では、企業養豚と世帯養豚で名前を付けられた四頭のブタを例に取り、数字による個体識別とは別の論理にもとづく名付けの実践を明らかにする。

まず、企業養豚と世帯養豚ではそれぞれ二頭ずつ、固有の名前をもつブタがいる。ブタに対する名付けは、(1)「成績優良」の個体と、(2)規格化から外れた個体になされる。それぞれ順に説明していく。

(1) 成績優良の個体への名付け

まず、第一の成績優良の個体には、世帯養豚の妻に命名された「ムッチャン」と、企業養豚の繁殖オス担当者Kに名付けられた「タロウチャン」の二頭がいる。

①世帯養豚のムッチャン

世帯養豚の妻によれば、ムッチャンは成績優良な母ブタだという。たいていのメスは初産時に産む子ブタの数が少ないが、ムッチャンは初産から一四頭産み、全頭育て上げて離乳させたという。品種改良の過程で産子数は増えたが、一〇頭が平均である。それと比べると、ムッチャンの子数の多さは卓越している。また、ムッチャンは乳首の数も一六個あり、泌乳量も多い。さらに、ムッチャンは離乳後にあまり時間をおかずに発情がくるため、すぐに次の種付けを開始できるとされる。

名前の由来は、耳番号が六番だからだという。この命名方法は、ブタに人名を付けたものではなく、個体別に番号を振る方法に端を発するものなのである。くわえて興味深いのは、彼女がムッチャンの優秀さを何度も自慢するため、筆者がどれがムッチャンかを尋ねたところ、彼女はムッチャンを同定できなかったことである。六番のムッチャンは優秀なメスで、彼女にとって他のブタとは異なる個別性をもつのだが、実物を探し出すことができない。一頭ずつ耳番号を調べていき、六番のブタを見つけ出さない限り、ムッチャンがどこにいるかは把握されないのである。当然、個体を同定できないため、彼女が作業時にムッチャンを特別扱いすることもない。つまり、ムッチャンは語り以外の文脈では特別な存在として扱われることがなく、彼女が日常的に特別な関係をもつ個体であるわけでもないことが分かる。

さらに強調すべき点は、夫も妻が名の付けたメスがいること自体は知っていたが、他の人間の名前と間違えて覚えており、夫妻は名前を共有していないことである。つまり、ムッチャンという命名は、夫妻間の情報伝達の機能をもっていないといいえる。

②企業養豚のタロウチャン

次に、同じく成績優良な個体として固有名をもつ、企業養豚の繁殖オス「タロウチャン」について、ムッチャンとの違いを中心的に取り上げる。タロウチャンは、繁殖オス豚舎で飼育される四〇頭のうちの一頭である。タロウチャンは、繁殖オスを担当する四十代後半の男性Kが個人的に付けた名前で、他の従業員とのあいだで共有されていない。

Kはタロウチャンを「オスなのにおとなしく、人工授精の練習に最適な優良」個体だと褒めるが、名前の由来はとくにないという。

タロウチャンは、農学部の学生や新入社員などの研修時に、精子を採取する練習台として最適であるとされ、筆者の初めての人工授精の練習にもタロウチャンが選ばれた。オスは口元に五センチメートルほどの牙があり、鼻の力も強いことから、凶暴な個体から精子を採取するときには危険が伴う。とくに初心者の場合は精子の採取に失敗することもあり、オスに鼻で突かれる可能性がある。そのため、安全に人工授精のやり方を習得するには、タロウチャンのようなおとなしい個体が重宝される。ゆえに、Kはこの個体にのみ、特別に名前を付け、日常の作業でも頻繁に関係をもっているのだ。

しかし逆に言えば、タロウチャンのように名前を付けるのは、おとなしいオスの個体であれば、どれでも構わないということを意味する。つまり、タロウチャンはKにとって、固有な個体というよりは、別の個体に代替可能な存在だといえる。

(2) 規格化から外れた個体への名付け

次に、規格化から外れた個体が名前を付与される例を二つ挙げ、いかなる文脈で、ある個体がある人にとって固有の存在となるかを分析する。ここで取り上げるのは、企業養豚のクロチャンと、世帯養豚のウマコである。

③企業養豚のクロチャン

まず、企業養豚場のクロチャンは繁殖メス担当者の男性Hによって名前を与えられたオスブタである。クロチャンは、名前の通り、全身真っ黒な体毛で覆われた個体で、真っ白なブタに囲まれて飼育される。クロチャンは、繁殖メス豚舎の唯一のオスでもある。クロチャンは最初は肉ブタ用に飼育されていたが、子ブタ期の去勢忘れにより、出荷を取りやめ、メスの発情確認に使われるようになった。つまり、クロチャンという名は、肉ブタの出荷ラインから外れた結果、命名されるに至ったのである。

クロチャンという名は、前述の男性Kとのあいだで共有されており、両者のあいだで情報伝達の機能を果たすが、日常的にクロチャンと接するのはHのみである。クロチャンは、他のどのブタよりも飼育期間が長い。その理由は、まず実質的な繁殖能力を必要とされないため、かなり年をとるまで利用できるとされる。(23) そのため、クロチャンとHとのあいだには、他のどの個体よりも長期の関係が続きうる。こうした状況下、筆者が観察したところ、Hは作業以外にも頻繁にクロチャンと接する傾向にある。Hがブタとのあいだに境界を最もつくらないことは第3節で述べた通りであるが、このクロチャンに対しては他のブタとは比較できないほど頻繁に撫で、話しかけ、特別に扱う。

Hのクロチャンに対する接し方は次節で再度取り上げるため、ここでは名付けについてのみその特徴を指摘する。Hの語りと実際の接し方を見る限り、クロチャンはこれまで挙げた名前をもつブタとは異なり、その名が情報伝達の機能をもち、個体を同定でき、最も人との接触が多い個体である。クロチャンはHにとって、成績優良な個体でも、おとなしい他の個体と代替可能な個体でもない。クロチャンは、他の個体と代替不可能な固有の存在として扱われている。その意味で、クロチャンはブタが多頭飼育される養豚場で、固有性を認められた唯一無二のブタだといえる。

④世帯養豚のウマコ

最後に、世帯養豚のウマコの例からは、ある個体がどのようなきっかけで、不特定の匿名的なブタのなかから個別化されるかが読み取れる。なお、ウマコの命名には筆者がかかわっており、前記の三頭とは異なる変数が入り込んでいる。ウマコの命名のきっかけは、給餌時に、ひときわ鳴き叫ぶ個体がおり、この個体を世帯養豚の夫から「へんな声で鳴くやつ」と紹介されたことに遡る。彼の言う「へんな声」を筆者が「馬みたい」な声だと形容したことから、転じてそのメスブタは「ウマコ」となった。

二〇〇九年四月一七日から筆者と世帯養豚の夫は、このブタのことをウマコと呼ぶようになった。ウマコは繁殖用に飼育されるメスだが、繁殖メス専用の豚舎で飼育されていない。その理由は、豚舎を設計した当初の規格に入りきらないほど成長し、大型化したためである。つまり、ウマコは体長二メートルを超え大型化したため、発情確認の効率性を追求した新式豚舎に収まらず、発情確認に時間と労力のかかる旧式豚舎に戻されたのである。当時、ウマコは新式の繁殖メス豚舎であれば三頭のメスを収容できるスペースに、単独で飼育されていた。このことは、一腹当たり一〇頭の子ブタが見込まれることを考慮すると、ウマコの大型化によって単純には二〇頭分の子ブタの利益、すなわち純利益で三〇万円、年間二回の出産を考えると合計六〇万円の損失を意味する。

さらに悪いことに、ウマコ固有の問題として、前回の出産で子ブタを五頭ほどしか産まず、かつ泌乳量も少ないため、子ブタの育ちが悪かったことがあった。そのため、バイオ燃料の開発に伴ってブタの飼料の主原料であるトウモロコシの値段が高騰した二〇〇九年には、ウマコを飼い続けることは不経済だとされた。それだけでなく、ウマコは餌を食べるときに顔を上に向けるため、粉末の飼料を吹きこぼす癖があるという。この食べ方では、出産時に移動する分娩・授乳豚舎で、餌箱の外に餌がこぼれて、豚房の外にまで飛んでいってしまい、餌箱に注いだ分量の餌を食べることができない。こうした事情により、ウマコの繁殖を打ち切り、食肉用に出荷する話がもちあがった。そのとき、世帯養豚の夫が「ウマコは五頭しか産まないし、餌食わなくて、おっぱいでないから、ハイキ（食用屠殺）かなー」

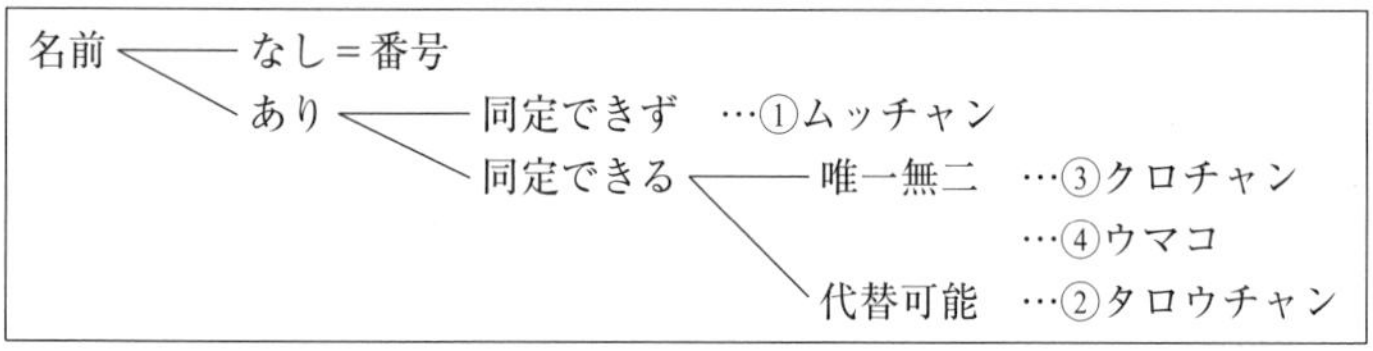

図 4-3　ブタの名付けの論理

と筆者に尋ねた。その結果、授乳中の五頭の子ブタが離乳するのを待って、ウマコを肉にすることになった。

しかし、ウマコは子ブタが離乳してからも、元の旧式豚舎で飼育され続けていた。世帯養豚の夫が語ったところによれば、「もう一産させてみる」とのことであった。ウマコが次の妊娠期に入る二〇〇九年四月二九日、筆者は調査を終え、同養豚場を後にした。そのとき、帰り際に、彼は「（筆者が）次来るときには、もうウマコはいないはず」と筆者に告げた。

ウマコをめぐる一連の記述は、通常、ブタに名前を付けることのない世帯養豚の夫と、筆者のやりとりのなかで、彼の興味深い態度が現われている。ウマコは大型化によって規格化された豚舎で飼育できなくなり、かつ、特徴的な声をしていたことをきっかけに名前を付けられた。これを契機に、彼のウマコに対する接し方が幾分変わっていったのである。幾度か彼が筆者に対して屠殺許可をとったことに端的に表われているように、あるブタが名前を付与されることで、他と区別された個体となる様相がみえてくる。つまり、通常、生産性の悪いブタを敢えて飼い続けることのない養豚農家が、ウマコの飼育を延長したのは、そのブタが単なる成績の悪いブタではなく、固有性をもつブタとして認知されたことによるのである。

以上、四頭のブタの事例から名付けの特徴を整理すると、図4-3のようになる。はじめに取り上げた①成績の良い個体（ムッチャン）は、それ自体は肯定的な理由から名付けがなされたが、その個体と人との関係は番号しかもたない他の個体と特段に変わるものではなかった。優良個体は名前を与えられたが、人は別の個体と区別できず、実物を同定できなかった。次に取り上げた別の②優良個体に関しては、担当者は実物のブタ（タロウチャン）を同定できるが、他の優良個体と代替可能なブタであり、その域を出るものではなかった。

それに対して、規格化から外れた個体に関しては、名付けのきっかけ自体は消極的な理由であったが、人はその個体とのあいだで他とは異なる関係を結んでいた。三番目に取り上げた③規格化から外れた個体（クロチャン）はその固有性が認められており、他の個体と代替不可能だといえる。さらに最後に取り上げた④同じく規格化から外れた個体（ウマコ）に関しては、ちょうど②と③のあいだに位置する個体だといえる。あるブタの固有性を部分的に認める文脈と、他の優良個体と代用可能であるとされる文脈の揺れがみられたからである。

以上の名付けの特徴からは、従来の家畜の分類にもとづく個体識別［福井 1991］とも、「見ればわかる」といった家畜の単独性による個体認知［太田 2002；風戸 2009］とも異なる個体性のありようが理解される(24)。

5-2　感情移入とブタの模倣

最後に、企業養豚の繁殖メス豚舎で飼育される、前述のクロチャンと呼ばれるブタの例を再び取り上げ、繁殖メス担当の男性Hがどのようにブタとの関係を形成するかをみていく。まず、Hのブタとの接し方は、積極的にブタに触れながら作業をする点に特徴があった。その傾向は、Hが最も気に入るクロチャンに対して顕著となる。

Hはクロチャンの豚房を通りがかった際に、クロチャンをポンと叩いたり、撫でたりする。Hは、彼がクロチャンの豚房を通りがかると、クロチャンがそばに近寄ってくると話し、「クロチャンは俺のことが好き」だと言う。その説明として、彼は「ブタは撫でると喜ぶ。初めは嫌がるけど、慣れると、通りがかるときに（Hを）呼ぶようになる」と語った。ここでは、クロチャンは感情を認められ、接触を介した人とのコミュニケーションが可能な存在とみなされている。

ブタの行動に感情を読み込んだり、感情移入する傾向は、Hのみならず、同養豚場の繁殖オス担当の男性Kにも部分的にみられる。Kは繁殖オスの精子採取を任されており、その文脈で自身の受けもつオスブタに感情を認める傾向にある。一例を挙げれば、彼は人工授精のやり方を新入社員や研修生に教える際に、前述の温厚な個体タロウチャンを選ぶ。しかし、たとえ温厚な個体でも、精子を採取する練習時の失敗は二度までと決めていると話す。立て続けに新入りが失敗した場合、自身が代わって、そのオスの精子を採取して豚房に返すという。失敗が続いたとき、ブタは特定の位置から動き始めたりするが、そのときがそのブタを練習台にする限界だという。その限界で止めないと、オスは精子の採取を「嫌がる」ようになるとされる。

また、Hはオスブタのクロチャンを使って、メスの発情を確認する作業を行なうため、出勤日にクロチャンと接しない日はない。Hはメスが一列に並んだ豚房の前にクロチャンを誘導し、メスの前を歩かせ、そのときのメスの反応を観察する。その際、クロチャンに強く反応したメスは、さらにクロチャンに近づけて、発情が最も強い時期かどうかを確かめることになる。その方法は、発情反応を見せたメスを、クロチャンの隣の豚房に移動させ、柵越しにその反応を詳しく見るというものだ。はじめに発情反応があった個体を次々とクロチャンの隣の豚房に交代で入れていき、繰り返しメスの発情を確かめていく。作業が長引き、発情確認の途中でクロチャンが床に這いつくばり、柵越しのメスのほうを向かなくなると、Hは柵のあいだから手を入れ、クロチャンの背中を叩き、「がんばれ、おい、立て。クロ、ほい」と呼びかける。その結果、クロチャンが立ち上がることもあれば、立ち上がらないこともある。立ち上がらない場合でも、メスの豚房の近くで床に伏している場合は、Hはそのまま作業を続けていく。

具体的に、クロチャンの隣に移動させたメスに対してHが行なうのは、おおよそ以下の作業である。彼は、メスがオスのにおいを嗅ごうと鼻を突きだしたとき、すぐにそのメスの後方に回る。そして、彼はメスの前足の付け根の辺りに自身の膝を押し当てたり、前足から腹部一帯に、自身の体を重心をかけて寄りかかるようにして押し当てる。彼はこの動作を数度にわたって繰り返しながら、メスが騒ぎ立て男性を振り払おうとするか、それともメスが静かにじっと動かなくなるかを見定めるという。彼の説明によれば、メスが騒ぎ立てた場合は、発情がまだ弱い時期にあることを意味する。それに対して、メスが静かに動かなくなった場合は、発情が最も強まる時期に入ったことを意味する。後者の場合は、種付けの準備に移ることになる。

さらに、ここで注目したいのはHのメスの発情を確認する動作が、オスの行動を真似たものだとされる点である。種付けのときにも、Hはオスの交尾の姿を真似て、メスの背にまたがる。Hによれば、これら発情確認の動作は、人工授精と同様に、オスブタの行動を模倣したものであるという。人工授精に関して、彼は「この道具（オスの部分を模倣した道具）を使うより、（彼が）オスにみたいにしてやったほうがうまくいく」と説明した。その理由は、単にメスがHをオスブタだと思うからだとされる。つまり、Hはオスブタのように振る舞い、自らを「ブタ化」することにより、ブタの繁殖をコントロールしているといえる。

この「ブタ化」は、人間と動物の境界を曖昧にするという点では、ブタの擬人化と変わらない。しかし、動物を人間の枠組みに回収する擬人化とは異なり、ここでの「ブタ化」は人間を動物の極に近づける試みである点で非常に興味深い。

以上、産業化した沖縄の養豚場では、人とブタの境界が空間と身体接触の次元で保持される点についてみてきた。そのうち、養豚場の内部者による境界維持の実践は、ブタの効率的な管理と何ら矛盾しない。ブタの効率的な管理には、人がブタから一定の距離をとって俯瞰できる位置に立ち、必要情報を集めるために、ブタのある部分だけを見る必要があった。その種の関係が、効率的な多頭飼育を可能にする基底にあり、その実現に人びとの接触忌避の実践が寄与するかたちとなっている。

その一方で、人とブタは、接触や言語・音声を介したコミュニケーションをとっていた。そこでは、ブタからの働きかけや相互的なコミュニケーションが少なからずあった。大量生産体制に組み込まれた人とブタのかかわりも、効率性を重視する文脈のみに還元することはできない。人は常に、単なるモノや数字としてのブタと対峙するわけではないのである。

1　その他に、預託農家と呼ばれる経営形態がある。預託農家は、飼料代などブタの飼育にかかる経費をすべてブタを預託する側の企業が負担する形態である。
2　企業養豚場では、ブタの繁殖はすべて人工授精で行なわれる。
3　作業員がショベルや鍬で掻き出し、一輪車で所定の糞溜めまで運ぶこともある。
4　子ブタは毎週やってくる回収業者によって選別される。子ブタはたとえ出荷体重を充たしても健康状態が良好でないと判断されたら、出荷は見合わされる。その場合、夫妻は「子ブタ」として販売するのを諦め、定められた肉ブタの最終体重の一一〇〜一二〇キログラムまで育てあげる。そのため、子ブタより大きい肉ブタも少頭ながら飼育される。
5　飼料は餌会社から一週間分まとめて仕入れ、タンクに貯蔵する。
6　ここでの肉ブタとは、子ブタのときに買い取り業者から売れ残った個体であり、一一〇〜一二〇キログラムの体重になるまでここで育てられる。

7　石の種類は、アワイシと呼ばれる砂岩を用いていた。一部の裕福な家庭は人家と同じマーイサーという硬くて重い石を使ったという。

8　各豚房は、外壁と同様に、鉄筋とセメントを詰めたブロック塀で囲われている。囲いの高さはコンクリートブロック三段半で、ブタの顎下までの高さにあたる。その上に鉄筋を格子状に張り、ブタが逃げ出さないようになっている。

9　子ブタが死に至らなくても、足に怪我を負うことがある。また、子ブタが潰される危険性が最も高いのは、母乳を飲んでいる最中かその直後に、母ブタが寝返りをうつときだとされる。

10　分娩柵によって、母ブタが大きく寝返りをうてなくなった。とくに哺乳期の小さな子ブタは、母ブタが寝返りをうつときに下敷きになることが多いため、子ブタの圧死する確率は格段に減った。

11　さらに先ほど述べた保温箱の設置も、結果的に子ブタの圧死を防ぐ効果があるとされる。というのも、子ブタは保温箱が設置されていることにより、母ブタの隣ではなく、保温箱の中で寝るようになるからである。

12　多頭飼育を行なう養豚場から出る糞尿の量を考えると、機械化の重要さが見えてくる。ブタ一頭に付き、一日当たりに排出される糞と尿の総量は五キログラム以上であるとされる。この計算からは、一豚房当たり二〇頭から三〇頭のブタを集団飼育する肉ブタ専用豚舎では、一つの豚房だけで一〇〇キログラム以上の糞尿が一日に出ることになる。このように、多頭飼育の養豚場で出る糞尿の量を鑑みると、糞尿掃除の簡略化には大幅な作業短縮を可能にする利点がある。

13　水質汚濁防止法の排水基準とは、水質の汚染防止を目的に定められているが、畜産業に対してはとくに家畜から出る糞尿が問題とされている。糞尿自体は二〇〇四年に施行された「家畜排せつ物法」の管理下にあり、ブタの場合、一〇〇頭以上を飼育する事業者に対して、糞尿の適切な処理と保管が課される。

14　子宮脱とは陰部から子宮などの臓器が出てきてしまう症状を一般的に指す。子宮脱は主に数回以上の出産を経験したメスに多いといわれ、出産時に力んだ際に、あるいは出産直後に陰部が緩んだことにより、膣外に子宮が出てしまうといわれる。

15　ＰＲＲＳに関して、考えられる原因を取り除くことはできたが、特効薬のようなものはなかった。筆者のように養豚場に出入りする外部者から生じうる損害を補償する保険がないかを、筆者は彼に尋ねた。養豚場主が負担する保険なら、一頭七〇〇〇円で加入することができるということであった。しかし、所有する成豚一三八頭すべてに懸けねばならないため、保険加入は実現可能な金額を優に超えていた。

16　沖縄県農林水産部畜産課は、家畜排せつ物法の完全施行に伴い、畜産業者向けに資料を配布した。そのなかで、畜産農家に対する印象向上の効果として「環境美化」を薦めている。その必要性と方法について、同課は、「特に、畜産は汚いものだという印象を地域住民から取り除くには、環境美化が最も重要です。畜舎周辺を清掃することはもちろん、畜舎周辺に花や樹木を植えることは、イメージ向上につながり、臭気対策の効果も期待できます。緑の中にある畜産というイメージづくりが大切です。」とする。そして、限られたスペースのなかで可能な方法として「プランターを置くことでも充分環境美化につながります。」と具体的に紹介している［沖縄県農林水産部畜産課 2006：5］。

17 オスは全部で一四頭おり、交替で交尾に利用される。

18 専業養豚場では、ブタの餌は業者から購入するトウモロコシを主原料とした粉末状のものである。この白い粉を一頭当たり、スコップで一～四キログラムほど掬い、餌箱に入れていく。そのため、給餌後には作業着が右腕から腰にかけて白く粉をかぶった状態になる。風の強い日には大量に粉が舞うため、砂埃をかぶったようになる。そのため、白色のつなぎは、ブタの飼料に近い薄い色であるため、飼料の汚れが目立ちにくいという利点もある。

19 たとえ病気の諸症状を見極める熟練した養豚農家でも、複雑な症状と処方する薬剤を結び合わせるには、判断に多少の時間がかかる。一例を挙げると、同じ下痢や咳といった症状でも、処方する薬剤は一様ではない。下痢の場合、色（黄色、緑色、白濁色）、固形物と液状の糞の程度から使用される薬剤が異なる。咳の場合も、咳の回数といった比較的判断しやすい基準だけでなく、咳の音の違いから単なる風邪の症状か肺炎にかかっているかを聞き分ける。複数の症状を併発している場合には、それぞれ個別の症状を判別し、さらに同時に服用してよい薬剤の種類と組み合わせを考慮に入れる必要もある。そのため、たとえ熟練の養豚農家といえども、症状と薬剤を判断するのに時間がかかるといえる。

20 なお、写真4-11では、向かって右耳が見えないため、左耳のみで計算する。

21 格子状の新式豚舎に改築することで、旧式では二頭しか入らなかったスペースに一四頭のブタを収容できるようになった。同じ敷地で約七倍のブタを飼育できるのである。この場合、概算して年間に約二四〇頭の子ブタが増え、現金に換算して三一二万円の収入が増えることになる。

22 有名なアフリカ牧畜民の個体識別の方法［例えば、エヴァンス＝プリチャード 1997（1978）：85–89；福井 1991：137–146］では、見た目の毛色や模様が判断基準となる。それに対し、ここでは全身真っ白なブタが並ぶなかから、「研なおこに似たブタ」を、顔の特徴から見つけ出していると解釈できるだろう。

23 このことは、以下の事情にかかわる。具体的には、繁殖用に利用したメスやオスもともに、繁殖の役目を打ち切られる際に、肉ブタ同様、屠殺場で食肉用に加工される。だが、飼育期間の長いブタは基本的に精肉としての価値が低いとされ、さらにそのなかでも去勢していないオスは最も価値が低い。事例のブタ（クロチャン）も、精肉としての価値が低く、換金があまり見込めないため、屠殺場に送らずに、養豚場で自然死を迎えるまで働くことになる。

24　家畜の個体識別の方法に関する人類学的な研究をまとめた風戸［2009：196-200］は、従来、家畜の分類にもとづく個体識別の方法が中心であったのに対して、太田［2002］の「見ればわかる」といった家畜の単独性としか表現しようのない個体の認知のしかたを強調している。さらに、こうした議論を発展させて、家畜の個体性の問題により深く踏み込んだ論考としてシンジルト［2012］がある。

第5章
脱動物化されるブタ
近代的食肉産業と屠殺の不可視化

沖縄本島で育てられたブタはすべて、島内二ヶ所の屠殺場に運ばれ、そこで食肉になる。通常、屠殺場は外壁で遮断され、屠殺場で働く人以外の日常生活から隔絶している。同様に、中で行なわれる屠殺・解体の作業も、人目に触れることはない。屠殺場は「食肉センター」という曖昧な名称に改められ、屠殺場に関わる法令も「殺」や「屠る」という漢字を避け、「と畜」と表記する。沖縄に限らず、産業社会では一般的に、家畜の死や殺しの事実を消費者に直接喚起せぬよう、幾重にもわたる死の婉曲化がなされている。

しかしその一方で、家畜の死に目を向けるよう訴えるルポルタージュや映像が出回っている。(1) 大量屠殺の現場を映し出した映像は、生きて動き回る動物が鳴き叫んだり、暴れたりすることなく、淡々と肉に変えられる姿を撮影し、こうした「異様さ」のうえに私たちの食が成り立っていることを強く訴える。確かに、屠殺場には少人数で効率よく、大量のブタを屠殺して処理するための設備と機械が整っており、屠殺時にブタが鳴き叫ぶことも、人と直接対峙し格闘するようなこともない。目を閉じていれば、静かな機械音だけが耳に入り、工業製品を造る工場と何ら変わらないようでもある。

しかし、本章では上記のルポルタージュや映像が強調する「異様さ」のみから、産業社会の屠殺行為やそのうえに成り立つ食肉慣行を十全に理解することはできないと考える。産業社会の屠殺も特定地域の歴史や食文化の論理に強く根ざしている。第2章第1節で記述したように、沖縄では一九七〇年代前後まで、自家屠殺の慣行があり、屠殺や食肉加工に対する人びとの態度や意味づけは、日本の他地域とは異なっている。ただし、獣畜の屠殺が専業化されてから、他の産業社会に類する大量屠殺化に伴う変化が生じた。この双方の特徴に留意し、本章では、分業体制に組み込まれた屠殺業務と食肉加工を、屠殺場で働く人びとの行為に注目して記述する。以下では、まず産業屠殺を主題とした先行研究を検討し、実際にどのような行為のうえに食肉が生産されるかを理解する枠組みを提示する。

1　屠殺を捉えるまなざし

日本の本州地域の屠殺を主題とする社会学の研究では、屠殺と差別の関係が扱われている。それらの研究では、肉を食すという行為の裏側で、根強い構造的な差別があることが批判される［桜井・岸編 2001；桜井・好井編 2003；三浦編 2008］。一般的に日本本州の一部の地域では、動物を屠殺し、食する人びとは「穢れた」人として差別のまなざしを向けられてきた。それに対し、これらの研究は肉食の歴史を検討し、屠殺が忌避され、肉食が公には禁じられながらも、実際には民衆のレベルで連綿と肉食が行われてきたことを明らかにし、一般的な差別観の解体を試みたのである。さらに、彼らは日本の支配的な文化のもとで不可視化されてきた豊かな「屠場文化」、すなわち屠殺場で働く人びとのあいだで培われた独自の肉食慣行や、それを支える屠殺・解体の技術や知識を丹念に拾い上げた。

しかし、本章の対象地域である沖縄に目を転じれば、屠殺をめぐる事情はいささか異なっている。沖縄では日本の他地域とは異なり、仏教の殺生禁断や食肉禁忌の思想が定着せず、動物の屠殺をめぐる差別はなかったと言われている［金城 1987］。沖縄には独自の肉食慣行があり、ブタに限っては一九七〇年代という比較的最近まで、自家屠殺が行われてきた。過去の聞き書きや民族誌的な記述は、ブタの屠殺が沖縄では忌避されるどころか、むしろ肯定的な意味を付与されてきた点を明らかにしている［例えば 島袋 1989：27；萩原 1995：119；比嘉夏 2006：227–230］。

とくに、ブタをしめるときの鳴き声は、年に一度の豚肉を食べる稀少な機会を知らせる正月の風物詩であった［島袋 1989］。沖縄の正月はブタ殺しに始まり、人びとにとって豚肉を食べることが正月であるといった感覚があったという。こうした正月と豚肉の強い結びつきは、新年の挨拶が「豚肉を食べたか」というものであったことからも読み取れる(2)。沖縄においては屠殺は隠されるべきものではなく、村落生活の「当たり前」の光景として組み込まれていたといえる。

だが、戦後の沖縄はブタの自家屠殺から産業屠殺へと移行した。戦後のアメリカ統治期を経て、日本に復帰する一九七二年を前後して、新たな食品衛生観念のもとで、自家屠殺が「密殺」として厳しく禁じられていく。そして現行の分業体制が敷かれ、ブタの屠殺・解体は一括して、専用の施設で専門の「屠夫」が担うようになった。現在では、最新の屠殺場で一日、最大で一二〇〇頭ものブタが屠殺される。そこでは機械化と分業化による効率性の追求と、検査体制の整備による食品衛生の徹底化が同時に推し進められている。

自家屠殺が盛んに行われていた地域において、この新しい屠殺制度はいかなる意味をもっているのであろうか。この問いを考えるにあたって参考になるのは、産業化したフランスの屠殺場を調査した人類学者ヴィアレスの「脱動物化（de-animalization）」という概念である［Vialles 1994］。ヴィアレスによれば、脱動物化とは産業社会に固有な動物と肉の「あいだ」の省略法、すなわち「死の不可視化」を説明する概念である［Vialles 1994 : xiv, 5, 22］。彼女によれば、産業社会には、消費者から屠殺現場を隠し、目の前に並ぶ食肉が動物の死や殺しの結果であることを直接喚起させない仕組みがある。食肉が最終的に消費者の手に届くときには、動物が生きていたことを想像させる部位（たとえば血や毛、皮など）は残っていてはならない。こうした手続きは、家畜の大量屠殺を倫理的に許容させる仕掛けであり、人びとの認識のうえで「食べられる物」をつくりだす不可欠な作業である。ヴィアレスの概念は、産業屠殺制度の特徴を的確に表現したものであり、フランスのみならず他の産業社会においても十分応用できるといえる。

しかし、ヴィアレスは屠殺場の内部で行なわれる脱動物化の実践に焦点をしぼりすぎ、その実践が屠殺場の外部の食文化的な意味の広がりや政治経済的な変動によって形成される点を十全に捉えたとは言い難い。そこで本章では、屠殺場の外の社会的・文化的、政治経済的動向によって、どのように脱動物化の内実が方向づけられるかを明らかにする。具体的には、沖縄では、ブタは儀礼食と観光資源の双方において重要である点に注目する。

本章では、沖縄の人びとの食文化的嗜好や観光産業が、屠殺場のなかで施されるブタの脱動物化を方向づける様相を記述・分析する。くわえて、脱動物化された食肉にどのような方法で商品価値が付与されるかを説明する。

まずはじめに、第2節で屠殺場の概要を提示する。第3節では、沖縄本島の二つの屠殺場を対象に、ブタという動物がどのように肉になるかを「脱動物化」の概念を手掛かりに記述する。続く第4節では、脱動物化された食肉に商品価値が付与されるプロセスを記述する。以上を総合し、最終節では、屠殺場のなかで施される脱動物化の意味について議論する。

2　屠殺場の概況

日本では「と畜場法」の施行以降、食用となる家畜はすべて専業の屠殺場で所定の検査を受け、定められた方法で屠殺処理される必要がある。二〇〇八年現在、沖縄本島には二ヶ所の屠殺場が稼働しており、島内で育てられた家畜はいずれかの屠殺場で食肉になる。それぞれの屠殺場は、島内北部の名護市と南部の南城市に位置する。両施設では合計六種の家畜が処理され、大型家畜のウマやウシから、小型のブタやヤギまでが食用に加工される。島内で育てられたすべての家畜は近接する施設に運ばれるが、ヤギだけは新設された北部の屠殺場で処理される(3)。また、家禽は別に、食鳥処理場に運ばれる。

戦前二六ヶ所を数えた屠殺場は、すべて戦争で破壊され、戦後の屠殺場は養豚復興と並行して増加した。戦後、屠殺場は最多で三三ヶ所にのぼった。しかし、一九七二年の本土復帰を境に半減し、その後もさらに減少の途を辿った。減少の原因は主として、日本への復帰に際して、日本の衛生基準を充たす必要があったことによる。「と畜場法」と「食品衛生法」の適用とその後の改正による施設改善の勧告を受けた際に、資金不足で閉鎖を余儀なくされた屠殺場が多かったのである。近年では、一九九六年の腸管出血性大腸菌O-157による集団食中毒事件の発生、二〇〇一年の牛海綿状脳症ＢＳＥの国内での発症を機に、現行の衛生管理の諸基準が見直され、それに見合わない施設が廃業に追い込まれた。以上の経緯で、二〇〇八年時点で稼働する沖縄本島の屠殺場は、僅か二ヶ所だけである。

それら二ヶ所の屠殺場では、島内全域で飼育された家畜が運び込まれるため、多頭の家畜を捌くための工夫が凝ら

写真5-1　屠殺直後に吊り下げられる屠体

されている。具体的には、高度な機械化によって、少人数の流れ作業で多頭のブタを加工できるようになっており、一施設当たり一七人ほどで、一日当たり六〇〇頭から一二〇〇頭のブタを屠殺・解体できる[4]。言うまでもなく、屠殺可能な家畜頭数は、機械化を進める過程で大幅に増加した。一例を挙げれば、二〇〇三年に新設された北部の屠殺場では、新設前と比べて、屠殺可能頭数が一〇〇頭前後から六〇〇頭へと約六倍になった。また、すべての工程は流れ作業で組み立てられている。屠体は天井から吊り下げられた形でレールを流れ、そのレールに沿って流れ作業が進んでいく（写真5-1）。

こうした屠殺場での流れ作業は、屠体を吊り下げることで可能になった。過去には、アメリカ統治期の簡易屠殺場で、写真5-2にある土間式解体が採用されていた。土間式解体を経験した八十代男性によれば、当時、屠殺は専門家ではなく、ブタの買い取り人自身によって行なわれたという。くわえて土間式解体では、解体時に屠殺者に負荷がかかり、生体で一二〇キログラムほどのブタを大量に捌くことは困難であった。一日に一人の男性が一頭から数頭、多くとも一〇頭ほどのブタを屠殺するのがやっとであったという。一九七二年の本土復帰後、大量屠殺制に移行する過程で大型屠殺場が新設されたため、土間式解体は姿を消していった。その後、吊り下げ方式を採用した大型の屠殺場では、専業の屠夫がブタの屠殺と解体を担い、一日に数百頭ものブタを分業体制で処理するようになったのである。

写真 5-2　アメリカ統治期の屠殺場にみる土間式解体
（沖縄県公文書館所蔵）
＊写真の手前側では，男性２人が１組となって１頭のブタを解体している。また写真の奥にも同様に，解体作業を行なう男性たちの姿が映し出されている．

現行の屠殺制度が確立される過程で、委託屠殺制に移行し、取引価格の決定方法も大きく変わった。委託屠殺が始まる本土復帰前まで、ブタの販売価格は養豚農家の庭先で、ゥワーサーと呼ばれる屠殺兼流通業者との相対取引によって決められた。ブタの価格は、生体時の体重をもとに決められるが、通常、ゥワーサー優位に交渉がなされたという。一方、現行の委託屠殺制では、ブタの取引価格は、屠殺後に肉になってから行なわれる格付け検査によって決まるようになった。つまり、ブタの価格は養豚農家との面識がない、日本食肉格付協会の職員により、外部から閉ざされた屠殺場の中で決定されるようになったのである。現行のシステムでは、ブタの販売価格は匿名性の高い関係のなかで決定され、養豚農家には事後的に郵送と銀行振り込みを通じて知らされる。

このように現行の大型屠殺場が設立する過程で、委託屠殺制度が確立され、流れ作業を可能にする機械仕掛けの吊り下げ式解体法が導入され、価格決定の効率化が進められた。このような経緯で、一日六〇〇頭から最多で一二〇〇頭という驚異的な数のブタを屠殺し処理できるようになったといえる。

3　脱動物化

3-1　屠殺場における作業工程

本節では、ヴィアレスの提起した「脱動物化」[Vialles 1994] の概念を手掛かりに、沖縄の産業屠殺場で行われるブタの屠殺と解体のプロセスを記述する。脱動物化とは、〈肉〉が動物を殺した結果つくられたという事実を覆い隠す社会的・文化的な仕掛けである。重要なのは屠殺場の内外の多様な次元で、動物と肉のあいだの省略がなされている点である。まず、屠殺は消費者のみではなく、動物の生産者からも隔てられた屠殺場という空間において行われる。次に、このプロセスは消費者の手にする肉に、いかなる動物の痕跡も残してはならない。屠殺場で働く人びとは、動物の頭から足先まで、徐々に「動物性」を取り除いていく。その過程で、「動物」は消費者の食用可能なカテゴリーである「食べ物」へと姿を変えていく。

ブタの肉は単に「食べるに適した」ものなのではなく、「考えるに適した」ものとして、すなわち分類の対象として捉えられねばならない [レヴィ＝ストロース 1976, 2000 : 145]。人類学では、動物と食肉のカテゴリー区分は、文化的な認識の論理によって規定されることが論じられてきたが [例えば リーチ 1976 ; サーリンズ 1982, 1987 ; ダグラス

2009]、このことは産業屠殺場にも当てはまるのである。

しかしながら、何を脱動物化するかは普遍の事象ではなく、地域により多様である。そのため、人びとが具体的に何を「動物」とみなし、何を「食肉」とみなすかを特定の地域的な文脈のなかで明らかにする必要がある。動物／食肉のカテゴリーは、特定の文化的な論理のみならず、宗教的・法的な規制に埋め込まれており、かつ歴史のなかで変化し続けてきたものである。本節では、屠殺場でブタが肉になるプロセスの記述・分析を通して、産業化した沖縄の屠殺場の大量屠殺がもつ社会的・文化的な側面を明らかにする。

まず、沖縄の屠殺場で行なわれる作業は、屠殺・解体、衛生検査、格付け検査の三部門に大別され、合計三三工程から成る（表5-1）。ブタ一頭当たりの屠殺処理に要する時間は、予備冷却の前（表5-1の30）までで二七分程度である。作業は、総勢二七人の分業体制で行なわれ、そのうち屠殺・解体には一七人から一八人の男性作業員が関わる。その他には、五回にわたる衛生検査に、約七人の獣医師免許をもつ「と畜検査員」の男女が交替制で関わり、格付け検査には二人の男性検査員が携わる。

3-2　ブタと肉の空間的な分離

次に屠殺場の内側に入り、どのような場所でブタが屠殺され、食肉に加工され、最終的に商品になるのかをみていきたい。屠殺場の空間は、大きく「汚染区域（ダーティ・ゾーン）」と「清浄区域（クリーン・ゾーン）」に分かれる。汚染区域と清浄区域の区分は、名称の示す通り、「汚い／きれい」という基準に基づいており、大まかには「動物＝ブタ」と「肉」の区分に対応する。こうした区別は、空間の使い分けや屠殺・解体の作業のなかで忠実に守られてい

表 5-1　ブタの屠殺・解体工程

工程	区域	検査員
1　搬入・係留・洗浄	汚染区域	と畜検査員
2　生体検査		
3　追い込み		
4　スタンニング（電気失神）		
5　喉刺し		
6　放血		
7　シャックリング（片足懸垂）		
8　屠体洗浄		
9　湯浸け		
10　脱毛 1		
11　シャックリング（両足懸垂）		
12　脱毛 2		
13　毛焼き		
14　屠体洗浄		
15　下腹部処理	清浄区域	
16　頭部切断		
17　頭部検査		と畜検査員
18　開腹		
19　肛門処理（尻抜き）		
20　番号記入		
21　シロモノ（白色の）内臓摘出		
22　アカモノ（赤色の）内臓摘出		
23　内臓検査		と畜検査員
a.　シロモノ検査（胃・腸）		と畜検査員
b.　アカモノ検査（肺・心臓・肝臓）		と畜検査員
24　枝肉検査		と畜検査員
25　枝肉トリミング（整形）1		
26　背割り		
27　枝肉洗浄		
28　枝肉トリミング（整形）2		
29　最終検査		と畜検査員
30　検印		
31　予備冷却		
32　格付け検査		格付け検査員
33　冷蔵・保管		

る。

汚染区域と清浄区域の区分が、それぞれブタと肉に対応すると考えられるのは、以下の理由による。まず汚染区域と清浄区域は、ブタと肉それぞれに適した温度管理がなされている。汚染区域はブタが自由に動き回れる常温のままであるのに対し、清浄区域は加工時の衛生状態を考慮し、冷蔵に適した温度に保たれている。次に汚染区域ではブタが生きた状態またはそれに近い状態であるのに対し、清浄区域ではブタは食肉へと加工されていく。

食用にふされる家畜は、養豚農家から運び込まれてから屠殺までのあいだ、外にある係留場で待機し、屠殺時に追い込み口から場内に入る。そこが汚染区域である。ブタは汚染区域で放電・放血され、その後の毛焼き等の一次処理もここで行なわれる。一次処理を終えた屠体は、洗浄されてから清浄区域に運ばれ、食肉に加工するため、解体・整形される。このように汚染区域と清浄区域は、動物を扱う段階と、肉を扱う段階で区切られている。

ブタの屠体の流れとは対照的に、人は法令によって同様のラインに沿って進むことを禁じられている。その理由は、人の移動によって「汚染」を「清浄」な空間へと持ち込む恐れがあるからである。汚染区域と清浄区域は、ブタと肉の物理的な分離に対応し、「汚いブタ」から「人間が食するきれいな肉」を遠ざけ、後者の「安全性」を確保するという発想によって設定される。こうしたブタと肉の空間的な分離が、人の移動のみならず、生きたブタを人間の食べる肉に加工する諸行為のなかで実践され、維持される。次に見ていく屠殺・解体の作業は、動物（ブタ）と食物（豚肉）との境界を明確にし、前者の要素を取り除く実践とみなすことができる。

3-3 脱動物化の工程

ここでは、本章の冒頭で紹介した「脱動物化」という概念を頼りに、ブタの屠殺・解体の作業を、動物を食肉に近づける諸行為の連続として捉え、記述していく。問題となるのは、動物と食肉の境界である。(5) まず本項では、汚染区域から清浄区域への流れ作業のなかで、いかにブタが「動物性」を除去され、肉の容貌を帯びていくかを記述する。ここでの動物性とは、動物であったことを連想させる部位や、食物であるという想像や考えを阻害するものを指す。動物が生きているがゆえの動きや、血や毛、爪、性器、排泄に関わる部位や排泄物などを丁寧に取り除くことで、動物は食肉になる。

(1) 動物性の除去

まず、ブタは係留場から追い込み口を通り、汚染区域に入り、一方向にしか進めない狭い通路を自ら歩いていく(写真5-3)。その行き止まりに電殺台がある。電殺台にブタが達したのを確認したら、作業員は電気を流すスイッチを押す。放電の瞬間が見えないように、電殺台は黒いビニール袋で周りを覆われている(写真5-4)。放電した次の瞬間に、ブタは電殺台からスロープづたいに滑り落ちる仕組みになっている。スロープの下には作業員が待機しており、そこで喉元を刺し放血する(写真5-5)。ブタは放電され、仮死状態で血抜きされることで死に至る。(6)

この屠殺方法は「動物の愛護及び管理に関する法律」に規定されており、たとえ人の食用となる動物であっても、なるべく苦痛を与えるべきではないとする「人道的な」配慮により導入された。(7) しかし、より重要なのは「一回に分

写真 5-3　追い込み口から電殺台へ向かうブタ

写真 5-4　死の瞬間を隠した電殺台
＊表 5-1 の工程 4 に対応.

けて殺す」ことである［Vialles 1994：45-46］。つまり、放電と血抜きのどちらがブタの死にとって致命傷であったかを不明瞭にすることで、「真の殺害者」が誰かを決定不可能にする点である。(8) この仕組みによって、動物の死の瞬間と「殺害者」は曖昧にされる。

こうして電殺台を通過したブタは、騒ぎ立てることなく命を落とし、声、歩行能力、血液を順に失っていく。そして次に脱毛処理が行われることで、汚染区域での作業は終了する。ここで以上の屠殺工程のなかでも、沖縄における脱動物化の社会的・文化的な特徴がよく表われている血、皮と毛、顔、足の扱い方について、その背景まで含めて詳細にみてみる。

①血（チー）

放電後の血抜きは、ブタを殺す手段である。だが、沖縄においてより重要なのは、血が動物の生命そのものを象徴するだけでなく、食べ物でもあることである。とくに本島の北部では、血は廃棄されずに、新年のご馳走として食されている。ただし、現

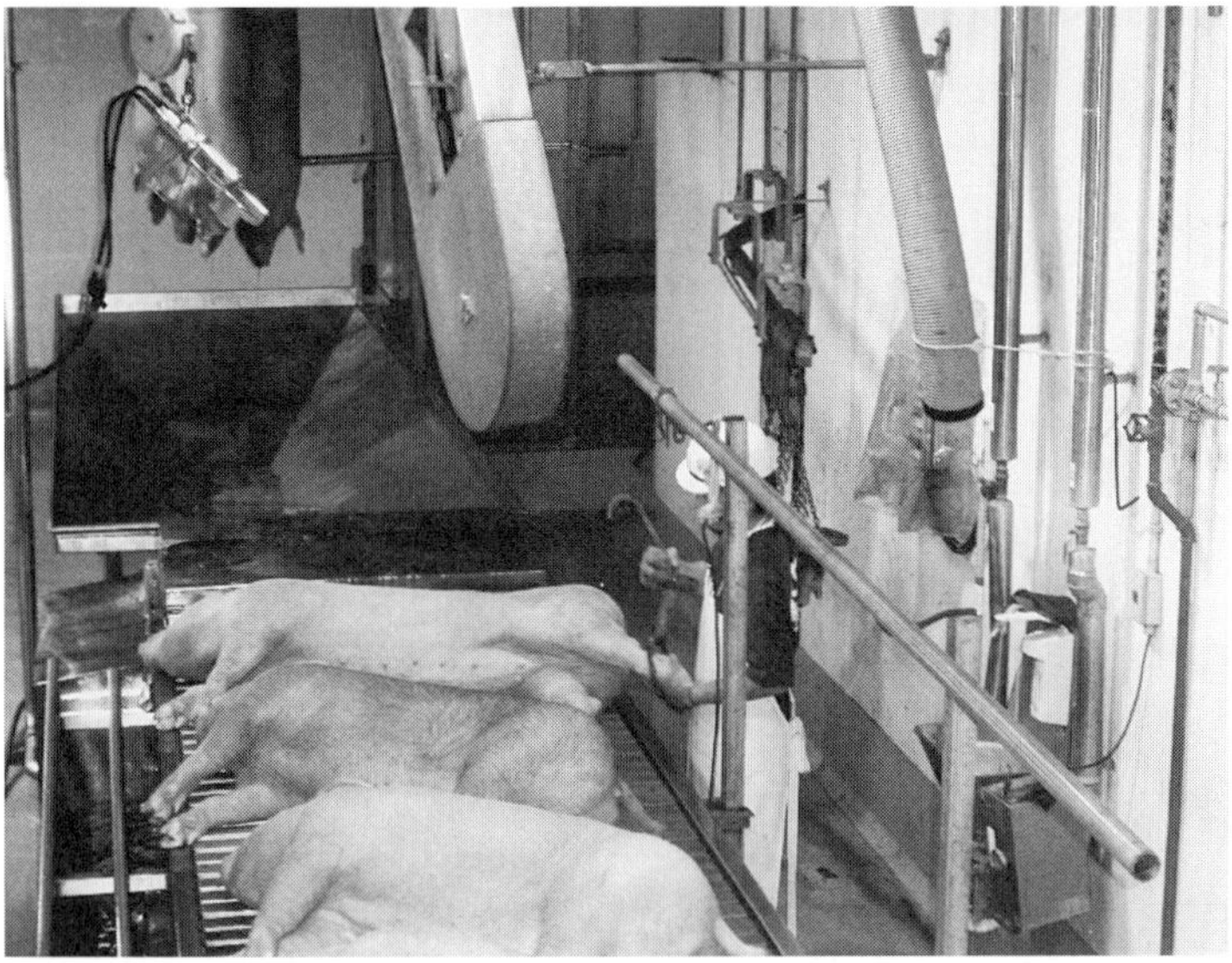

写真 5-5　喉刺し後の放血
＊表 5-1 の工程 6 と 7 に対応．写真手前のブタは，横臥式の放血がなされている．さらにこの後，ブタは片足を懸垂され，吊り上げられた状態で全身から完全に血を抜き取られる．なお，ブタの血液は直接，清潔な容器に採取された場合のみ，食用に流通することができるとされる．つまり，可食か否かの決定には，部位それ自体ではなく，処理工程の衛生状態も重視される．

在では血の流通は法令によって規制されており、人びとは血の入手が困難になっている。これについては、島内の二ヶ所の屠殺場で異なった対応が取られている。南部の屠殺場では、祖先祭祀に利用するときにのみ血の流通を許可しているという。それに対して、北部の屠殺場は積極的に血の流通を進める。血の流通をめぐって、なぜ、このような意見の相違が見られるかを以下に検討する。

北部屠殺場の責任者で、養豚場の経営者であり、かつ沖縄県養豚推進委員会の会長でもある五十代後半の男性はブタの血液を食する慣行が消失しないかを気に掛けている。というのも、もし仮に北部の屠殺場が血の流通を禁じた場合、沖縄の人びとは血を使った料理を作れなくなるからである。彼は、「我われは血の流通を許可し、次世代にこの料理の伝統を引き渡す義務がある」と話す。

写真 5-6　ブタの血（チー）
＊屠殺場で入手したブタの血液に塩を入れて凝固させたもの．血は一握りほどの塊で小売価格 200 円で販売される．

こうした状況下、血液は衛生基準を充たしたときのみ流通可能となっている。血を抜く際に、喉元を指す包丁を一頭ごとに消毒し、喉元から直接容器に注ぐかたちで放血する。この作業は、放電によりブタが動かない「モノ」のような状態になっているために可能となる。スイッチを押すだけで、安全に血を採取することができるようになっているのである。

この血抜きの方法に則って初めて、ブタの血は流通可能となる。血はビニール袋かバケツなどの容器に入れられ、小売市場に運ばれる。そして、市場の売り手らは一握りほどの塩を血に入れて凝固させ、ゼリー状になった塊をさらに冷凍して販売する（写真5-6）。衛生基準が厳しいために、大量の血が出回ることがないなか、正月前に数軒の肉屋を周り、血を買い占める客がいるほどの人気である（写真5-7）。肉屋の側も常連客のために血をむやみに販売せず、ストックを確保して対応している。

このように、沖縄では血を食利用する社会的・文化的な要請があるために、他地域とは異なる血抜きの方法が

写真 5-7　ブタの血の炒め煮（チー・イリチャー）
＊ブタの血液を具材に揉み込んで炒め煮た正月料理.

屠殺場でとられている。血を利用しない地域では、血抜きはブタを致死させる単なる手段でしかない。しかし血を食利用する地域では、血抜きは単に生きたブタを肉に転換する決定的な一歩であるだけでなく、同時に「食物」を取り出す行為となる。言うまでもなく、ここでの血は実体的なレベルにおいて「食べるに適した」物であるだけでなく、認識のレベルで「食用とみなしうる」物であるがゆえに、このような地域差が生じるのである。つまり、血が「動物」のカテゴリーに入れられ、除去される他の屠殺場とは異なり、沖縄では「食べ物」の範疇に入れられる。沖縄では、ブタの死の結果としての血は、「動物」の痕跡としてではなく、「食べ物」として流通するのである。

②毛、皮、顔、足

次に、ブタの毛と皮、顔、足について取り上げる。血と同様に、毛や皮、顔や足も沖縄では日本の他地域と異なる方法で加工される。とくに皮や顔の使用は、沖縄の豚肉料理の特異性を映し出す。

基本的に、沖縄を除く日本では、ブタの皮は屠殺時に剥ぎ、皮革製品などに加工される。それとは対照的に、沖縄では皮は食べ物として加工される。一例を挙げれば、サンマイニク（三枚肉、別名ハラガー）と呼ばれる皮付きの腹部肉は、儀礼食の材料として最も重要な部位であり、この部位は絶対に皮が付いていなければならない。とくに祖先祭祀の供物に使われる場合は、人びとは肉塊の美しさを重視する。とりわけ皮の表面に、人びとは注意を払う。皮の表面は毛がなく、平らでまっすぐでなければならない。こうした嗜好と美学のために、屠殺場では幾重もの段階を経て皮表面の処理を丁寧に施すのである。

まず、屠殺場の作業員は、皮を剥がさずに残したまま、表面に生えている毛を除去する。屠殺後にブタの屠体は、三回にわたって脱毛される（表5-1の10、12、13）。毛を抜く方法に関しては、はじめに屠体を約八三度の湯に浸け、毛をふやかして抜け易くしてから、一見して洗濯槽のような回転式ドラムのなかに入れ、屠体ごと回転させながら表面の毛をドラムの内側にくっつけて抜く仕組みとなっている。それを終えると、次に屠体は二六秒ほど炎のなかに吊るされ、残毛を火で炙る（写真5-8、5-9）。そうすることで、残毛はほとんど完璧に近いほど無くなる（写真5-10）。人びとが皮付きの肉を好むため、屠殺場の作業員たちは無毛の豚肉を注意深くつくりだしているのである。他の皮付き肉である足（豚足テビチ、足先チマグー）や顔（チラガー）に関しても同様の処理が施される。

それだけでなく、皮の表面の美しさにこだわる消費者の要望から、後述する獣医師による衛生検査の合格を示す検印が、以前は儀礼食に用いる腹部のサンマイニクに当たる部分に押されていたが、それを変更して、後ろ足の根本に押されるようになった。こうした変更は、いかに人びとが皮に高い価値を見出しているかを映し出しているといえる。

以上のように、汚染区域では、屠体を覆う可視的な動物性が徐々に剥ぎ取られていく。ブタの死の瞬間は曖昧にさ

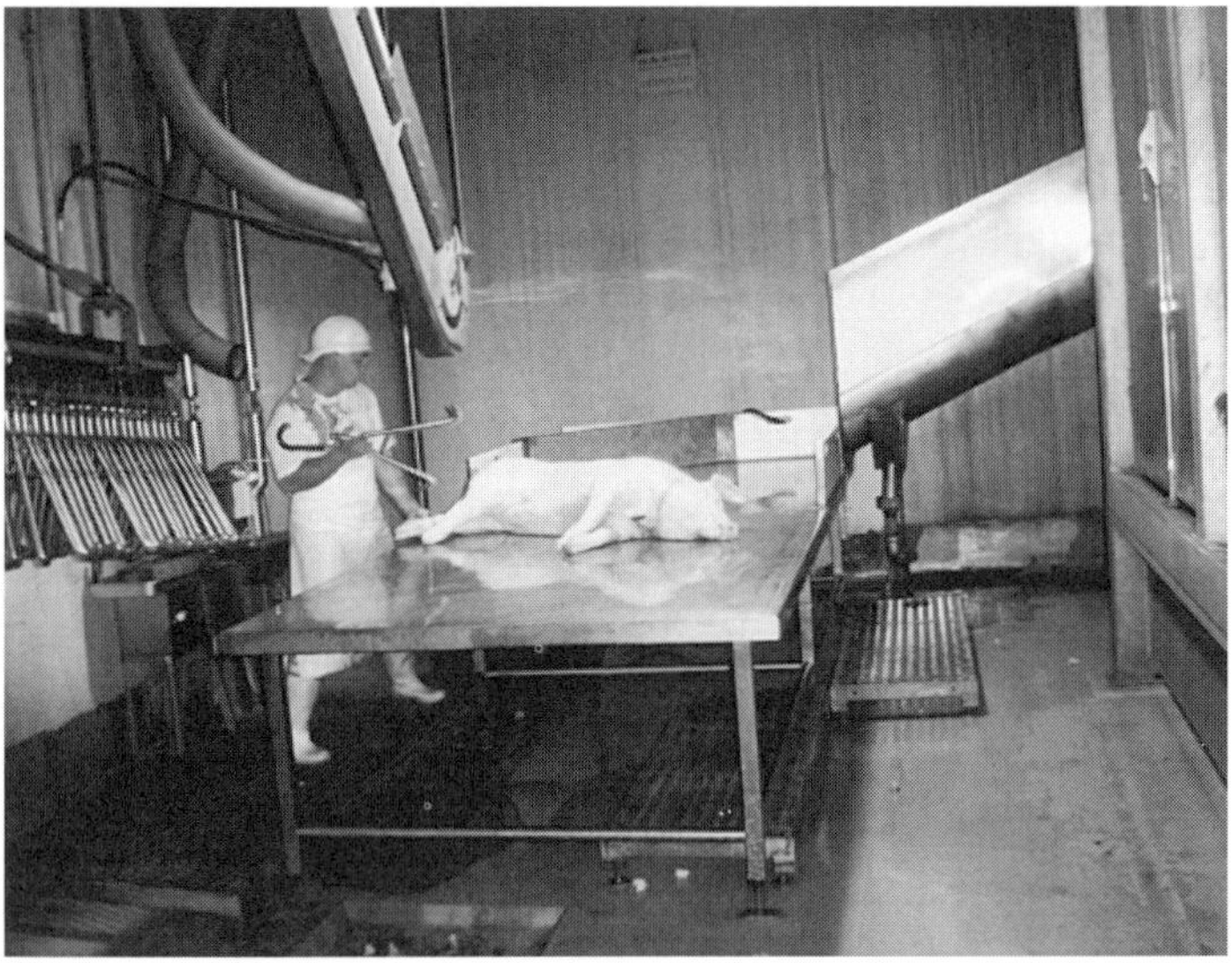

写真 5-8　脱毛処置のための両足懸垂
＊写真 5-8 は，表 5-1 の工程 11 に対応.

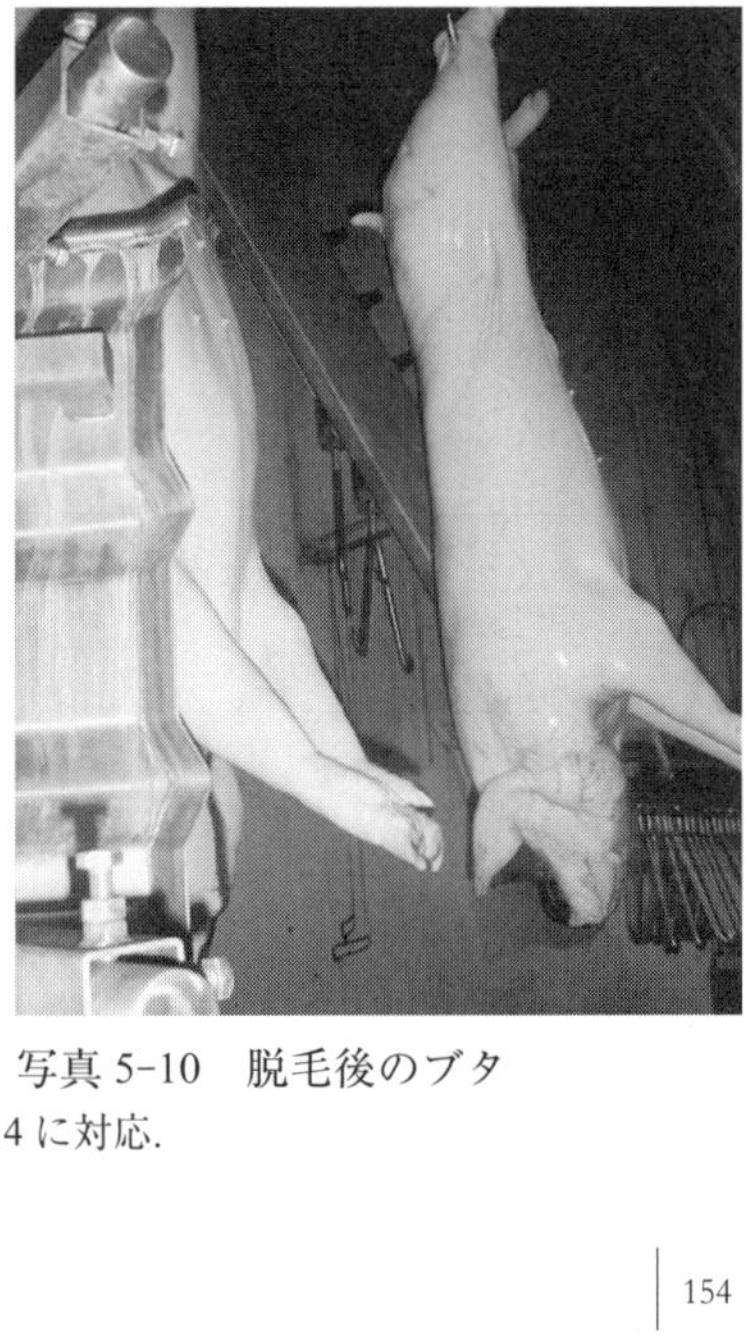

写真 5-9　体表を炙る毛焼き式の脱毛　　写真 5-10　脱毛後のブタ
＊写真 5-9 と 5-10 は，表 5-1 の工程 13 と 14 に対応.

れ、毛は入念に除去される。しかし、重要な点として沖縄では、血と皮、顔、足は「食物」として流通することを指摘しておきたい。脱動物化のプロセスには何を動物とみなし、何を食物とみなすか、という地域の文化的な分類に規定される側面がある。そして、屠体は清浄区域に移動し、さらなる整形が施されていく。

(2) 食肉への加工

屠体は、汚染区域から空調のきいた清浄区域に運ばれ、工程15以降の解体作業に移る(表5-1)。清浄区域では、屠体の内部に包丁を入れ、人間が直接口にする部分に触れる作業を行なう。そのため、清浄区域の室温は八度に保たれ、食肉の鮮度を保つ大型冷蔵庫の役割を果たしている。これによって、室内で食肉を冷蔵保存しながら解体処理を進めることができるのである。その過程で、屠体に残された動物性を強く帯びた部位が除去される。それは、動物の排泄に関わる肛門や生殖器である。肛門と生殖器を切り取り、動物性を消し去ることで、ブタは「食べられる」肉になる。

さらに解体作業では、衛生に対する関心が非常に高く、さまざまな次元で対策が講じられる。つまり、ここでの「食べられる肉」とは、衛生化された「きれいな肉」をも指すのである。そこには、解体作業は常に汚染の危険と隣り合わせにあるという認識がある。そのため、汚染を避けるためには、接触を極力避けることが望ましいとされる。清浄区域では、ブタ/肉に直接触れる道具や機械すべてに対して、衛生対策が講じられる。とくに汚染区域からの遮断が徹底されており、人の往来だけでなく、汚染区域で使った道具を持ち込むことも禁じられている。清浄区域のなかで使用する包丁などの道具は、一頭ごとに八三度の熱湯で消毒することが義務づけられている。それだけでなく、肉に直接触れる機械や道具、作業台から、肉に触れる可能性のある床や壁まで、解体時に出る血や汚水などが浸食しない素材や材質である必要がある。なぜなら、血を流水で完全に洗い流せなければならないからである。たとえば包丁の柄は、「非衛生」とみなされる木製から、プラスチック製に変えられ、同様の理由から軍手の使用も禁止され、ゴム手袋の着用が義務づけられた。このように清浄区域で行なわれる作業には、衛生に関する事細かな規則が定められている。(9)

清浄区域での衛生対策の徹底化を見る限り、食肉の加工段階での「汚染」が危険視されており、安全性の確保が屠殺場に任されていることが分かる。こうした衛生対策の最たる例として、次に取り上げる衛生検査がある。

(3) 動物の個体性の剥奪

衛生検査は、食肉加工において重要な工程のひとつである。というのも、「きれいな食肉」をつくりだすためには、病気のブタや病変の部位を取り除くことが不可欠だからである。そのために、獣医師による検査体制が張り巡らされている。

衛生検査の公式の目的は、「病気や異常食肉の排除及び人畜共通感染症等の微生物制御」(10)にある。衛生検査は、清浄区域にて各部位ごとに五回実施される。(11)検査は、解体作業と並行して行なわれる。汚染区域では生体検査の一度だけしか検査が行なわれないため、清浄区域に移動してから行なわれる複数回にわたる細な検査は重要である。

衛生検査は頭部検査、二種類の内臓検査、(12)枝肉検査、(13)最終検査に分かれ、七人から八人で分担して行なう。(14)各検査には、それぞれ獣医師免許をもつ「と畜検査員」が交替制で従事する。検査員は流れ作業のレーンに張りつき、担当の検査部位に異常がないか、病気の兆候がないかを監視する。異変が見つかった場合には、疾病の種類と重度から廃棄するかどうかを判断する。(15)

また、すべての検査が終了するまで、ある屠体は別の屠体を汚染する潜在的な危険性をもっているとされる。そのため、屠体は全検査を終え「異常なし」と判断されるまで、他の屠体と接触しないように配慮される。くわえて屠体同士の接触だけでなく、解体時の包丁や他の機械などを通した間接的な接触も避けられる。

　こうした管理は、極めて厳格になされる。解体過程ではじめに胴体と頭部や内臓を切り離すが、その際にそれぞれがどの個体のものであったかを辿れるようにしておく必要がある。大量検査のなかでの個体識別と相互照合は、それぞれに通し番号を振ることで可能となる（表5-1の20）。最初に内臓を取り出す前に、胴体に直接、番号を書き込む。そして、取り出した内臓にも同じ番号の札を掛ける。相互に同じ番号を振ることで、内臓検査と胴体（枝肉）検査で、どちらか一方に異常があった場合に、もう片方にも異常がないかを確かめることができる。この通し番号がなければ、次から次へと流れてくる胴体と内臓が相互に同じ個体のものかを照合することはできない。

写真5-11　互いに重なり合う予備冷却中の半身肉
＊表5-1の工程31に対応.

　番号による照合の徹底化がなされるのは、屠体の一部から病変が見つかった場合、その個体の他の部分にも同様の病変がみつかる可能性が高いためである。最終検査を終えるまでは、ある個体のすべての部位は、常に他の個体を接触により汚染しうる潜在的な危険性を抱えている。換言すれば、すべての検査に合格するまで、すべての肉や内臓は、動物としての個体性を保持しているとと考えられているのである。それぞれ別々のブタから取れた肉や内臓が一緒くたにされるのは、すべての検査が終わってからである。

つまり、衛生検査によって、それまで接触を避けるべきであった屠体同士は、相互に触れても問題のない均質な肉になるといえる（写真5-11）。ここにきて生体ブタの個体性は完全に消えるのである。この衛生検査の合格をもって、屠体は個体性をも含む動物性とは無縁な「食べられるきれいな食肉」となるのである。以上で脱動物化のプロセスは完了する。

本節の事例では、ブタの屠殺・解体と食肉加工、そして衛生検査の工程を記述した。そこでは、衛生的で「食べられるきれいな肉」をつくりだすことがまずもって重視され、動物性が徹底的に除去されているのである。

4 格付け検査による商品価値の付与

次に、脱動物化された「食肉」がどのようにして商品価値を付与されるかをみていく。衛生検査を終え、予備冷却を終えた半身肉は、最後に格付け検査を受ける。格付けは、写真5-12のように半身肉を吊り下げた状態で行なわれる。

ここで取り上げる格付け検査とは等級制度にもとづくものである。等級制度とは、日本食肉格付協会の単一規格に基づいて肉質を判定し、五段階に振り分け、価格を決定する検査制度である[16]。日本全国共通の規格を設けることで、流通の合理化を図り、一地域を越えた広域流通が可能となっている。沖縄では本土復帰の一九七二年から数年後に、

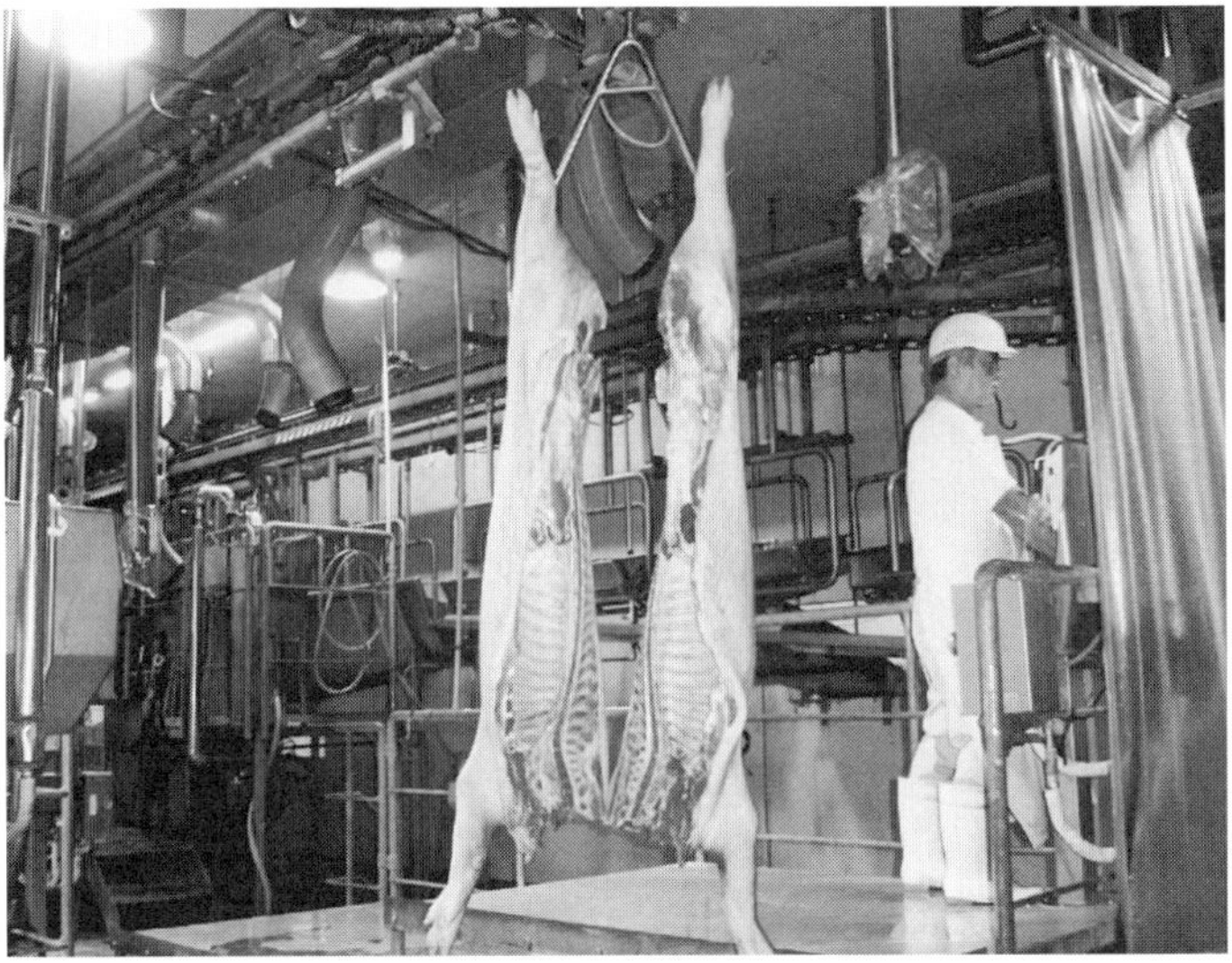

写真 5-12　背割りを終えた半身肉

公式の屠殺場に導入され、実際の検査が始まった。

等級制度にしたがって、ブタは格付けされ、肉の価値＝価格が決まる。等級制度による判定は、養豚農家にとって収入を左右するものであり、その判定基準を前提として、ブタが育てられることになる。基本的に等級制度においては、豚肉はその外見から肉質を評価される。言い換えると、肉質すなわち肉の味覚的な価値は、視覚的な色や均整によって測られるのである。以下に詳述するように、実際の判定においては主に背脂の厚さと、肉の色合いによって等級が決まる。

まず、格付け検査においては、脂肪が薄いことが高く評価される。そのため、脂が厚すぎると等級は低くなる。ただし、脂の厚薄はただ漠然と肉全体の印象から決められるのではなく、見るべき位置とポイントがある。最も重要なポイントは背脂である。具体的には、背脂の厚さは最も等級の高い「極上」肉で、厚さ一・五から二・一センチメートルの間に設定されている。この値より僅か一ミリでも厚いと、肉の等級は格下げになる。つまり、背脂が数ミリ厚いだけで、価格が大きく下がるのである。たとえば、「極上」と「等外」の価格差は大きく、概算してブタ一頭当たりで一万円の差となる。

次に、色に関しては赤身と脂肪の色合いがそれぞれ判定の対象となる。赤身と脂肪の色については、それぞれ「理想色」が判定基準として定められている。脂肪の場合には、艶のある「白さ」が理想色とされ、そこから外れる「黄ばみ」のある肉は格下げとなる。赤身の場合には「淡いピンク（ポークカラー・スタンダードNo.3）」色が理想色とされ、それより濃い色や薄すぎる色の肉は味が落ちるとされる。このように規格を設けることで、効率よく、肉の価格が決定できるようになっている。

以上、等級制度では肉質の判定に際して、背脂の厚さに関する数値的な基準と、赤身と脂肪の理想色が設定されている。格付け検査のもとでは、肉の味覚的な価値が規格化された視覚的な基準によって評価される。復帰後の沖縄では、県内で育てられたすべてのブタが等級制度によって格付けされるようになったため、養豚農家はその基準に合致したブタを育てるようになっていった。それが、第3章第4節で述べた外来種ランドレースであった。

外来種ランドレースは、他の外来種よりも背脂が薄く、等級が高い。等級制度は外来種のなかでも、ランドレースに有利に働いたのである[17]。その結果、一九七〇年代以後、ランドレースの普及が加速し、豚肉の均質化が進んでいる。

屠殺場と格付け制度の整備により、肉の価値が規格化され、均質な価値をもった豚肉製品が大量に生産されるようになった。しかしながら、等級の高い肉が特定地域の評価の枠組みにおいても、同様に価値が高いとは限らず、また人びとの味覚に合うとも限らない。脂の薄さが高い等級を得る状況下、第6章で詳しく論じるように、小売市場では別の観点から脂の厚さが再評価されている。

5 動物性とは何か?

本章では、脱動物化という概念を手掛かりに、ブタが肉になる屠殺・解体の作業をみた。まず屠殺に際して、二回(放電と放血)に分けて殺すことで、そのどちらがブタの死にとって致命傷であったかが不明瞭にされていた。そこでは、人は動物を殺すという感触から免れることになる。続いて、ブタを入念に脱毛することで、屠体の外側を覆う動物性が剥ぎ取られる。ただし、その際、皮、顔、足が「食物」として残され、血も「食物」として流通する点に、沖縄の特徴があった。

さらにその後、屠体に残された動物性を強く帯びた部位が除去された。動物の排泄に関わる肛門や生殖にかかわる性器がそれにあたる。肛門と性器を切り取って、動物性を消し去ることで、ブタは「食べられる肉」とみなされる。屠殺場では、ブタが動物であることを示す部位や諸特徴は除去されなければならないのだ。

ただし、衛生検査から見てとれるのは、可視的な動物性が剥ぎ取られた後も、ブタが生前もっていた個体性が残り続けると考えられていることであった。衛生検査が終了すれば、接触を避けるべきであった屠体同士は、相互に触れても問題のない均質な肉となり、生体ブタの個体性は完全に消失する。その結果、個体性をも含む動物性とは無縁な「食べられるきれいな食肉」がつくりだされるのである。

最後に取り上げた格付け検査では、衛生検査を終えた半身肉が、脂の厚さと肉の色合いに応じて、商品価値が付与される点をみてきた。格付け検査によって、動物性を剥ぎ取られた食肉は、規格化された価値基準から等級に振り分けられ、市場に出回る。以上のように、沖縄の産業屠殺場において、ブタは「動物」としての属性を消され、「食物」に転換されるとともに、新たに食肉としての商品価値を付与される。

以上を受けて、沖縄の屠殺場でなされる脱動物化の内実を他地域と比較し、その特徴を指摘すれば、次のように言える。ヴィアレスにとって脱動物化とは、消費者が、かつて動物が生きていたことを想像できないようにする仕掛けである［Vialles 1994］。それによって、そのままでは食べられない「動物」は、人びとの認識のうえで「食べられる物＝食物」に転換される。それゆえ、屠殺場では動物の痕跡が周到に消されることになる。彼女はこうした死の隠蔽が産業屠殺には不可欠であるとする。本章の記述に明らかなように、沖縄の脱動物化にも、この側面はある。

しかし、本章の事例から明らかとなったのは、ブタのどの部分が「動物」で、どの部分が「食物」のカテゴリーに入れられるかは、地域ごとに異なる点である。血や皮、顔、足はどの地域でも変わらずに「動物」のカテゴリーに入れられるとは限らないのだ。たとえば、日本の他地域ではブタの血や皮を食べない。血は屠殺場で焼却処分され、皮は皮革加工業者に引き取られる。顔はそのまま精肉として出回ることはなく、元の形が分からなくなるまで切り刻まれ加工される。同様に、足も大半は原形が分からない状態に加工される(18)。

それに対して、沖縄では血や皮、顔や足などは「動物」に位置づけられずに、「食物」となる。「動物」と「食物」のカテゴリーが文化的な認識によって規定されることは指摘されてきたが［レヴィ＝ストロース 1976, 2000；リーチ 1976；サーリンズ 1982, 1987；ダグラス 2009］、同様のことは大量屠殺制のもとでの食肉づくりにも当てはまる。

このようにして消費者から嫌われるブタは、消費者に好まれる肉となり、市場へと流通することとなる。屠殺場は生きたブタをカテゴリー上、食物に転換し、かつそのプロセスを隠蔽する制度となっている。

1　たとえば、『世界屠畜紀行』［内澤 2007］や『飼い喰い――三匹の豚とわたし』［内澤 2012］や『いのちの食べかた』［ニコラウス・ゲイハルター監督 2008］などがある。
2　沖縄本島北部出身の六十代男性の語りによる。
3　ヤギの屠殺が北部の屠殺場に限られているのは、ＢＳＥの発生によってヤギの屠殺方法が厳しくなり、南部の屠殺場が基準を充たせなくなったことによる。そのため、南部で育てられたヤギをわざわざ北部まで運ぶ必要が生じた。その結果、専門家からは農家の燃料費負担が大きいことから、ヤギ食が減退するか、ヤギの密殺が増える懸念があることが指摘されている［平川他 2007］。
4　産業屠殺場では、大量屠殺を可能にするための規格化がさまざまな次元で進んでいる［Higa 2013］。そのため、産業屠殺には作業員の熟練技はさほど求められておらず、むしろ単一の規格品を生産する技を体得するだけでよい。彼らの技を統一するために、個々の作業に携わる人びとのあいだにはマニュアルが配られ、それに即して屠殺・解体・整形を行なうよう訓練が積まれる。いわば彼らの技は他に卓越せぬように望まれる。
5　以下の記述では、ブタと肉の境界が非常に重要なポイントであるため、表記も明確に区別する。具体的には、生きているブタないし生き物としてのブタについて言及する際は、「ブタ」とし、その結果である肉を指す場合には単に「肉」とし、文意に合わせて「豚肉」あるいは「食肉」と表記する。くわえて、解体作業の途中にあって、いわばブタでも肉でもない中間の物体に関しては、「屠体」あるいは、ブタと肉のあいだにスラッシュを入れ、「ブタ／肉」とする。
6　アメリカ統治期の簡易屠殺場での屠殺経験のある八十代男性によれば、当時、血抜き前の放電は行なわれておらず、本土復帰以降に導入されたという。
7　日本の動物法について研究している法学者、青木人志によると、個体としての動物を保護する根拠は「人間と動物の生命的連続性に鑑み、動物の命に対する感謝・畏敬の念を動物の取扱いに反映させ、それを通じて、人間の世界における生命尊重、友愛および平和の情操の涵養を図る、という考え方」［青木 2009：182–183］にあるという。
8　死の曖昧化に関しては、ヴィアレスの議論［Vialles 1994：45–46］を参照した。
9　こうした規則は、食品衛生法によって定められている。食肉への加工は、まずもって食品衛生や安全性の問題と捉えられていることが分かる。衛生への配慮は、Ｏ−１５７が発生し社会不安が高まったことから、食品衛生法が改正され、また微生物汚染への対策として新たに「ハサップ（HACCP = Hazard Analysis and Critical Control Point：危害分析・重要管理点）」という概念を導入し、厳格な基準を設けた点にみてとれる。その他に、食品衛生法の第四条ならびに第七条では、病原菌や品質劣化を招く菌について汚染防止、増殖防止、排除のための基準が設けられた。また、と畜場法施行規則の一部が一九九六年に改正され、二〇〇一年に実施された［日本食品保全研究会編 2000：59]。

10 衛生検査の目的については、『食肉衛生検査マニュアル』［厚生省環境衛生局乳肉衛生課編 1983］、および沖縄県中央食肉衛生検査所のウェブサイトを参照した。ここで掲げられた目的は、と畜場法の目的に合致するものとして定義されている。

11 その他に、屠殺前に外の係留場で行なわれる生体検査が行われる。

12 内臓検査は胃腸の検査と、肺・心臓・肝臓の検査に分かれる。両者は、臓器の色を指標とする区分で呼ばれる。白色の臓器を対象とする「シロモノ検査」と、赤い色をした臓器の「アカモノ検査」と呼ばれる。

13 枝肉とは食肉業界の専門用語であり、頭部を切断し、腎臓以外の内臓を取り出した半身状の屠体を指す。本書では枝肉を「半身肉」と呼ぶ。枝肉という用語では、肉の大きさをイメージさせる語感が伝わりにくいと判断したため、本書では半身肉という語を用いることにした。写真5-12を参照されたい。

14 このように屠殺後にも検査を行なうようになったのは、本土復帰後のことである。それ以前は、生体検査のみであり、それに通れば食肉は安全性に問題がないとされていた。しかし現在では、屠殺後のすべての検査が終わるまで、食肉の安全性は確かではないと捉えられている。

15 判断の基準と根拠は「家畜伝染病予防法」にある。それに準じて、屠体すべてを廃棄するか、それとも感染部位のみの廃棄でよいかを決める。基本的に「全身性疾患」に分類される疾病に関しては、屠体すべての処分が義務化されている。

16 具体的な検査項目については「豚枝肉取引規格」［食肉通信社出版局編 2002：12-21］を参照した。

17 養豚農家にとって、等級を上げる確実な道は、背脂の薄いブタを選ぶことである。こうした事情から、脂の薄いランドレース種が選ばれている。

18 また一九八〇年代以降、足は需要の高い沖縄に日本の各地から運ばれている。

第6章

消費する現場の嗜好性

伝統と技と眼差しと

沖縄における豚肉への嗜好性は、産業化による変化と無関係ではない。本章では、屠殺場で脱動物化された豚肉が運び込まれる小売市場の事例から、第3章で取り上げたブタを嫌悪する消費者の、肉好きの内実を明らかにする。本章で扱う小売市場は、沖縄本島の屠殺場を中心とする県内の食肉流通と、県外・海外の食肉流通のネットワークに組み込まれ、ブタの大量生産体制の最末端に位置する。ここまで述べてきたように、現行の分業体制のもとでは、一部の専門家がブタを育て、屠殺・加工し、その他大多数の人びとは、加工済みの肉を購入する消費者となる。

ただし、一九七〇年代という比較的最近までブタの自家消費が行なわれてきた沖縄では、単純に「専門家／一般の消費者」という図式を当てはめて、市場の売り手と買い手のやりとりを理解することができない場合がある。分業化が短期間で進展したために、買い手のなかには過去に自家生産・自家消費を経験した高齢者がいるからである。現在の市場では、高齢と若年の買い手と、豚肉の専門家である売り手とのあいだで興味深いやりとりが展開する。本章では、大量の豚肉と内臓が売買されるA市場に目を転じ、売り手と買い手が肉や内臓にどのようにかかわっているかを記述・分析する。まず次節では、A市場の大まかな全体像を示したうえで、本章の主な対象となる豚肉専門の肉屋の特徴を概観する。

1 小売市場の概況

1-1 A市場の概況

沖縄在来の経済取引の場には、「マチ」と「マチヤ」がある。マチとマチヤは商う場所と取り扱う商品から大別される［朝岡 1996］。マチは露店市に相当し、道端や空き地に人が集まり、商いを行なう。マチの特徴は、同業種の店が地理的にまとまって店舗を構える点にある。たとえば、衣類を扱うマチは「ヌノマチ（衣類市）」、鮮魚を販売するマチは「イユマチ（魚市）」、肉を売るマチは「シシマチ（肉市）」という。一方、マチヤは商店を指し、家屋に隣接する場に店を構えて商いを行なう。くわえて、マチとマチヤのそれぞれ規模の小さいものを「マチグヮー」、「マチヤグヮー」という［朝岡 1996］。

さらに近年では、マチとマチヤにくわえて、全国チェーンや県内系列のスーパーマーケットが隆盛している。本章で対象とするのは、人びとからマチグヮーと呼ばれ、露天市を常設化した小売市場である。以下では、調査地のマチグヮーをA市場と表記する。

A市場は沖縄本島の都市部に位置し、戦後の露天市がそのまま常設市場となったものである。A市場の前身である露天市は、戦後に同地区が米軍から解放され、区画整理された場所に建てられた。一九五〇年当時を知る六十代女性の売り手によれば、当初、竹籠（バーキ）やタライに入るだけの食料を抱えた人がこの地区に寄り集まり、商品が売り切れると帰っていったという。人の集散は日に三回ほどで、一日の終わりには空き地に戻った。A市場の特徴として、常設店舗ができてからも売り手のほとんどはA市場の外に住み、閉店する夕方六時前後に帰宅する。(1)

現在のA市場は、路線バスの通る大通りから小道に入った、入り組んだ路地にある。市場の敷地面積は一万三四七八・七四平方メートルである。常設店舗が立ち並ぶA市場に隣接して、繁華街が軒を連ねる。調査時点でA市場は一一五軒の店から成り、その過半数が食料品店である（図6-1）。大半の売り手は、土地や建物の権利を所有していないため、月額の家賃を支払いながら、販売業務を行なう。

A市場の店は店舗の形態から常設店舗と露店の二つに分けられる。常設店舗は店の構えから二分できる。ひとつは、店舗と通路の境界が物理的に仕切られている形態である。このタイプは通常コンクリート製の壁で覆われ、ドアが開閉できる店である。店内は空調がきいている場合が多い。もうひとつは、店舗の物理的な境界が明確ではなく、商品の陳列台や冷蔵庫が店と店、店と通路の境界になっている形態である。(2)

常設店は女性か男性の売り手一人で営む店、夫妻二名か家族経営の店、複数の従業員から成る企業経営の店の三種に分けられる。食料品を扱う店のほとんどは、売り手が一人あるいは夫妻・家族経営の常設店である。それに対して、企業経営の店は薬局や花屋、餅やケーキなどの菓子類を扱う店がほとんどである。一方、露店は通路の脇や常設店舗の店頭に台あるいは敷き物を設置し、品物を並べて販売する形態である。露店のほとんどは女性一人で営まれており、野菜を売っている。露店の特徴は家賃の支払い義務が課されておらず、A市場振興組合に加盟していない点である。(3)組合が発足する一九八五年以前から商売を営んでいる人に限り、現在でも露店を開くことが認められている。

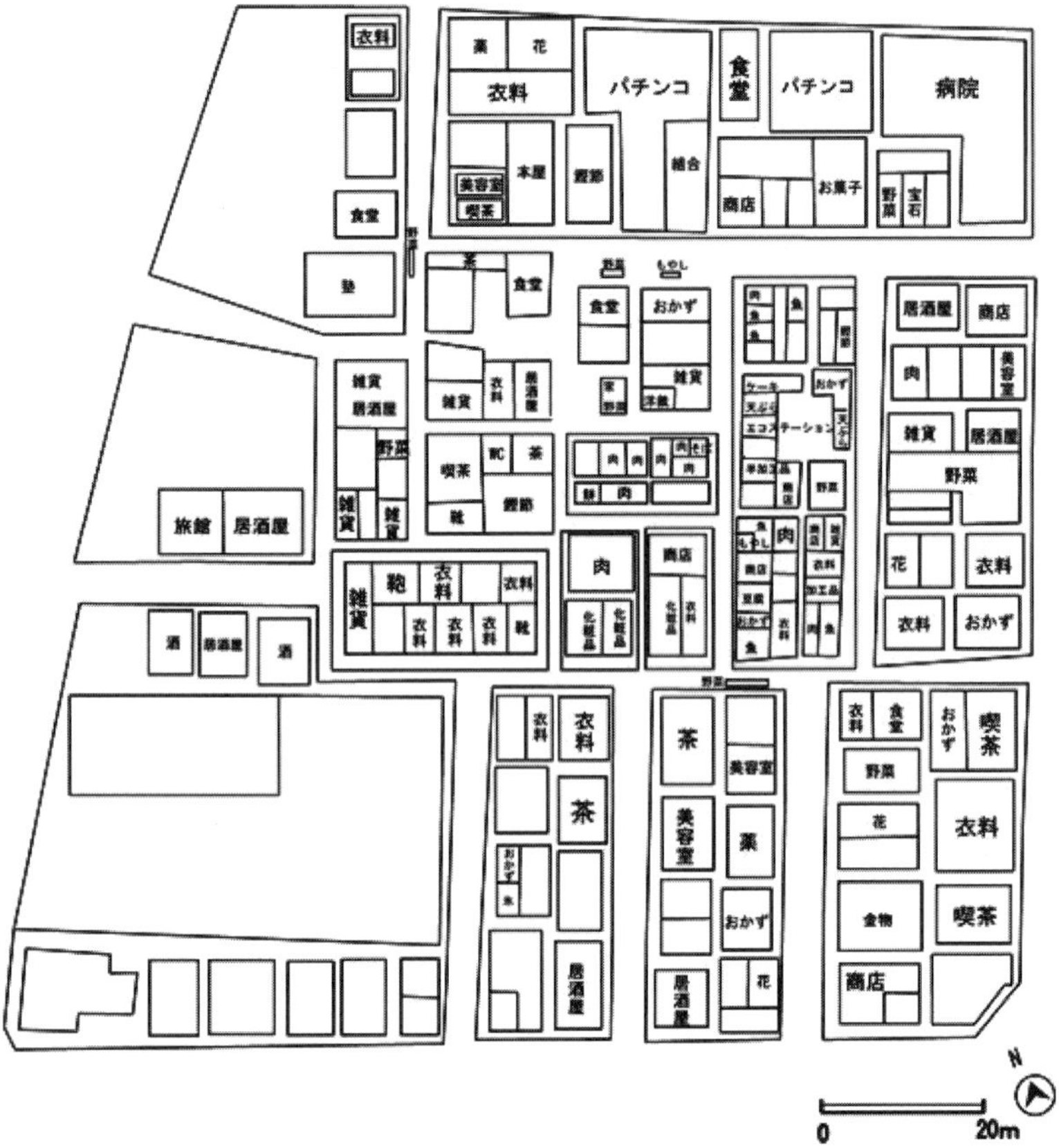

図 6-1　A 市場の店舗の見取り図
＊ゼンリン住宅地図をもとに筆者作成.

以上がA市場の簡単な歴史と調査時点の状況である。次に、A市場のなかの豚肉を扱う店に焦点を当て、その特徴をみていく。

1-2　肉屋の概況

沖縄では肉のことを「シシ」という。シシのみで、豚肉を指す場合もあるが、シシの前に限定句をつけ、「ゥワーヌ　シシ（ブタの肉）」とすることもある。沖縄では、ブタのあらゆる部位を取り揃えた豚肉専門の肉屋（シシヤー）がある。シシヤーは、肉屋が複数集まった区画と、そのなかの個々の肉屋の両方を指す。A市場には豚肉専門の肉屋が七軒あり、その他に肉類全般を扱う店一軒、牛肉店一軒、山羊肉店一軒の計一〇軒の食肉を販売する店がある。豚肉専門の肉屋は一軒を除き、残りの六軒は夫妻二名で営む小規模な店である。家族経営の肉屋は、店主の年齢別に四十代の夫妻が三軒、他は五十代、六十代、八十代がそれぞれ一軒ずつである。以下では、シシヤーという語が肉屋の集まりを指す場合には「豚肉市場」とし、個々の店を指す場合は「肉屋」と表記する。

肉屋はA市場の中心にまとまって林立する。肉屋の一角とその周辺は露店を継承した形式の店が多い。それらは店の周りに囲いを設けずに、通路沿いに陳列台を兼ねた冷蔵庫を設置する点で共通する。その場合、隣り合わせる店との間に壁などの仕切りはなく、冷蔵庫が他店との境界となる。本章で提示するのは、主に以下の豚肉専門の肉屋三軒から得られた事例である。

（1） B店

B店は八十代の夫妻が営む。B店は、C店とD店と背中合わせにある。B店は戦後、A市場地区が米軍の占領から解放された後、夫の父がA市場に初めて肉屋を開業した。その後五〇年近く前に長男夫妻が継いだ。だが、B店は二代目夫妻が高齢のため、二〇〇六年一月に店をたたむことになった。その際、B店の常連客はC店などに紹介するかたちをとった。なお、この夫妻は日常の買い物にA市場を利用しており、週に一度の頻度でC店を訪れ、肉を購入する。

（2） C店

C店は四十代の夫妻が営む。B店の開業と同じころ、その隣に夫の祖父がC店を開いた。それ以来、両店は隣同士で肉屋を営む。C店は現在三代目である。現在の夫妻が店頭に立ち始めたのは一九八六年のことである。C店は繁忙期に子供や親族が手伝いにくるのを除けば、四十代の夫妻二人で豚肉の仕入れ、加工、配達と販売を行なっている。

（3） D店

A市場の肉屋は基本的に夫妻二人で商売を行なう傾向にあるが、D店は六十代後半の女性一人で豚肉を販売する。D店は一九九〇年代後半にA市場に開業し、これまでひとりで店を切り盛りしていた。ただし、大きな半身肉の解体のみ、C店に頼むことにしている。

隣り合わせる三店は、ともに豚肉という同じ種類の商品を販売している。三軒は、同じ卸業者から豚肉を仕入れるため、扱う商品の種類や品質に大差がない。このような状況下、三軒は互いの固定客に声を掛けず、競争を回避する傾向にある。また、三軒は品切れの際、互いの店から商品を仕入れ合い、留守にするときには店番を頼み合うなど協力関係にある。

三軒の肉屋から通路を隔てたところには、さらにもう一軒の豚肉専門の肉屋がある。計四軒の豚肉専門店が林立し、さらにその向こうには山羊肉専門店と牛肉専門店が一軒ずつある。合計六軒が一棟の建物を共有し、冷蔵庫などで仕切りを設けている。その裏手には、肉全般を取り扱う肉屋と、豚肉専門の肉屋がある。この八軒の肉屋が近接する一帯に、A市場で肉を購入する大半の客が集中する。

肉屋の仕事は主に男女で分業される。夫は卸業者への仕入れと搬入、半身肉の解体（と大分割）、毛の処理、配達を担う。それに対して、妻の主な仕事は店頭に立ち、販売を担当することである。妻は夫が大分割した肉をさらに部位別に小分割するほか、内臓の下拵えを行なう。

A市場の肉屋は部位の品揃えが豊富で、豚肉（シシ）の各種から内臓（フチムン）、血液（チー）、骨（フニ）、皮（カー）、脂肪（アンダ）まで、合計二九種類にのぼる[4]。取り扱う商品の種類だけでなく、肉の陳列方法においても、沖縄の市場には独特の形式がある。A市場に限らず沖縄の市場では、肉は大きな塊のまま部位ごとに重ねられ、ガラスケースの上の陳列台に置かれる（写真6-1）。ばらばらになりやすい、小さな骨付き肉や内臓は、蓋のない容器に入れられるか、小分けの透明のビニール袋に一斤（六〇〇グラム）ずつ入れた状態で山積みにされる。

売り手は、年中行事に合わせて売れ行きの増す部位を計算し、その日とくに売れると予想される部位や、日頃から人気のある部位を、客から手の届きやすい陳列台の中央に置く。冷蔵庫の中も同様に、買い手から見えやすい上方によく売れる部位を陳列する。陳列台は、買い物客のちょうど胸の高さにあり、客から手の届く範囲にたくさんの肉や内臓が並んでいる。買い物客は誰でも、積まれた肉や内臓に自由に素手で触れることができる。陳列台の横には肉を

写真 6-1　肉屋の陳列風景

触った後に指を拭く、手拭き布が用意されてある。一日の終わりになると、手拭き布には赤い肉汁を拭いた指の痕が幾重にもべったりとついている。実に多くの人が肉に触れてから買っていくことが分かる。

さらに特筆すべきは、市場の肉や内臓に商品ラベルや値札がないことである。つまり、価格や部位名称、重さや産地といった情報を示す表記がないのである。そういった情報を、買い手は売り手に直接尋ねるか、自身で確かめる必要がある。たいていの客は、陳列台に多数ある肉の中から、購入したい部位を自分で探し出す。さらにどの買い手も、購入する部位の種類を決めてからも、どの肉を実際に買うかを決めるまでに多くの時間を費やす。買い物客は肉をつかみ、裏返したり、さまざま角度から舐めるように見ては、再び肉を台の上に置き、表面を押して弾力を確かめ、品定めを繰り返す。たとえ同じ種類の部位でも、それぞれ肉の厚さや、脂肪のつき具合と赤身のバランス、弾力、断面の模様が異なるため、買い手は好みの肉を見つけ、肉質の良し悪しを吟味するまでに時間がかかるのである。

その途中で、売り手に助言を求める買い手もいれば、売り手の薦める肉に目もくれず、冷蔵庫の奥の肉を陳列台の上に出してもらい、自分で納得するまで肉選びに時間をかける買い手もいる。買い手がある肉をわしづかみにして、他の客にとられないように確保しながら、他の肉を手で触って吟味することもある。こうした行動の数々から、買い手にとって肉を直に手に取って、じっくりと吟味することが、いかに重要であるかを窺い知ることができる。

品定めもさることながら、肉の購入量にも目を見張るものがある。通常、肉と内臓の売買は斤（一斤＝六〇〇グラム）単位で行なわれる。大半の客は、一斤以上ある大きな塊肉を買っていく。一斤以下の肉を買う場合には、半斤単位で購入する。一〇〇グラム単位で購入量を指示する買い手は皆無である。市場で肉を買うためには、売っている商品の種類を選別し、自ら肉を探し出すだけでなく、肉の購入量をわきまえねばならないのである。

さらに買い手と売り手との関係も重要となる。買い手は、特定の店と長期的な取引関係を結ぶ傾向にある。売り手と買い手の継続的な関係は、「コーイ・ウェーカ」と表現される。コーイは「買う」という行為を指し、ウェーカは「親族」を意味する。買い手は、日常食や儀礼食の材料を買いに、特定の店に通い続ける傾向にある。そのため、売り手は顧客の好みの部位から肉の買い方、購入する量などを記憶している。継続的な顧客関係において、売り手はときに、特定の買い手の好む部位が売り切れないように他の買い手に販売しないなどの優遇処置をとる。

常連客のなかには、売り手に、「あんたのいいようにしたら、いいさ」[(5)]とだけ伝え、購入する肉の量から部位の種類まで、一切の決定を委ねることすらある。こうした関係は一種の信頼関係とみなすことができる。ただし、ここでの信頼関係は、肉の購入量をはじめとする一定の規則を守ることを暗黙の前提としている。前述したように、基本的に買い手は肉を購入する際に、一斤単位か、最低でも半斤（三〇〇グラム）をまとめて買う。肉の購入単位が重要なのは、少量の場合、大きな塊から切り分けてもらうことになり、その後に小片の肉が売れ残る可能性があるからである。一斤に満たない小さな肉片は客から好まれず、延々と売れ残る。そのため、常連客であれば、売り手の不利になるこの事態を避けるよう行動する。

逆に言えば、買い手は自ら購入した後に残る肉の分量を常に考慮しなければならない。小片が残ってしまう場合は、たとえ自らの必要量を超えようとも、その部分も買い取ることが望ましい。ただし、その部分を売り手が買い手におまけ（シーブン）することもある。それを買い手が買い取るか、売り手がおまけをするかは、個々の関係や文脈による。このように市場では、売り手と買い手のあいだで肉を介した密なやりとりが繰り広げられているのである。

1-3　豚肉食の特徴

ここで豚肉売買の前提となる、沖縄の民俗分類と豚肉食の特徴をみていく。沖縄では、一般的にブタの食用部位が多いことを評して「ブタは声以外すべて食べられる」と言われる。ブタの頭から尻尾の先まで食する慣行は、第3章で言及した自家屠殺の儀礼と結びついている。ブタの食用部位は、肉（シシ）、内臓（フチムン）、血液（チー）、骨（フニ）、皮（カー）、脂肪（アンダ）に分かれ、さらに細かく分類される［萩原 1995, 2009］。ブタは計三七種類の部位に分けられ、それぞれ部位ごとに適した調理法が発達している［萩原 1995：123–130］。こうした分類体系の緻密さと調理法の発達からは、沖縄の人びとの豚肉に対する関心の高さが読み取れる。

自家屠殺の慣行が廃止された現在においても、ブタの部位の民俗分類は商品化の文脈で活用されている。萩原の調査した一九八〇年代に沖縄本島北部で確認された三七種の民俗名称に対して、一九九〇年に那覇市の公設市場で調査した小松かおりは、合計三一種類の民俗呼称を報告している［小松 2002a：45］。さらに二〇〇三年から二〇〇八年の調査時点で、近隣都市に位置するA市場では、合計二七種類の部位の民俗呼称が確認できた(6)(表6-1)。これら三つの報告を合わせると、民俗分類の知識が緩やかに保持されていることが分かる。

実際に、A市場の肉屋では、売り手も買い手も二七種類の民俗呼称を使い分け、売買を行なう。A市場では、とくにソーキ(表6-1の3)、サンマイニク(表6-1の7)、Bロース(表6-1の5)の三種類の部位が人気である。買い物客は、店頭に積み上げられた肉のなかから、目当ての部位を難なく識別することができる。民俗分類を前提として、現在のA市場における豚肉の売買が成立しているのである。

ここからは豚肉食の特徴について詳細に説明する。消費の現場では、屠殺場で等級を付けられた肉に、別の価値が付与される。そこで売り手は、屠殺場で決定された価格と、それとは異なる買い手の価値づけをつなぐような商売戦略を編み出している。たとえば売り手は、屠殺場では低く見積もられる背脂の厚い肉を選ぶ。なぜなら、常連客が背脂の厚い肉を好むからである。そうすることで、売り手は等級制度では高く評価されないが、豚肉市場の買い手にとって価値の高いものを、安価で仕入れることができる。このように、売り手は買い手の好みと屠殺場の価格体系のズレを利用し、利益を上げている。

次に、A市場の売れ筋商品であるサンマイニク(腹部の皮付き肉、別名ハラガー)を例に取り、買い手がどのような特徴をもつ肉を良質とみなすかをより詳細にみていく。豚肉市場におけるサンマイニクの価値づけは、屠殺場の格付けとは全く異なる観点からなされる(7)。

注目したいのは、サンマイニクの価値づけが視覚的な美しさに関わっている点である。主に、肉の視覚的な美しさが重視されるのは、祖先祭祀の儀礼においてである。新暦四月の清明祭(シーミー)や旧暦七月の盆(シチグヮチ)には、肉の味よりも、その視覚的な美しさに関心が注がれる。肉の美しさとは、皮・脂肪・赤身のバランスが取れ、そ

表 6-1　A 市場におけるブタの部位の民俗分類

大分類	部位の民俗名称（訳）	皮の有無	骨の有無
肉（シシ）	1　ティビチ（足）	○	○
	2　チマグ（足先）	○	○
	3　ソーキ（肋骨付き肉）		○
	4　A ロース（背骨臀部側の棒状肉）		
	5　B ロース（背骨頭部側の棒状肉）		
	6　クンチャマー，クビニク（首肉）		
	7　サンマイニク, ハラガー（三枚肉, 腹部肉）	○	
	8　グーヤヌジー，グーヤー（肩甲骨周辺肉）		
	9　ヒサガー（前足の根本肉）	○	
	10　ウチナガニー，ヒレ（背骨内側の肉）		
	11　ナカジリ（臀部内側の肉）		
	12　チビジリ（臀部外側の肉）	○	
	13　ジュー（尻尾）	○	○
骨（フニ）	14　クビブニ（首骨）		○
	15　ジューブニ（尾骨）		○
	16　セブニ（背骨）		○
	17　グーヤーブニ（肩甲骨）		○
脂（アンダ）	18　アンダ（脂肪）		
内臓（フチムン）	19　マーミ（腎臓）		
	20　ビービー（大腸）		
	21　イーワタ（小腸）		
	22　ウフゲー（胃）		
	23　シンゾーマーミ，フクマーミ（心臓）		
	24　チム（肝臓）		
血液（チー）	25　チー（血液）		
皮（カー）	26　チラガー（顔皮）	○	
	27　ミミガー（耳皮）	○	

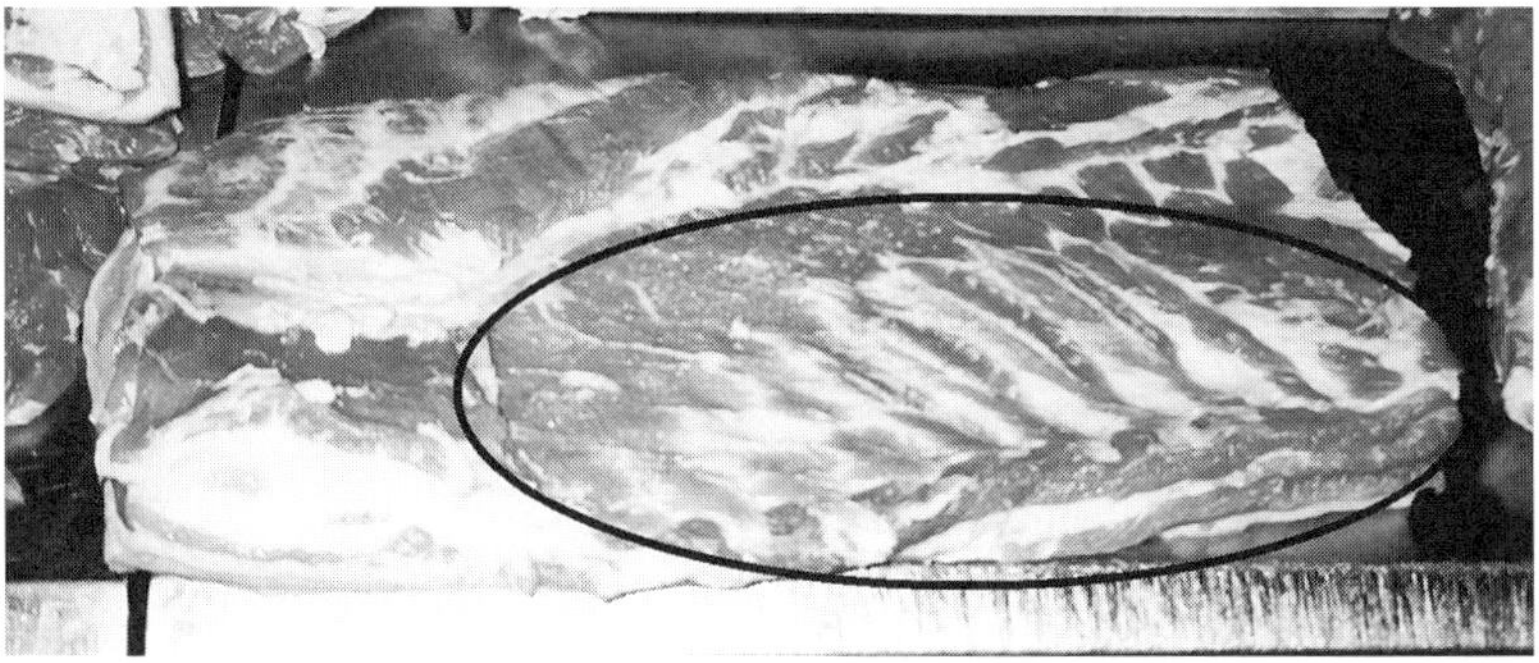

写真 6-2　サンマイニク

＊丸で囲った部分は肋骨（ソーキ）を剥がしたことにより段差ができ，重箱料理には適切ではないとされる．写真 6-3 も参照．

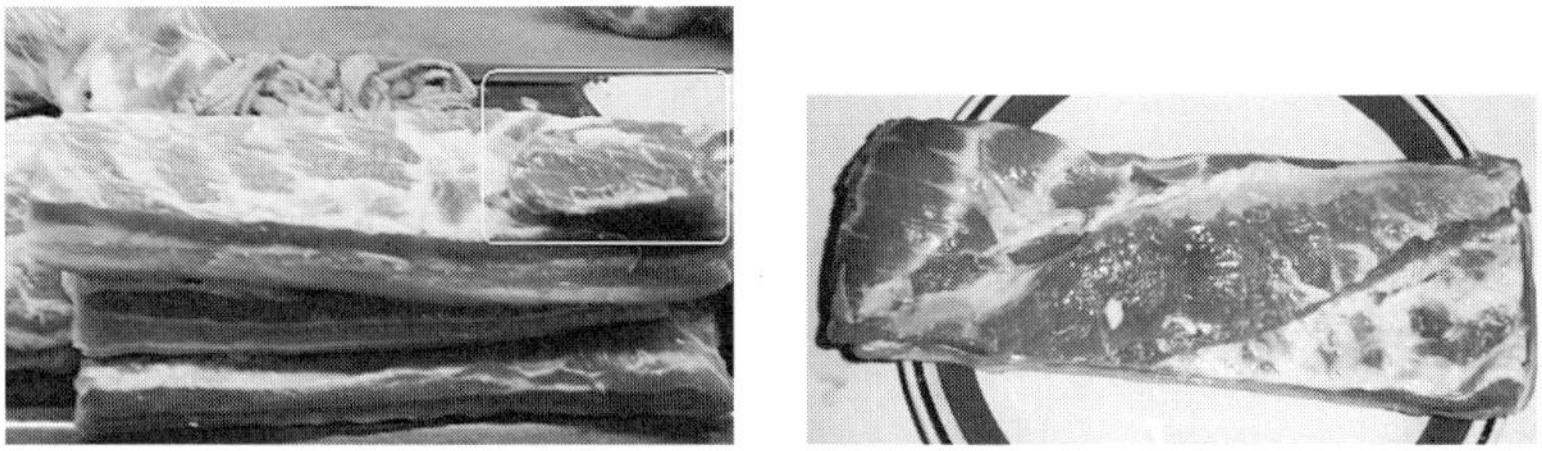

写真 6-3　重箱料理に不適切な段差のあるサンマイニク

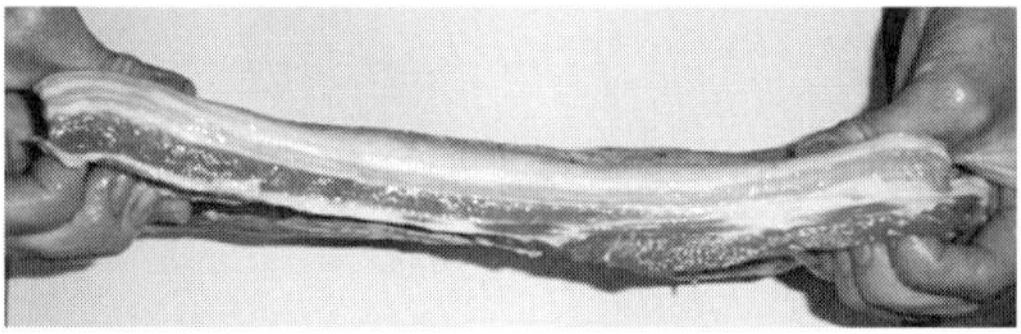

写真 6-4　重箱料理に不適切な薄いサンマイニク

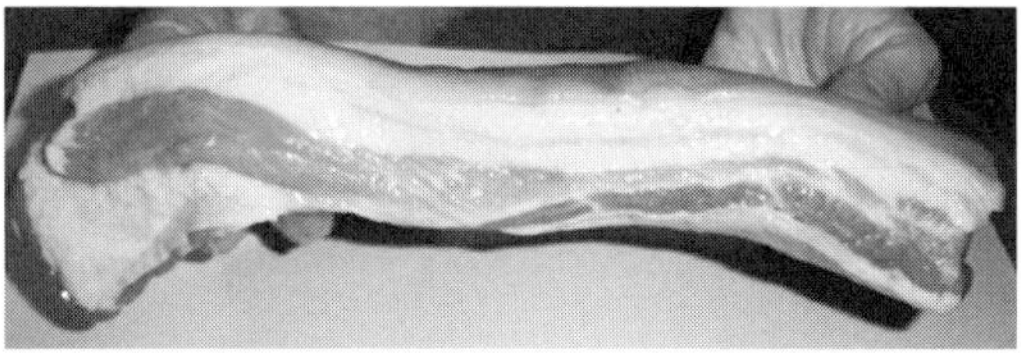

写真 6-5　重箱料理に適した厚みのあるサンマイニク

れぞれに厚みがあり、かつ段差やうねりのないことをいう（写真6-2〜6-5）。とくに豚肉を重箱（ウジュー）に詰める地域では、美しさの基準が他地域より厳格である（写真6-6、図6-2）。美しさの基準に脂肪と赤身の厚さが入るのは、重箱に詰める際に、容器の深さと同程度の高さがある具材が美しいとされるからである[8]。そのため、サンマイニクも重箱の深さと同じ約七センチメートルの厚さが必要となる。さらに肉の断面を見たとき、脂と赤身の層が同程度の比率であるものが美しい肉とされる。以上の理由から、儀礼食には脂が厚く、美しい肉が選ばれている。

写真 6-6　旧盆用の重箱料理

魚の天ぷら	昆布	カステラ かまぼこ
田芋	かまぼこ	こんにゃく
揚げ豆腐	サンマイニク	ごぼう

図 6-2　重箱料理の具材配置の模式図
＊図 6-2 は写真 6-6 に対応.

2 流通形態の変化と民俗分類

2-1 豚肉流通の変化

ここまでA市場の全体像を提示し、豚肉専門の肉屋と、沖縄における豚肉食の特徴について記述した。本節では、豚肉流通の末端に位置し、食肉の供給体制と消費者との結節点である売り手の行為に注目する。とくに売り手が、肉や内臓をどのように加工し、商品にするかに焦点を当てる。そのうえで、買い手と売り手の相互行為に目を転じる。はじめに、売り手が経験した食肉流通の変化を論じる。なお、A市場の売り手は現在も続ける小売業の他に、かつては屠殺業も兼ねていた。以下では、小売業と屠殺業の双方に携わる者を「豚肉商」と表記する。

端的に言えば、A市場の売り手は画一的な食肉供給体制の確立を、ブタの流通（仕入れ）形態の変化として経験し記憶している。そこで以下では、まず流通形態の分類を示したうえで、売り手の語りからブタの流通（仕入れ）形態の変遷を再構成することにする。ここではB店夫妻の八十代男性Nと八十代女性O、C店夫妻の四十代男性Tと四十代女性Mの語りを取り上げる。なお、筆者がインタビューを実施した二〇〇四年当時、ブタの最も古い流通形態から現在までを知る現役の豚肉商は、B店の男性Nのみであったため、主にNの語りを参考にする。

まず、戦後期におけるブタ／肉の仕入れ形態は、次の三つに分類できる。第一の形態は、豚肉商自身が農家を訪ね、生きたままブタを仕入れるものである。これを生体取引と呼ぶ。第二の形態は、屠殺場であらかじめ屠殺され、加工

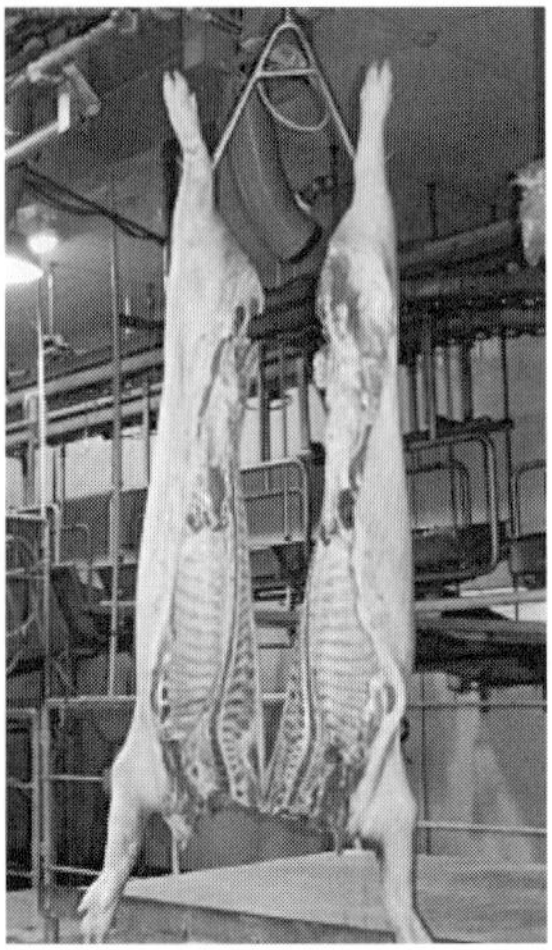

写真 6-7　半身肉

写真 6-8　部位単位にカットされた肉，部分肉
＊ダニッシュ・クラウン社のウェブサイトより．

された半身肉を卸業者から仕入れるものである（写真6‐7）。これを半身肉取引と呼ぶ。第三の形態は、半身肉をさらにカットし、部位別に仕入れるものである（写真6‐8）。これを部分肉取引と呼ぶ。概して、これらの三つの仕入れ形態は、一つ目から三つ目にかけて「コンパクト化」してきた。そして、流通（仕入れ）形態のコンパクト化が、豚肉商の販売形態や、消費者の購入形態を大きく変化させたのである。

（1）生体取引に関する語り

戦後、専業的な養豚業者は少なく、各家庭の庭先で数頭から数十頭のブタを飼育する農家が多かった。そのため、当時、男性Nは豚肉商として、バクヨー（博労）とともに沖縄本島の農家を数軒まわってブタの仕入れを行なっていたという。バクヨーとは、豚肉商と一緒に各農家をまわって家畜を買い集める仲介業者のことである。(9) バクヨーは農家との広範なネットワークを頼りに、どの農家に行けば良いブタが手に入るかといった情報を握っていた。そのため、彼らはブタの流通に関わる中心的役割を担っていた。

Nによれば、そのバクヨーがもっている情報量やネットワークの広さと深さ、農家との信頼関係や交渉のうまさによって、ブタの仕入れはいくらでも変わるものだったという。Nが単独で仕入れに行くことはなく、また仕入先も自ら決定することはなかった。それは、どこで上質のブタを安く手に入れられるかといった仕入れ条件のすべてをバクヨーが握っていたことを意味する。

このように豚肉商が農家を直接訪ねる生体取引は、生きたブタの体重を測定し、それに基づいて算出された価格で行なわれていた。その際、生きているブタの品質は、規格化された等級によってあらかじめ決められていたわけではなく、豚肉商自身の経験や勘によってその都度、判断された。生きたまま仕入れたブタは、獣医による生体検査を受けた後、N自身が屠殺して解体していたという。一連の状況を現在と比較し、Nは次のように語る。

ブタの価格は、卸業者が決めた一律なものではなかったから、生きたブタの状態から肉質を見きわめて、脂肪層が薄く赤身肉が多そうで、骨の重量が軽そうなブタを選ぶわけよ。自分の目利き次第で、ブタ一頭から出る利益もいくらでも変わるわけさ。

それに、農家との個人的な関係の深さによって、ブタ一頭おまけされたりしよったよ。上等なブタを仕入れられるかは、バクヨーがそういう農家を知っているかどうかにかかってたさ。

この時期、Nはブタの仕入れから、屠殺、毛の処理、肉の解体、臓物の洗浄、A市場への搬入、販売、行商という一連の作業に携わっていた。その後、豚肉商は、卸業者からあらかじめ精肉となった製品を仕入れるようになり、バクヨーも不要になっていった。この時期、豚肉商の役割は仕入れ、商品化、販売のみに限定されるようになり、一頭まるごとの生体取引は、半身肉取引によって完全に取って代わられたのである。また、この移行は産業化のコンテクストに配置されたブタの生産と流通が、さらに専門的に特化した分業体制に組み込まれていったことを示している。

(2) 半身肉取引に関する語り

一九八六年に、C店の夫Tと妻Mは、Tの父の店で売り手として働き始めた。Mはその当時について、次のように語る。

当時は、半身肉を三頭分仕入れ、解体し販売してたよ。解体した肉は午前中に完売してね、そうすると、その日の仕事は終わり。肉が早朝に売り切れることもあって、そうなると、遅く来た客が買えないわけよ。そういうことは日常茶飯事で、買えなかった客はまた次の日に出直して買いに来るわけよ。今でも「朝来ないと肉が買えない」と言って、早朝に肉を買いに来る高齢者がいるさー。朝早く品切れになるから、姑に肉の追加注文をしたらどうかと提案したけど、「注文はできるが、仕入れない」と言われたわけよ。昔ながらのやり方のままだったわけ。でも、今よりずっと楽だったし、午前中で仕事が終わることもよくあったから、仕事帰りにこの近くのボーリング場に行ったり映画を観に行ったりしよったよ。

また、Mは、B店の男性Nの当時の様子を振り返り、次のように語る。

Nさんたちは、チビジリ(10)(チビ=尻、ジリ=肉)をたくさん冷凍庫に詰め込んでたさー。売りさばく工夫もしないし、チビジリは硬いって、自分たちでも食べんから、チビジリで(冷凍庫が)いっぱい(に)なってたさ。デージ(大変に)なってたさー。当時は、売れる部位も売れない部位も(均等に)出る半身肉を仕入れるしかないさーね。今でも、チビジリはあんま売れんけど、今は(売れない部位が)余らんように(仕入れる)半身肉の頭数を減らしたりできるさーね。それでも余ったら、食堂に安く卸したり、挽き肉にして売られるさー。

前半の語りで、Mは一定量の肉が売り切れたら閉店する過去の労働形態と、肉の在庫状況に関係なく営業時間によって労働を決める現状を比較していた。後半の語りでは、Mは当時の半身肉による販売が、買い手の特定部位に集中する消費の傾向に対応するのが困難であったことを語っていた。
半身肉取引では、売り手は常に、売れ行きのよい部位と悪い部位を一緒に仕入れることになる。それゆえ、売れ行きのよい部位にあわせて多くの半身肉を仕入れるか、あるいは、売れ行きの悪い部位にあわせて半身肉を少ししか仕入れないかを判断しなければならなかった。そして実際のところ、冷凍庫の容量にも限界があるため、売れ行きの悪い部位にあわせて、少しの半身肉のみを仕入れていたという。

（3）部分肉取引の始まり

T夫妻にC店の経営が託された一九八〇年代後半から九〇年代にかけて、卸業者の規格でさらに小さく分割された部分肉が搬入されるようになったという。そのころから、部分肉に半身肉を組み合わせた取引が行なわれるようになった。現在も続くその方法は、ブタ一頭分の半身肉を仕入れて解体し、その分では足りない売れ行きのよい部位を個別に部分肉で補うというものである。[11] 結果、売れ行きのよくない部位を含む半身肉の仕入れ頭数を減らし、逆に売れる部位を部分肉で大量に補充することになる。それによって売り手は、買い手のニーズに合わせて売れ行きのよい部位だけを大量に売りさばくことが可能になったのである。
また、B店のNは、部分肉について次のように語る。

生きたブタを仕入れてたころは、こんなに小さく切られた輸入もの（部分肉）なんてなかったよ。

A市場に搬入される部分肉は、沖縄県以外にも鹿児島県や佐賀県、国外ではデンマーク、オーストラリア、アメリカ、チリ、中国などから移（輸）入されるようになった。[12] 卸業者によって搬入される移（輸）入品は、あらかじめ産地別に優劣が付けられる。産地を基準とした製品の優劣（卸価格の高低）は、そのまま製品の品質を表すものとされる。

部分肉の登場によって、売り手はブタ一頭分の豚肉を均等に売却する必要がなくなり、売れ行きのよい部位のみを大量に販売できるようになった。また、他地域からも部分肉が移（輸）入され始めたという事実も見逃すことができない。この二つの変化は、買い手の「ブタの一部分に集中する」嗜好に際限なく応えられるシステム、すなわち現行の食肉需給システムが完成したことを意味する。次項以降、新たな豚肉の流通形態である半身肉と部分肉によって、A市場の豚肉の民俗分類にどのような変化が生じたかを順に取り上げる。

2-2 ブタの部位の民俗分類

沖縄の豚肉消費を理解するうえで重要な、ブタの部位に関する民俗分類は、一地域の生業経済から、多地域にまたがる商品経済という別種の世界に組み込まれるなかで著しく変容した。ブタの部位が分類されるプロセス、すなわち屠殺・解体のプロセスは、商品化のプロセスと同義になったのである。

一連の変化は、大半の人がブタの生産、屠殺、解体のプロセスに直接携わらない分業社会の誕生とともに進展した(13)。それまでは、専門家ではなく一般の人びとが、自ら家畜を屠殺・解体する行為を通して、ブタの部位を分類する知識や技術を体得してきた。民俗分類は、現金価値を付与する商品化の文脈では異なる様相を呈する。

以下では、商品化のプロセスに組み込まれた民俗分類の様相を、言語表現と身体的行為の両面から描き出し、従来の方法論を批判的に検討する。ここでは民俗分類を「一定の領域のもの（対象物）が、その土地の人々によって、どのように分類され」るのかという松井［1989］の定義を援用し、それを身体に根ざす動態的なプロセスとして捉え、人びとがモノを分類する技法に着眼する。

具体的な記述に進む前に、確認しておきたいことが二点ある。第一に、ブタの商品化のプロセスは、多地域にまたがり、専門家集団を含むさまざまな行為者が段階的に携わるという意味で、豚肉市場内の時空間のなかで完結した現象ではない。豚肉市場を超えたより大きな時間的・空間的広がりのなかで、ブタの部位が分類・分割されるプロセスは展開しているのである。

重要なのは、豚肉市場に各地から異なる形の肉類が搬入される点である。豚肉流通の最末端に位置する市場において、商品化とは仕入れ時点ですでに商品化の途上にある肉類を、さらに加工し直す行為である。現在、民俗分類は、多地域にまたがる商品化のプロセスに埋め込まれていることを忘れてはならない。

仕入れ形態の多様化に応じて、ブタの部位の分割法も多様化している。しかし、問題はいかに商品化のプロセスが異なろうとも、出来上がった商品には、民俗分類に従って同一名称が付与されることだ。これが第二の論点である。民俗分類の先行研究には、言語表現への偏向という欠点がある。出来上がった商品に付与される言語表現（部位名称）を手がかりに分類体系を構成するアプローチは、グローバルな商品経済と分かち難く結びついた、現在の民俗分類の動態を捉えることができない。そのようなアプローチでは、異なる仕入れ形態の肉を、さまざまな方法で再分割する売り手の行為は取るに足らないものとして捨象され、記述と分析の俎上に載ることがないからである。

しかし、そもそも民俗分類は言語表現のみからなる実践ではない。松井健は、民俗分類に関する研究が言語的なラベル、すなわち語彙や名称の分析を中心課題としたために「命名や名称付与の対象となる素材の世界についての十分な研究を欠いてきたことは明白であった。分類される素材が、当該文化の分類体系に当然の影響力を有するだろうということすら、何ら省みられることがなかった」と指摘し、民俗分類とその分類される素材の関係を検討する必要性を強調した〔松井 1989 : 12〕。また、松井は「とくに、土地の人々が分類の素材を前にしておこなう分類の手順をどのように解析するかは、未だ十分に問題にされていない」〔松井 1989 : 13〕と論じている。

ブタの場合、各部位の民俗分類は、実際にモノを切り分ける身体的な行為と、各部位に名称を付与する言語表現の双方から成ると捉えるべきである。ここにおいて分類の対象となる素材の特殊性は決定的である。少なくとも市場の売り手にとって、豚肉の民俗分類は身体を用いて一頭の動物を解体し、分割する行為のなかに埋め込まれている。それは言語中心的な認識というよりも、むしろモノの解体や分割といった身体的な行為に根ざす動態的なプロセスそのものである。豚肉を対象に、人びとの身体に根ざす詳細な分類知識を明らかにする積極的な意義がここに見出されよう。

注目すべきは、A市場の売り手が分類（解体・分割）する半身肉、部分肉および内臓が、仕入れ以前にあらかじめ屠殺場や卸業者によって加工処理が施されていること、すなわち、生きたブタの姿・形からかけ離れていることである。仕入れ時の形態は、その後の商品化の作業に直接影響する点で重要である。A市場に搬入する時点で、生きたブタに最も近い形の半身肉でさえ、背骨が縦に割られたり、頭部と胴がすでに切断されている。半身肉よりもさらに小さく分割されている部分肉に至っては、特定のラインに沿って既に切り分けられている。

写真6-7と写真6-8を見比べると明らかなように、部分肉と比べて半身肉は生体ブタに近い。ゆえに市場の売り手はある程度、民俗分類に合致した諸部位に分割するのが容易である。それに対して、あらかじめ部位ごとに分割されている部分肉は、すでに商品に近い大きさまで切られているため、民俗分類に即した分割法に則って切り分けることが困難である場合が多い。具体的に、A市場に流通する部分肉は、日本の「豚部分肉分割規格」〔食肉通信社出版局

編 2002〕や海外の食肉加工メーカーの分割法に基づいて、部位別に切られている。A市場に入ってくる時点ですでに他地域の分類法でカットされているのであるから、売り手が自由に分割する余地が小さいのである。

これとは別に、内臓に関しては、生体取引が行われていない現在、そもそも流通しない部位がある。部分肉と同様に、内臓も部位単位で流通するが、実際にA市場に搬入されるのは心臓、肝臓、胃、小腸、大腸の五種類のみである。その他の臓器は屠殺場で廃棄される。(14) たとえば、自家屠殺のときには食されていた肺は、屠殺時の衛生上の理由から、現在、流通が許可されていない。(15)

しかしながら、肺は実際には流通しないにも関わらず、肺を示す「フク」という部位名称だけは知られている。今や、ほとんどの人びとは、ブタの肺を目にすることも食べることも触れることもない。それにもかかわらず、肺を意味する言語表現は残り続けている。こうした言語ラベルに対応するモノの不在は、従来の民俗分類研究の方法論に疑問を投げかける。

従来のアプローチと同様に、調査者が「ブタの○○(部位を示す日本語名称)は、方名で何と言うか」と質問し、語彙を抽出して分類体系を再構成することはできる。だが生体流通から部分流通(半身肉と部分肉の両方を含む)へ移行した現在、仮に民俗分類を語彙の体系とみなすとしても、それは人びとの生活から切り離されたものとなる。

このことは、単に商品化の文脈における民俗分類の変化という問題に収まらない。そもそも民俗分類は人びとにとっても、モノや身体的な行為から分離可能な語彙の体系として存在しているわけではないからである。ここからは、人びとの身体に根ざす民俗分類の様相を明らかにしていく。

2-3 市場の技と民俗分類——身体的感覚の総体としての名付け

市場における豚肉の民俗分類は、部位間の肉質の差異に注目する点に特徴がある。すべての部位は肉質が異なると考えられているのだ。そのため、買い手は、ある部位を他の部位で代用することを否定的に捉える。売り手のほうも、部位と部位の肉質の違いに注意して切り分けている。以下では、ブタという一つの素材から多種の異なる部位を切り出すプロセスを、A市場の売り手の身体技法に焦点を当てて描く。

素人目には、半身肉の塊の一体どこに切れ目を入れるべきか、全く見当がつかない。しかし、売り手は約七〇キログラムの肉塊を、わずか一五分という短時間で解体してみせる。ここに売り手の熟練技をみてとることができる。しかも、肉は容易に切れるほど軟らかいわけではないのだが、売り手は部位と部位の境目をごく僅かな力で簡単に切ってしまう。肉の境界部分に注目していると、売り手が切り出すというよりも、むしろ肉から裂けていっているようにさえ見える。そのため、売り手の包丁さばきを見た買い手が、包丁が特別な一級品であると思いこみ、包丁の購入場所を尋ねる場面に出合うことがある。さらに驚くのは、屠殺場などでは電動式のこぎりを使って切断する背骨などの太い骨でさえ、売り手は関節の隙間に包丁の刃先を入れ、自らの膝を支えにへし折ることができる。機械を使うような重労働でさえ、売り手は独りで短時間で済ませてしまうのである。

半身肉は、一メートルくらいの大きさの台の上に置かれ、左右一対ずつ順番に解体される。そのとき売り手が使う道具は、刃渡り一〇センチメートル程度の包丁のみである。包丁の握り方は、大きく二通りある。ひとつは、包丁の柄を五本指のすべてで握る場合である。これは、肉の深部に切り込んだり、大きな塊を切り出す場合など、力を入れて切断する場合の持ち方である。もうひとつは、包丁の背に人差し指を添え、それ以外の指で柄を握る場合である。これは、慎重な作業を要する場合の持ち方である。具体的には、肉の切り出し始めや、部位と部位との境を包丁の刃先で探る場合、肉を切り分ける際に障害となる細かな筋を切る場合、骨の周りに切れ目を入れ骨をくり抜く場合などの持ち方である。

また、半身肉を解体する売り手の動きをみていると、いくつかの特徴的なパターンがある。ひとつは、部位と部位との位置関係によってある部位がつくられるということである。売り手は、常に半身肉をさまざまな角度から見ながら切り分けていく。そのとき売り手は、隣り合わせる部位AとBの位置関係だけでなく、反対側に接する他の部位CとAの位置関係、BとDの位置関係という具合に、部位と部位の関係の連鎖として半身肉を捉えて解体を進める。最終的には、Dの端とAの端が接するように、すべての部位が一繋がりの輪に連なっているのである。そのため、半身肉の解体は、ある一つの部位の切り出し方を誤ると、他の部位すべてに影響が出てしまう。部位と部位の関係、全体と部位間のバランスが重要なのである。

こうしたことを念頭に入れ、解体のプロセスの一部をみていこう。取り上げるのは、後の事例に登場する背中から肩甲骨、前足にかけての部位が切り出されるプロセスである。

事例1　回転式の解体法

背骨に接する棒状の肉（ボージシ）は、頭部側のBロースと臀部側のAロースの肉に二分される。ここで重要なのは、AロースとBロースの境界は、両部位の関係によってのみ決まるのではなく、Bロースに隣接し、Aロースの逆側に位置する別の部位、グーヤー（肩甲骨の周りの肉）の切り口を見出してから、包丁を動かさなければならないことである（図6-3の3・4・7）。くわえて、グーヤーからBロースを切り取るには、反対側に接するヒサガー（前足のつけ根）と、

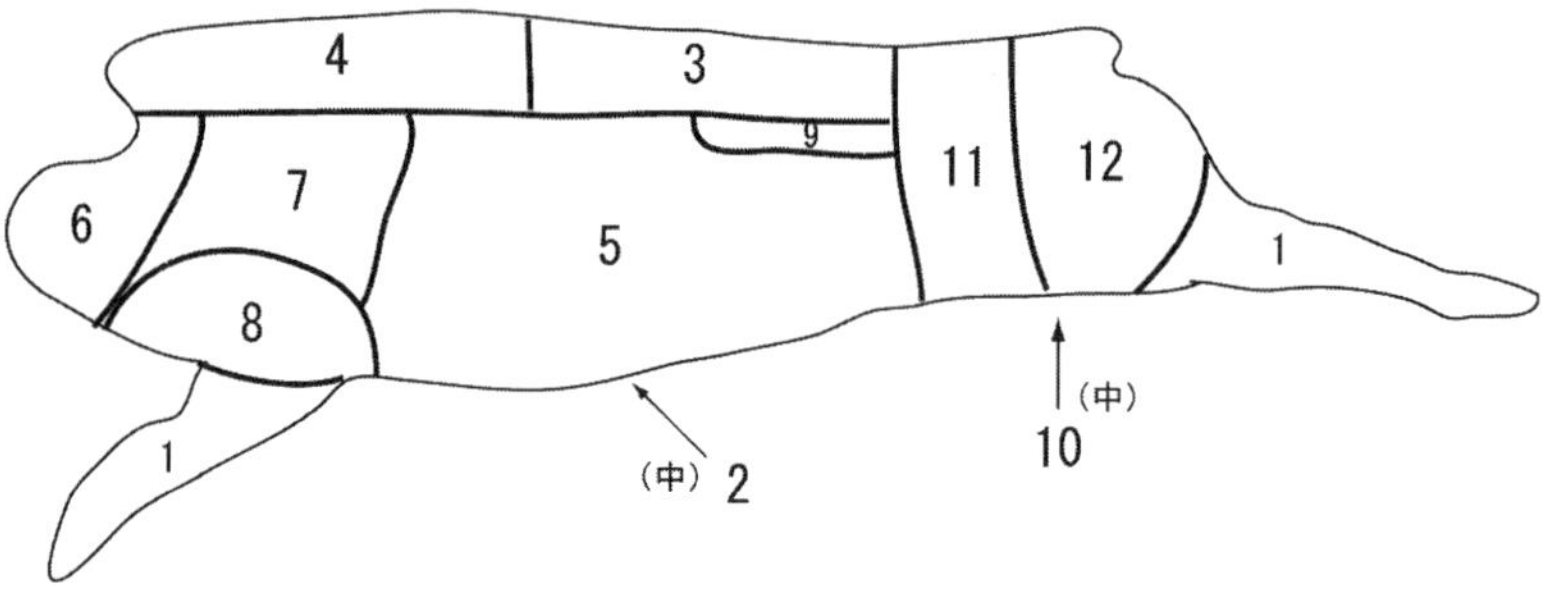

図6‐3　沖縄のA市場におけるブタの部位の民俗分類（半身肉の分類・分割より）
1. ティビチ　2. ソーキ　3. Aロース　4. Bロース
5. サンマイニク（ハラガー　6. クンチャマー
7. グーヤー（グーヤヌジー）　8. ヒサガー　9. ウチナガニー
10.（名称なし）　11. ナカジリ　12. チビジリ
＊『豚枝肉の分割とカッティング』［食肉通信社出版局編 2002］をもとに作成.

別のサイドに接するクンチャマー（首肉）との二つの切れ目の画定も関係する（図6‐3の6～8）。売り手は、ある部位を切るために、上下、左右に接する部分との境界を見定める必要があるため、半身肉を回転させながら切れ目を決めていかねばならない。

さらにヒサガーは、隣り合わせるサンマイニクとヒサガーとの境界画定の作業につながっている（図6‐3の5・8）。そのサンマイニクはというと、実は一周して、はじめに切断したAロースに接しているため、Aロースを切断する際にはBロース以外に、サンマイニクとの境界も画定されているのである（図6‐2の3～5）。最終的に、サンマイニクのもう一方側は、臀部肉と後足の根元に接しているため、臀部と足の根元との境界画定の作業が同時に行なわれる（図6‐3の5・11・12）。

このように、半身肉全体のなかで別個の名称をもつ部位を確定し、分割していくためには、一対の部位と部位の関係のみならず、連続しているが異なるいくつもの部位間の位置関係を視野に入れねばならない。こうした分割・分類法は、半身肉を回転させながら作業を行なう解体方法に体現されている。

事例2　名称のない部位

ブタの臀部も上記の解体法で切り分けられるが、その作業におい

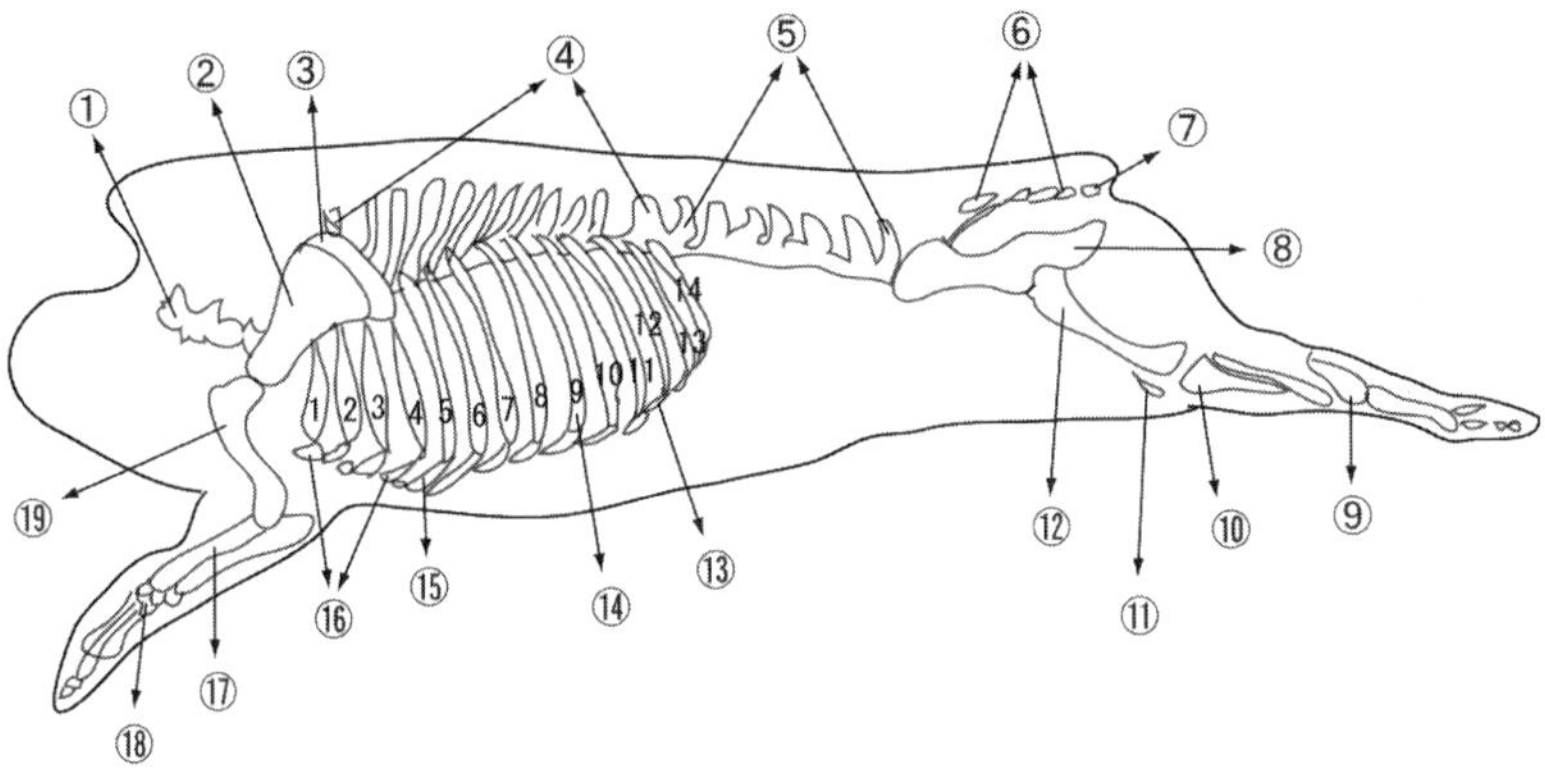

図 6-4　沖縄の A 市場における骨の民俗分類（半身肉の分類・分割により）

①	クビブニ
②③	ヒラゲーブニ
④⑤	セブニ
⑥⑦	ジューブニ
⑨⑩⑪	名称なし
⑧⑫⑲	グーヤーブニ
⑬⑮⑯	ナンコツ，ソーキブニー
⑭	ソーキブニー
⑰⑱	名称なし

＊『豚枝肉の分割とカッティング』［食肉通信社出版局編 2002］をもとに作成.

て臀部中央で分岐する2本の骨（図6‐3の⑥⑦・⑧⑫）にどれだけ肉を残さずに脱骨できるかが非常に難しい。臀部肉の解体は、ジューブニ（ジュー＝尻尾、ブニ＝骨）（図6‐3の⑦）と、グーヤーブニ（図6‐3の⑫）と呼ばれる、ひとつながりの骨の両側にある肉を二分するように行なわれる。臀部の中央に位置するグーヤーブニまで包丁を刺し込み、脱骨しながら肉を切り出す（図6‐3の10〜13）。

　骨を境に、外側の肉をチビジリ（チビ＝尻、ジリ＝肉）、内側にある肉をナカジリ（ナカ＝中、ジリ＝肉）と呼ぶ。そのちょうど真ん中に切り出される部位には、名称がない。その部位は、売り手間の会話においても、販売の場面においても、個別の呼称がない。目の前にある肉を、指で指したりする以外に、その部位を指示する方法はないのである。筆者が執拗に部位名称を尋ねると、売り手はその肉の形状を形容して「丸いもの」と答えた。また、その名前のない部位をあえて言語化しようとすると、隣接する二つの部位との関係から、「チビジリとナカジリの間の肉」と表現されうる。

以上、事例1と事例2では複数の部位と部位の差異や位置関係を頼りに、半身肉をいくつもの部位に解体していくプロセスをみた。そこでつくられた部位は、結果的にそれぞれ排他的かつ固定的な名称カテゴリーを与えられる。名称がない部位も含め、半身肉からは精肉一三種類、内臓一種類、脂肪一種類、骨六種類の合計二一種類の部位がつくられる（図6-3、6-4）。

半身肉の解体法と、チビジリとナカジリの間にある名称をもたない部位（「丸いもの」）に注目すると、語彙の体系とは異なる民俗分類の様相がみえてくる。半身肉という一つの塊から弁別可能な差異を見出し、多数の部位に小分割する売り手の技巧は、完全には言語化されえない。モノの視覚的な性質、包丁を入れて初めて分かる感触といった触覚的な性質、肉を切り出す売り手の身体と一体となった知覚の総体こそが、民俗分類を構成する重要な要素なのである。

次に、あらかじめ部位別に加工された部分肉が、どのように再加工されるのかをみていく。売り手が他地域の分類法で切られた肉をいかに民俗分類に沿って再分割するかをみると、現在の市場における民俗分類の動態性を窺い知ることができる。

2-4　商用分類から民俗分類への「翻訳」

二〇〇四年当時、A市場には、半身肉や内臓の他に、他地域の商用分類でカットされた部分肉が入ってきていた。(16)

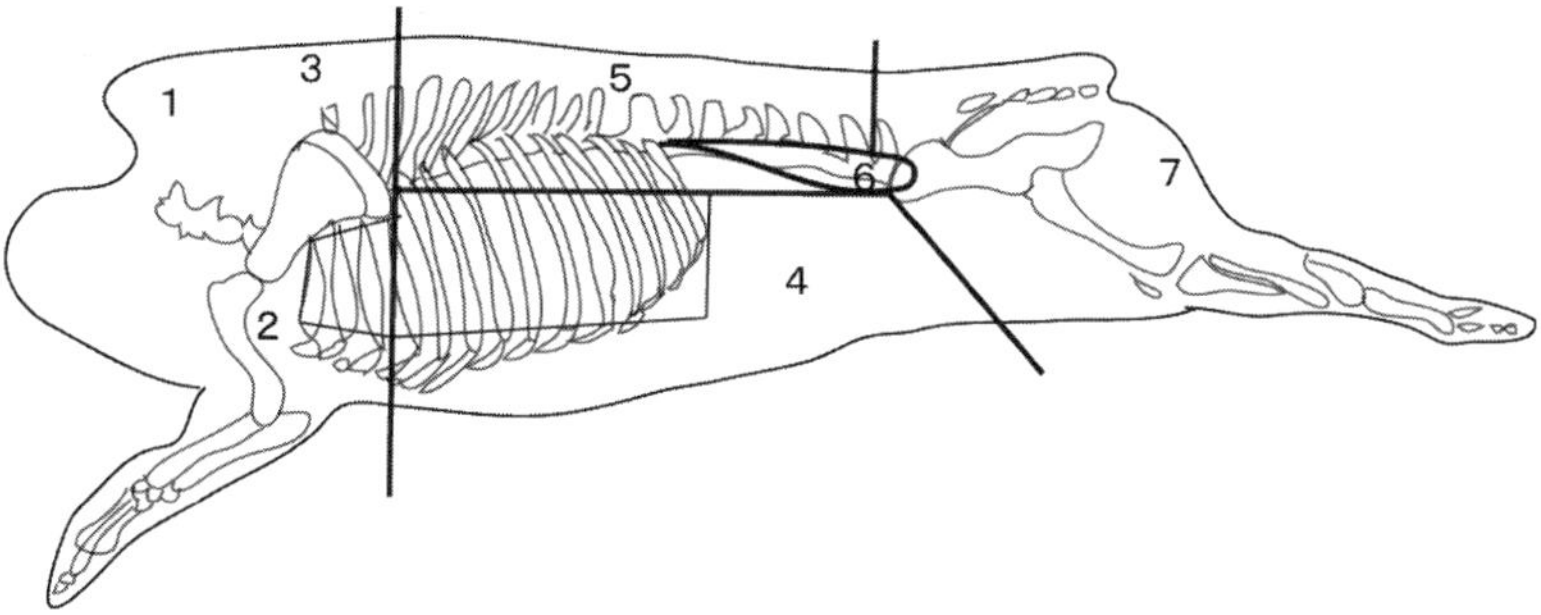

図 6-5　日本式の商用分類：日本食肉格付協会の「豚部分肉取引規格」
1. カタ　2. ウデ　3. カタロース　4. バラ
5. ロース　6. ヒレ　7. モモ

＊ 5 分割の場合、2. ウデと 3. カタロースは，1. カタのまま分割される．『豚枝肉の分割とカッティング』［食肉通信社出版局編 2002］をもとに作成．

各地域の商用分類にしたがって部分肉は分割されており、本島内の食品加工メーカーから、遠くはデンマークなどから運ばれてくる。部分肉流通は、民俗分類に関して興味深い変化をもたらしている。売り手は、他地域の商用分類に即してカットされた肉を、半身肉の解体工程で身体化した民俗分類に基づいて再分割する。ここで具体的に、A市場に実際に流入する部分肉の商用分類をみていこう。

（1）日本式とデンマーク式の商用分類

A市場には、「日本式」か「デンマーク式」のいずれかの商用分類に基づいて分割・分類された部分肉が、卸業者を介して搬入される。部分肉の種類は、合計一八種ある。

A市場に部分肉を卸す卸業者四社のなかに、本州の精肉会社である「にっぽんミート社（仮名）」がある。にっぽんミート社は、日本食肉格付協会の分割規格である「豚部分肉取引規格」に従って半身肉を分割し、肉を卸売りしている。その規格では、半身肉は「カタ」、「ヒレ」、「ロース」、「バラ」、「モモ」の五つに分類される。さらに「カタ」を「カタロース」と「ウデ」に分け、六つに分類される場合もある（図 6-5）［食肉通信社出版局編 2002：24］。

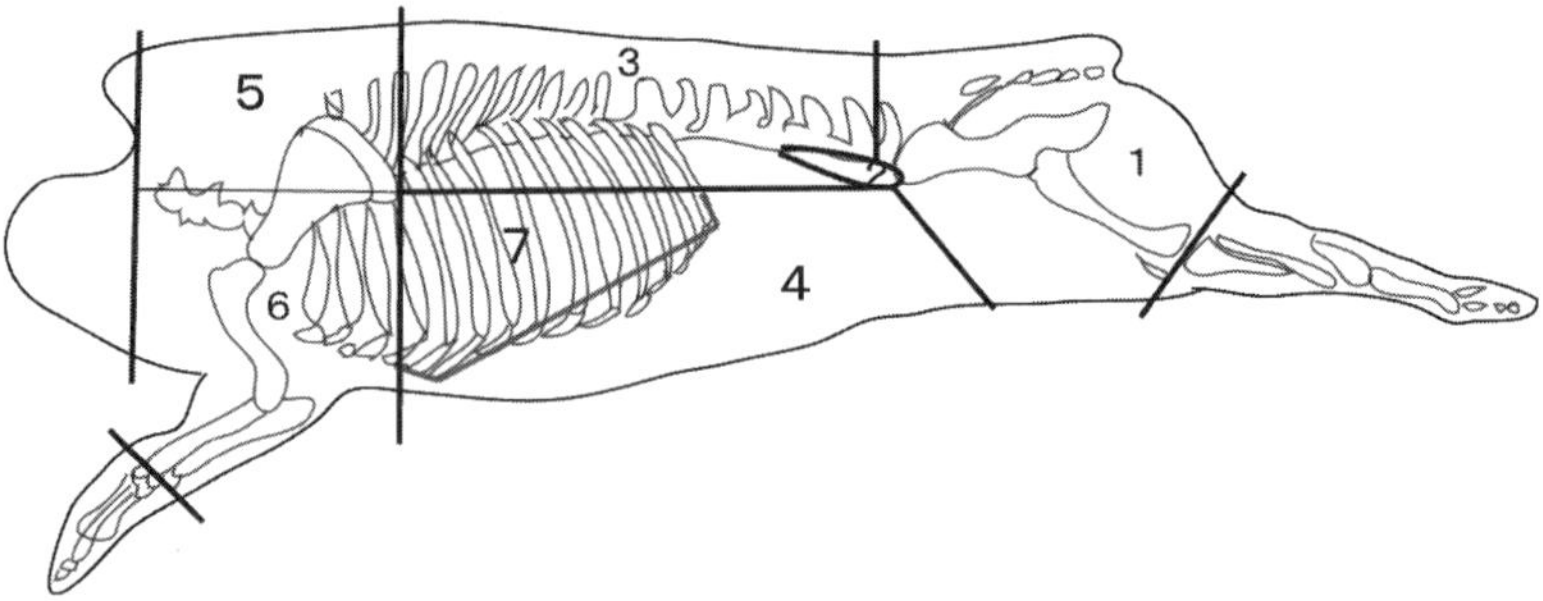

図 6-6　デンマーク式の商用分類
1. ボンレスハム　2. テンダーロイン　3. ロイン　4. ベリー
5. カラー　6. ピクニック　7. スペアリブ
＊『豚枝肉の分割とカッティング』［食肉通信社出版局編 2002］をもとに作成.

「豚部分肉取引規格」は、輸入豚肉の主な産地国であるデンマークの分割規格と比較すると、肋骨の脱骨整形と豚足の切断方法において顕著な差がみられる（図 6-6）［食肉通信社出版局編 2002 : 56, 59］。具体的に、A市場に出回るデンマークの食肉加工メーカー「ダニッシュ・クラウン社（仮名）」から一例を挙げる。ダニッシュ・クラウン社は、主にベリー（belly）、スペアリブ（spare rib）、カラー（collar）の三部位を部分肉としてA市場に卸している(17)。まず、ベリーはA市場の民俗分類ではサンマイニクと呼ばれる腹部肉である。次に、スペアリブはA市場の民俗分類ではソーキに相当する。最後に、カラーと呼ばれる脊髄に接した棒状の肉のうち、頭部側に面した部位がある。A市場の民俗分類では、主にBロースがカラーに対応する。

ダニッシュ・クラウン社は、同一部位に対して、切断箇所を変えたり、骨や軟骨と皮の有無に微妙な変化を付けたりするなど、多様な型を用意している。そうした型の多様性によって、世界各地に広がる顧客の異なる分割法にある程度、対応することができる。

ダニッシュ・クラウン社のカット肉は、沖縄の精肉会社（卸業者）「やんばるミート社（仮名）」を通じてA市場に搬入される。やんばるミート社は、異なる部位名称を用いる顧客と正確な取引ができるように、

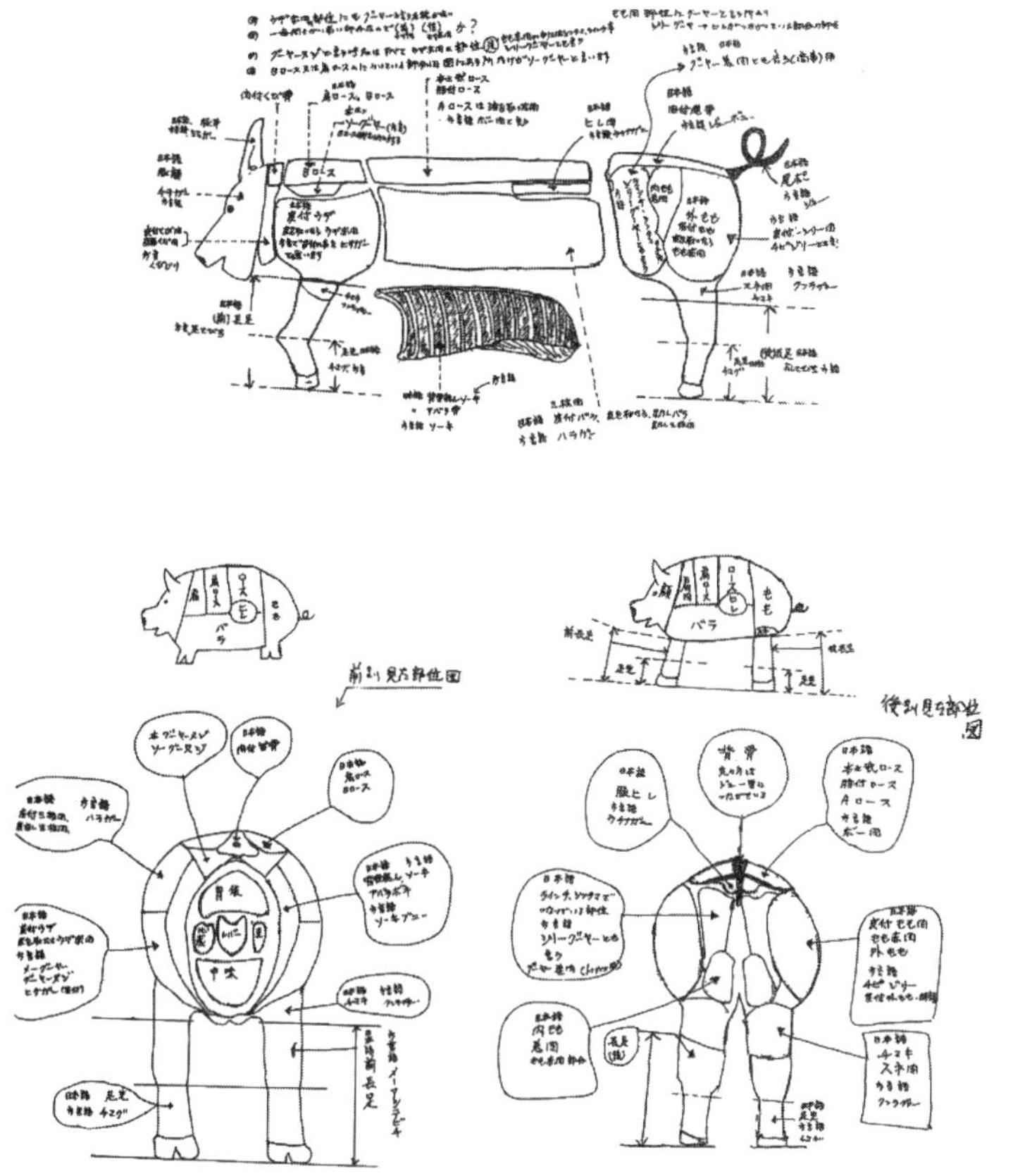

図 6-7　やんばるミート社の部位名称の変換図

従業員に対して部位名称の読み換え指導を行なっている。受注の際に、卸業者の用いる商用分類と、顧客が使用する部位名称とが異なった場合に、両者の間で同一部分を指しているかを確認する方法として、部位名称の変換図を用意している（図6-7）。これは用語上の混乱を防ぎ、語彙の相互変換を円滑化する試みである。

　しかしここでは、むしろ商用分類と民俗分類が厳密には対応しない点に注目する必要がある。両者は、言語のうえでは容易に相互変換が可能であるが、実際のモノとしては大きさ、切断ライン、幅などにおいて異なる。

以下では、流通の最末端に位置するA市場の売り手が、民俗分類と他地域の商用分類とのあいだにある、モノとしての差異をどのように捉えているかをみていこう。

(2) 他地域の商用分類と沖縄の民俗分類の違い

A市場の売り手は、卸業者の使用する商用分類とA市場の民俗分類が、部位名称の相違だけでなく、肉の形でも異なることを常に意識している。ここではBロースを取り上げ、他地域の商用分類と沖縄の民俗分類の相違が具体的に現われる例を提示する。Bロースに大まかに相当する部位として取り上げるのは、デンマーク式の商用分類におけるカラーと、日本式の商用分類におけるカタロースの二つである。

Bロースは A市場で半身肉からつくられる部位であり、ブタの脊髄の両側に面した頭部側の肉である。カラーとカタロースの商用分類を比較すると、カラーは、A市場の民俗分類ではBロースにくわえてグーヤーに相当する肩甲骨の周りの肉を含む。一方、カタロースは、Bロースからサンマイニクに相当する腹部肉の一部まで含む点で、Bロースと切断箇所が異なる。くわえて、A市場のBロースは、カラーやカタロースの両部位よりも長い。

これら肉のモノとしての差異は重要である。他地域の商用分類は、企業の部位名称の読み換えマニュアルの上での み民俗分類と関わるわけではない。A市場の売り手が流通する肉に刻印された切断ラインの形跡を実際に目にし、手に取る身体中心的なプロセスのなかで、商用分類と民俗分類が突き合わされることとなる。では具体的に、A市場の売り手はそうした状況にどのように対処しているのであろうか。

（3）他地域の商用分類と沖縄の民俗分類の重なり

ここではA市場の売り手が、県内外から仕入れた部分肉をさらに再分割する技法を取り上げる。売り手は、半身肉の分割工程で培い身体化した民俗分類をもとに、商品化の途中にある部分肉に包丁を入れていく。具体的に取り上げるのは、Bロースに相当する二種類の部分肉、カラーとカタロースの事例である。

ただしその前に、言語表現の次元でも、市場での具体的な相互行為のなかでは、民俗分類が固定的で静態的な体系というよりは、柔軟に運用され応用されるものであることを示しておく。ここでは、日本式の商用分類でカタロースと呼ばれる部位と、A市場の「肩の肉」カテゴリーの関係を中心に論じる。事例はA市場に「肩の肉」を購入しに訪れた年配の買い手と、売り手とのやりとりである。A市場に通う買い手は、ブタの自家生産・自家消費の経験の有無によって、売り手とのやりとりに顕著な差がみられる。七十代以上の買い手は、出身地によって偏差はあるものの、自家消費の経験がある場合が多く、豚肉に関する知識が豊富である。それに対して、五十代以下の若年層の買い手は、自家消費の経験がない場合が大半である。前者の高齢の買い手は、自らの判断を頼りに豚肉を購入する傾向にあるのに対して、後者の若年層の買い手は、売り手の専門知識に頼る傾向にある。したがって、高齢の買い手の場合、売り手と意見の齟齬が生じ、口論に発展することがある。

次に、この事例に登場する部位名称を説明しておこう。事例にはBロース、グーヤー、ヒサガーの三つの部位が出てくる。Bロースは背骨（頭部側）に接する棒状の肉である。グーヤーは肩甲骨の周りの肉で、骨をくり抜き、包み紙を広げたような形をした肉である（写真6‐9）。肩甲骨のちょうど表面の皮を含む、前足の根元一帯の肉をヒサガーという。それらの諸部位は、ヒサガーが皮付きの肉で、その奥にグーヤーがあり、さらにグーヤーの端にBロースが隣り合わせるという位置関係にある（写真6‐10）。

事例3　日本式の命名法の利用

ある日、「肩の肉が欲しい」という高齢の買い手に対し、売り手はBロースを差し出した。対して、買い手はBロースは「肩の肉」ではなく、グーヤーかヒサガーのいずれかが「肩の肉」だと主張した。ロースは肩甲骨と背骨の間の肉であるのに対し、グーヤーは肩甲骨の周りの肉、ヒサガーは前足の根もとの肉である。背骨から肩甲骨、前足の根もとまで一帯の肉をめぐって、「肩の肉」のカテゴリーが議論されているのである。売り手はグーヤーとヒサガーだけでなく、Bロースも「肩の肉」であると言って購入を薦めたため、口論に発展したのだ。

従来、A市場では、「肩の肉」はグーヤーとヒサガーであった。しかしA市場には、カタロースという日本式の商用分類「豚部分肉取引規格」に即して分割された肉が出回っていた。そのため、この新しい部位名称を売り手は頻繁に耳にしていた。このカタロースは、大まかにA市場のBロースに相当する。

事態を複雑にしたのは、カタロースの「カタ」という語彙であった。その買い手は、カタロースとBロースを同一視する見方が、従来のA市場の「肩の肉（＝グーヤーかヒサガー）」と相反するという見解をもっていた。しかし売り手は、ひとつはカタロースの「カタ」という言葉のために、A市場の既存の「肩の肉」というカテゴリーに、カタロース（＝Bロース）を含めたのである。

くわえて、「Bロースは肩の肉か」という問いは、「Bロースはアカニクか」という「アカニク（赤身肉）」のカテゴリーにも関係がある。なぜなら、「肩の肉」は「アカニク」でもあると認識されているからである。アカニクとは、脂身のほとんどない赤身肉を包括する総称であり、グーヤーもヒサガーも脂肪分のない赤身肉に分類される。それに対し、Bロースは適度な脂身があるが赤身もある点で、グーヤーとヒサガーに類似している。

筆者が売買の文脈とは無関係に、売り手に対し「Bロースはアカニクか」という質問を投げかけると、売り手は「Bロースはアカニクではない」と答えた。しかし、実際の売買の場面では、売り手はアカニクを希望する買い手に対し、Bロースを薦め、買い手がBロースを購入する場面もみられる。そのときに再度、筆者が売り手に同様の質問をすると、Bロースは万能な部位だから、アカニクに代用できると答えた。つまり売り手は、Bロースは「アカニク＝肩の肉」と同一で

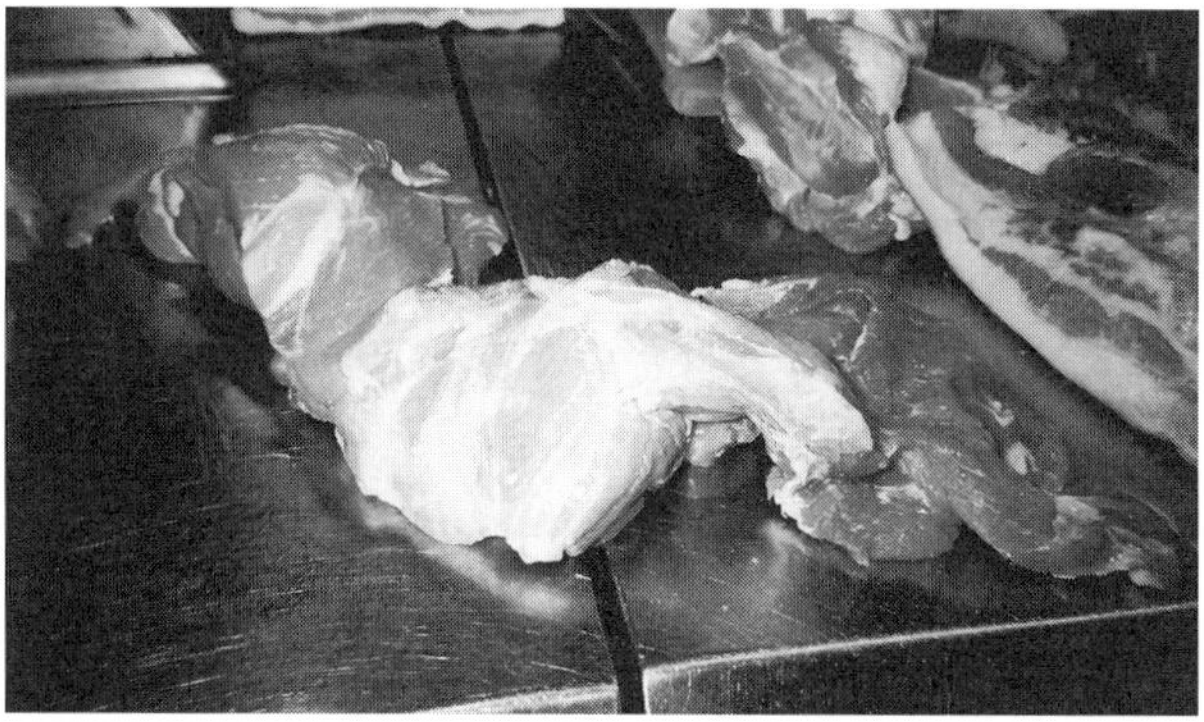

写真 6-9　グーヤー

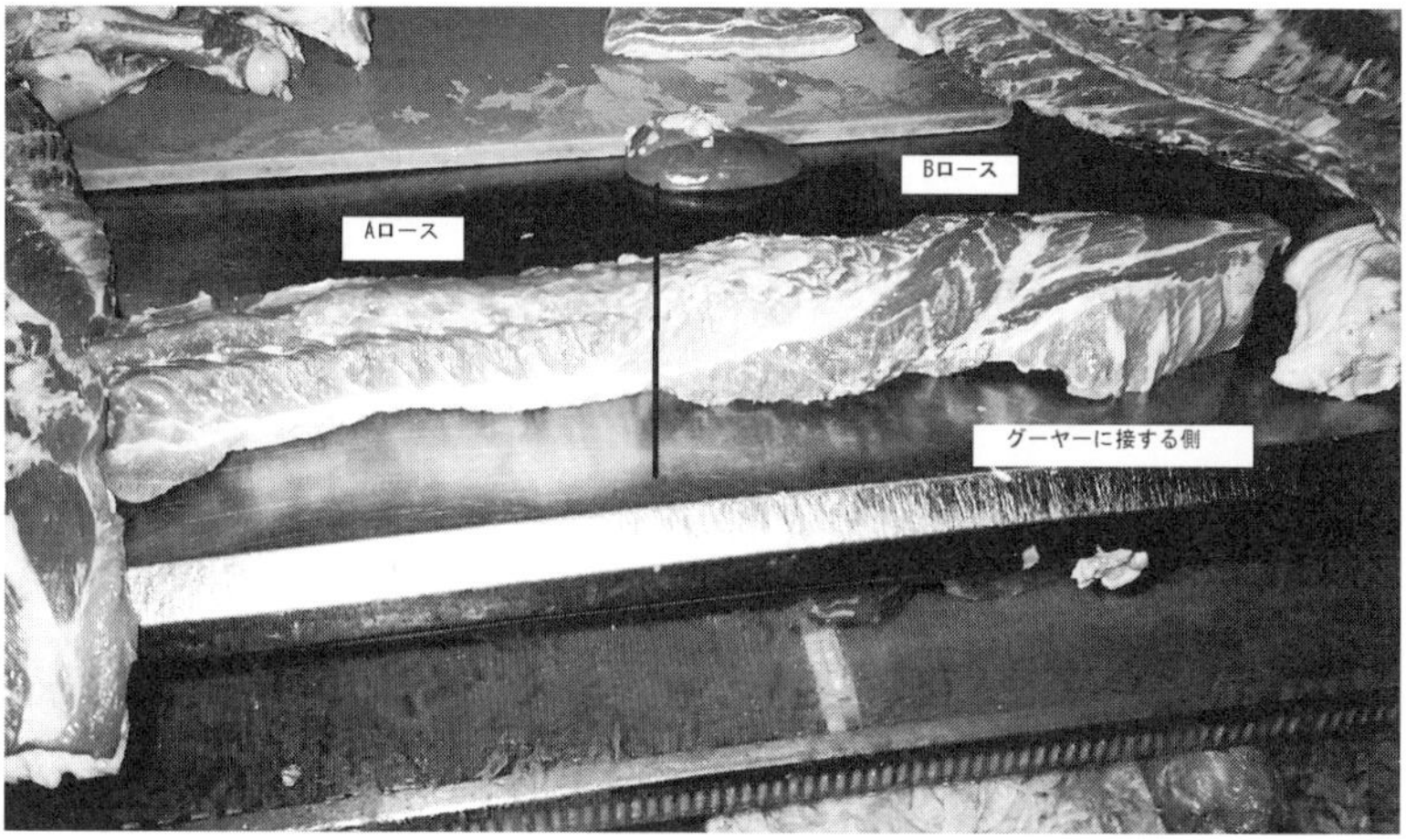

写真 6-10　B ロースとグーヤーの位置関係

はないが、代替可能であると認識している。それゆえ、実際の売買の文脈ではBロースは「肩の肉」になりうる。

以上の事例は、語彙が実際に使用される文脈から、語彙のみを取り出し、分類体系を抽出する手法の限界を示している。実際の売買のコンテクストから切り離された「Bロースはアカニクか」、「Bロースは肩の肉か」という質問は意味をなさないのである。このように民俗分類は言語表現の次元でさえ、静態的で固定的な体系というよりは、むしろ商用分類と交わりながら、売り手と買い手の具体的な相互行為のなかで創出されたり、交渉され、あるいは代用されるものである。

ただし、民俗分類は語彙だけに還元できるものではない。次の事例では、身体的な行為の次元において、商用分類と民俗分類がどう関わっているかをみていく。再度、Bロースとグーヤー、すなわち背骨に接する棒状の肉と、肩甲骨をくり抜いた肉と、さらにその両方が一体になったデンマーク式の部分肉を取り上げる。

事例4　デンマーク式の分割法の利用

A市場では、デンマーク式に分割された「カラー」と呼ばれる肉を仕入れる。カラーは、背骨に接する棒状肉Bロースの一部分に、肩甲骨の周囲肉グーヤーの一部がついた部分肉である（写真6-11）。一方、Bロースは、日常食や儀礼食の材料として需要の高い部位である。そうした消費者の需要は、半身肉のみからはまかなえない。そのゆえ、売り手はBロースの一部を含む部分肉として、カラーを大量に仕入れるのだ。

カラーは、冷蔵肉と冷凍肉の二つの形状で搬入される。冷蔵カラーと冷凍カラーは、同一部位だが、実際の販売の場面において区別されている。冷凍カラーは搬入されたままの形状で「Bロース」として売却される。それに対し、冷蔵カラーはグーヤーとBロースの境を特定して分割できるため、切り分けられて別々の商品となる（写真6-11、写真6-12）。つまり、冷蔵カラーと冷凍カラーはそれ自体では「同じ部位」だとされるが、A市場で施される商品化のプロセスをみる

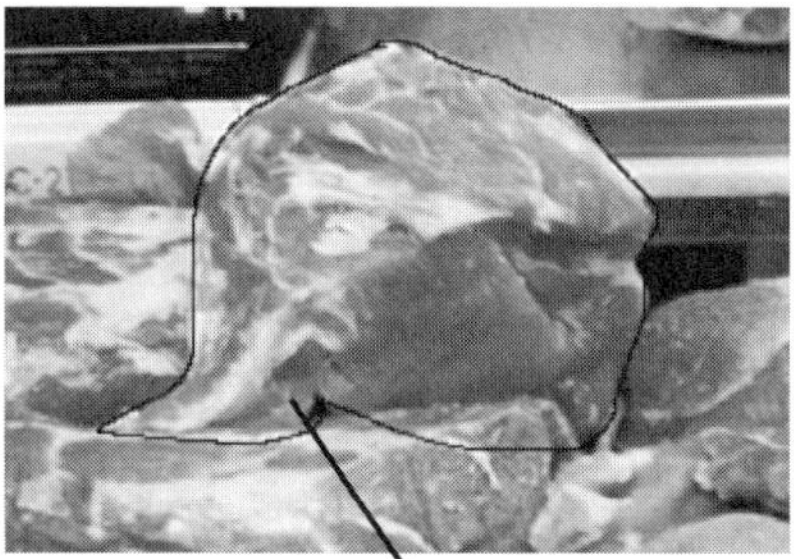

写真 6-11　デンマーク式のカラー
＊詳しくは，写真 6-12 を参照．

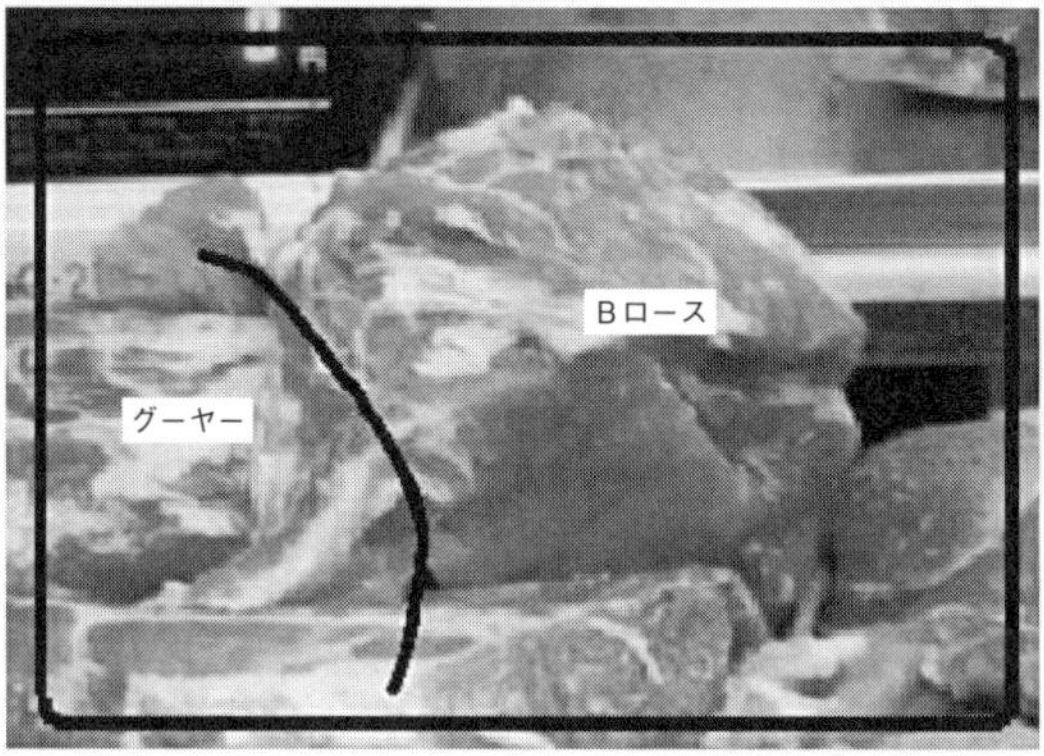

写真 6-12　B ロースとグーヤーに分割可能なデンマーク式の肉「カラー」
＊写真左側の小片がグーヤー，右側が B ロースの塊である．

と、冷蔵カラーだけは別の形に再分割され直すのである。

さらに素人目には、カラーは単一の肉塊に見える。写真6‐11からも分かるように、どこに肉質の切れ目があるかを探し出すことは容易ではない。実際に、半身肉からBロースとグーヤーを切り分けたことがある売り手でなければ、カラーのなかにBロースとグーヤーの二つの部位を見つけだすことも、その境目に包丁を入れることも不可能である。

この冷蔵カラーは、A市場の民俗分類に基づく部位と相違するがゆえに、売り手にとって新たな「翻訳」[18]を生み出す資源となっている。その機会はシチグヮチ行事である。シチグヮチとは、字義通りには「七月」を意味し、旧暦七月一三日から一五日までの計三日

写真 6-13　ウンケー・ジューシーを供えた仏壇

＊写真中央手前にある膳の上に，ウンケー・ジューシーとシームンが供えられている．写真左右には果物が対称的に並べられ，果物の種類は奇数と決まっている．そのうち，サトウキビは祖先があの世へと帰る際の杖だとされる．

間に行われる旧盆行事を指す。三日間のうち、初日のウンケーと呼ばれる迎え日には、迎え日用のジューシー（炊き込み風ご飯）を供える（写真6-13）。これはウンケー・ジューシーといい、茹でた豚肉とその茹で汁で炊き込む特別な飯である。具材の肉には、赤身が多く軟らかいグーヤーが好まれ、グーヤー以外の部位で代用することは否定的に捉えられている。一方、もうひとつの儀礼食であるシームン（汁物）には、Bロースが好んで使われる。

旧盆の市場には、ウンケー・ジューシー用の肉としてグーヤーを購入しに来る買い手が多い。そのため半身肉一頭分から出る量では、グーヤーの需要を充たすことはできない。売り手は、半身肉ではなく大量の部分肉を仕入れて、これに応えようとする。その際に都合が良いのが、Bロースとグーヤーに分割可能な冷蔵カラーなのである。

売り手は「ここ（グーヤーの部分）は、ウンケー・ジューシーにして、こっち（Bロースの部分）は、シームン（汁物）にできるよ」と説明しながら、冷蔵カラーをBロースの塊とグーヤーの小片に分割して買い手に渡す。冷蔵カラーは単一の部位にして、ちょうど旧盆料理の二品目に必要なグーヤーとBロースという二つの部位に分割可能な肉として利用されているのである。

買い手の視点にたつと、グーヤーは他の料理にあまり用いられず、かつ他の部位で代用可能なものでもない。そのため、買い手はウンケー・ジューシーの必要量を超過するグーヤーを塊で購入するのを好まない。かといって、グーヤーの大きな塊から必要量を切り分けてもらうのは、前述したように買い手の好ましい姿ではない。そうしたなか、買い手にとって冷蔵カラーから分割される小片のグーヤーは、ウンケー・ジューシー料理に少なすぎず多すぎない適量である。冷蔵カラーは買い手の要求を充たすのである。

売り手にとっては、グーヤーが最も売れる旧盆の前に、冷蔵カラーが品切れにならぬよう大量に仕入れておくことが肝要となる。グーヤーに大まかに相当する部位を、日本の商用分類の「ウデ」で代用することも不可能ではない。だがその場合、グーヤーを確実に確保できるが割高になって利益が減少してしまう。日本式の部分肉ウデは、卸業者によってデンマーク式のカラーよりも高値がつけられるからである。つまり、売り手は買い手の嗜好だけでなく、卸業者の価値づけ体系をも理解したうえで、他地域の商用分類と民俗分類を比べねばならない。

売り手は買い手の視点や自身の販売戦略を加味しながら、他地域の商用分類を積極的に活用する。その際に必要となるのが、仕入れ段階ですでに商用分類にしたがって分割された肉を、さらにA市場の民俗分類と擦り合わせて再分割する技巧である。売り手は部分肉の形状から、デンマーク式の商用分類とA市場の民俗分類を比較し、再分割することで望ましい肉の形を切り出す。

ここでの売り手と買い手が共有する部位名称（この場合はグーヤー）すなわち言語表現は、民俗分類の表層にすぎない。商用分類の部分を民俗分類の部分へと切り分けなおす技巧は、半身肉の解体を繰り返し行なう売り手の身体・感覚の次元で体得された民俗分類によってのみ可能となる。つまり、デンマーク式の商用分類が、豚肉の全体と部分、部分と部分の関係から理解され、沖縄の民俗分類と擦り合わされることによってはじめて、商用分類の部分を民俗分類の部分に翻訳できるのである。

現在、豚肉というモノに、いくつもの種類の商用分類や民俗分類が適用されうる。ゆえに、豚肉の分類・分割法は複雑化している。そうした状況は、売り手から見たとき、商用分類と民俗分類の重なりとして経験されている。両者の重なりこそが、身体や感覚に根ざした、商用分類の部位から民俗分類の諸部位への再分割・再分類という翻訳を売り手に促したといえる。

以上のように、現在のA市場にみられる民俗分類は、商品経済に特有な空間的・時間的広がりのなかで展開し、それ自体、独立して存在するわけではない。A市場の売り手は、商用分類で分割された肉を民俗分類によってさらに再分類・再分割している。

事例1と事例2で提示した、半身肉の解体法と言語表現をもたない部位に注目すると、民俗分類は語彙の体系というよりも、売り手の身体動作や感覚に依存した分割法だといえる。事例4で取り上げた部分肉の事例では、商用分類と民俗分類は部分肉の形、すなわち「モノとしての差異」として現われていた。半身肉の解体を、身をもって知りつくす売り手だけが、商用分類の部位を民俗分類の諸部位へと翻訳できる。

豚肉の民俗分類は、個々の具体的なプロセスにおける身体の使い方、視覚や触覚といった感覚の使い方、肉の形や切断ラインといったモノそれ自体を詳細に記述・分析することではじめて十全に理解できる。そこから明らかになったのは、商品経済に固有な民俗分類の動態性であった。それは整然とした語彙の体系に還元できるものではない。

市場の売り手が肉質の差異を把握し、その都度切り出すことで、消費者にとって意味のある形の肉がつくられる。多様な形の肉が大量に流通する状況下、売り手の技巧なしに、民俗分類は存続しえないと言っても過言ではない。それほどに、現在の沖縄の市場は流通のグローバル化の一部に深く組み込まれているのである。次節では、沖縄の儀礼食において高い価値をもち、大量に消費される大腸に焦点を絞る。大腸の事例からは、現在の沖縄の市場において、豚肉消費の慣行の表面的な持続が、いかに産業化とグローバル化による大きな変容のうえに成り立っているかが明らかになる。

3　ブタ大腸に集中する消費

3-1　「部分消費」の誕生

現在、沖縄における豚肉消費は、ある特定部位に集中する傾向が指摘されており［小松 2002b：176］、その傾向はA市場においても顕著である。こうした豚肉消費の慣習は、歴史に通底する「（食）文化的持続性」が強調され、村落生活と結びついた自家屠殺の慣行との連続性から把握されてきた。しかし、本節では、前出のC店において「ブタの一部分を大量に購入する」買い手の慣習を、ブタの部位単位の流通との関係から捉え直す。

新暦の正月前の繁忙期において、A市場の肉屋では、日ごろからよく売れる部位を中心に、大量の豚肉と内臓が売買される。なかでも売れる部位が、大腸である。大腸は儀礼食として重要な部位であり、主にナカミジルと呼ばれる、すまし汁の具材として食される（写真6-14）。ナカミジルには胃・小腸も使われるが、大腸のほうが好まれる。(19)

とくに高齢者にとって、正月は年に一度、豚肉を食べる稀少な機会として記憶されている。なかでも、大腸はブタ

写真 6-14　ナカミジル

一頭からとれる量が少ないため、大腸食はより稀少な経験として語られる。つまり、正月は「稀少なもの」としての豚肉と大腸を食べる行事なのである。現在、ブタ自体は必ずしも稀少ではないが、正月前にこぞって肉屋に群がり大量の豚肉や大腸を購入する人びとの行動から、それらに対する稀少性の感覚を推察することができる。

本節以降は、A市場におけるブタの内臓の加工と売買を取り上げ、人びとが内臓とかかわる際に固有な身体動作や売り手とのやりとりを記述する。とくに内臓のなかでも売り手と買い手の双方から関心が高く、大量に売れる大腸（ビービー）を中心に取り上げる。事例は、二〇〇三年から二〇〇八年の旧盆（シチグヮチ）と新暦正月（ソウグヮチ）の期間に得られた資料による。その時期は大腸の大量消費が顕著な時期である。

はじめに、大腸に対する嗜好性の高さを窺わせるエピソードを紹介したい。二〇〇四年、一二月末の大腸が最も売れる正月期にA市場では、大量に補充できるはずの大腸が不足した。売り手によると、夏の猛暑でブタが大量に死んだことが原因だという。一二月初頭から、大腸不足を懸念した売り手は、複数の卸業者から大腸を確保し始めた。しかし結局この年、売り手は十分な量の大腸を確保できなかった。

そこで売り手は、正月に欠かせない大腸が完売してしまう事態を避けるため、買い物客から見えない場所に大腸を隠し、常連客以外の客へ販売を断る策に出た。また売り手は常連客のなかでも大腸と一緒に肉を買わない客に対しては、大腸を少量しか売らなかった。一方、買い手はというと、順番待ちをしながら次から次へと売れ行く大腸を前にして、その売り切れを心配していた。ある高齢の女性は、自分の番がくるまでに大腸が売り切れないかをやきもきした様子で眺め、ときおり大量の大腸を買い占める客に不平をもらした。なかには数日間通い続けて、ようやく大腸を手に入れることのできた若年の女性客もいた。

また、筆者が陳列台の隣で大腸を切っていると、切るのが遅いと言って筆者の包丁を取り上げ、自分の分の大腸を切り始めた常連の年配女性もいた。筆者は、売り手から常連客の分の大腸をとっておくように言われていたため、他の客に大腸を取られぬよう必死になり、客と大腸を引っ張り合うこともあった。ときには大腸の油分で手が滑り、奪われたこともあった。通常の正月期にも増して、人びとが大腸の確保に躍起になっていたのである。

以上は、大腸が不足した時期のいささか極端な例だが、正月期や旧盆の時期における大腸食の重要性を理解するには好例であろう。この二〇〇四年でさえ、大腸は正月前の一週間で一日当たり一〇〇キログラム（合計七〇〇キログラム）以上、売却された[20]。大腸七〇〇キログラムは、ブタの頭数に換算すると、五八三頭にも及ぶ[21]。二〇〇四年の正月以降、深刻な大腸不足には陥っていないが、基本的に儀礼食に必要な大腸が稀少であることに変わりはない。正月や旧盆の時期になると、市場での買い手の行動から、大腸に対する強いこだわりを垣間見ることができる。

上記のエピソードと数値をみたとき、大腸を大量に購入する買い手の行動は、一見して、自家屠殺の慣習、すなわちブタ殺しの慣習（ウワー・クルシ）と連続する「（食）文化」と解釈されうる。なぜなら、正月行事において大腸を食べるという点で共通するからである。しかし、ここで注目すべきは、大腸を消費することの連続性ではなく、その量と集中の過剰さである。つまり、「ブタの一部分のみを大量に消費する」ことの過剰さは、売り手が大腸というひとつの部位を、その他の部位の過不足を出すことなく大量に供給できるという豚肉流通の変化（部位単位の流通）と密接な関係がある。

このように、豚肉消費の量的な変化に目を向けたとき、ブタ殺しの記憶に根ざす「大腸を食することが正月である」といった感覚が、近代的な食肉需給システムに支えられ、さらに加速していく潜在性がみえてくる。ここでは、売り手が買い手のニーズに際限なく対応できるようになった結果、誕生した慣習を「部分消費」と呼ぶ。

ブタ五八三頭分に及ぶ「部分消費」は、ひと月当たりの屠殺量からみて、沖縄県内の供給能力の限度を超えている。とくにC店のような小規模な精肉店が、ブタ五八三頭分に相当する大腸をすべて沖縄県内で調達することは不可能である。こう考えると、県外産に依存するまでに量的に拡大した「部分消費」[22]は、部分肉の流通の広域化と不可分なかたちで発展してきたと考えられる。大腸の大量消費は、大腸のみを単独で大量に供給できる豚肉流通の変化によってもたらされ、拡大してきたのだ。

本土復帰後に急速な産業化を遂げた沖縄においても、大腸食の慣行は、自家生産・自家消費の文脈を離れても、A市場の肉屋に群がって大腸を購入する買い手の行為のなかに息づいている。しかしながら、ここで歴史に通底する持続のみを読み取ってはならない。「ブタを余すところなく食べる」というかつての慣行から、「一部分を大量に食べる」部分消費の慣行への移行は、食文化的な持続のみで説明できる事象ではなく、政治的・経済的変化によって生み出され、加速された文化的慣行だといえよう。現代沖縄の豚肉消費は、流通の変化をもたらした政治的・経済的変化と、人びとの文化的傾向の両者があいまって形成されたのである。

表6-2　大腸の加工工程

工程	感覚的な性質
① アブラと呼ばれる膜や物体を剥がす	におい
② 茹でる	
a ベーキングパウダーの添加	色
b 生姜を加える	におい
c 茹で時間を調節する	手触り
③ 冷水に浸し、流水で揉み洗い・擦り洗いし、水気を切る	手触り
④ 一口大に切る	
a 変色部分を切り取り、胃・小腸の群に混ぜる	色
b 硬い部分を細かく切る	手触り
⑤ 一部のみ冷凍（保存目的ではない）	におい

3-2　売り手による大腸の加工

A市場の売り手は、買い物客の肉や内臓に対する強いこだわりを充たすべく、大腸などの生鮮食品に念入りな加工を施す。市場に流通する内臓の種類と方名を確認すると、A市場には、心臓（シンゾーマーミ、フクマーミ）、肝臓（チム）、腎臓（マーミ）、胃（ウフゲー）、小腸（イーワタ）、大腸（ビービー）の合計六種類の内臓が仕入れられる。そのうち胃、小腸、大腸はまとめてナカミと呼ばれ、ナカミはA市場で新たに加工される。具体的に売り手はまず胃、小腸、大腸をそれぞれ別々に加工し、最終的に胃と小腸は混ぜて単一の商品とし、大腸は単独で商品化する。胃・小腸は一斤六〇〇円で売られ、大腸は一斤一〇〇〇円で売却される。大腸は、胃や小腸より稀少性が高く、買い手から人気が高いため、入念な加工が施される（表6-2）。

次にみるようにA市場を訪れる買い手は、大腸の感覚的な性質に対する関心が高い。買い手は内臓を購入する際に、実際に商品に触れたり、見比べたりしながら、色や硬さを頼りに部位を識別し、どちらの内臓を購入するかを決める。また別の買い手は大腸のにおいを実際に嗅ぎ、品質を確かめる。そこで売り手の加工も、それぞれの買い手の関心を意識したものとなっている。ここではまず、買い手の感覚を介した内臓とのかかわりを記述する前に、売り手による大腸の感覚的な性質の加工を取り上げる。

(1) 大腸の消臭

大腸の加工工程のなかで、最も重要で労苦を伴うのは、アブラ[23]と呼ばれる物体を剥がす作業である(表6-2の①)。アブラとは、大腸の内側についている半透明の膜と、その膜の表面に付着している脂っこく粘り気のある綿状の、強い臭気のする物体である。売り手によれば、アブラを剥がすことで大腸のくさみを除去できるという。だが、アブラを剥がした後は、売り手の指先だけでなく衣服や全身がくさくなってしまうといわれる。とくに臭気の強い大腸があり、そのアブラを剥がした後は、三日間も、においが取れない。肉の配達時に卸し先で「くさい」と言われることさえあるという。

アブラのにおいのために、売り手は筆者が大腸を初めて切る際に、大腸に直接触れないですむように軍手を用意してくれたほどであった。しかし、筆者は軍手をしながら作業を進めることが難しかったため、軍手をつけずに大腸のアブラをとる作業を行なった。実際、アブラのにおいは長時間とれず、何度も手を洗うこととなった。

このようにアブラの放つ臭気が強いために、アブラを取り除かずに大腸を食することに対して嫌悪感をもつ人は多い。一例を挙げれば、市場の売り手である四十代の女性は次のように語った。「本土(日本の沖縄以外の地域)の人は(大腸の)アブラを取らずに、しかも少ししか焼かないで食べるけど、におわんのかね。ビービーグヮー(大腸)はね、アブラを取らないと絶対に食べられんよ」と力説した[24]。この女性は、大腸のアブラを除去しているか否かの観点から、沖縄と日本の他地域との調理法を比べている。ここでの本土の調理法とは、ホルモン焼きやモツ煮込みのことである。この語りからは、人びとにとってアブラを取り除くことが大腸食には不可欠であり、アブラのにおいが悪臭と捉えられていることが分かる[25]。

アブラを剥がす作業は、熟練の売り手でも大腸一〇キログラム当たり約二時間を要する、非常に骨の折れる仕事である。剥がしたアブラの総量は大腸全体の約三割に達し、一〇キログラム当たり三キログラムに相当する。売り手は時間を要し、労力が大きいにもかかわらず、この作業を省くことはない。それどころか、売り手はこの作業を最も重要な加工法として位置づけている。というのも、売り手によるアブラ剥がしは、市場の肉屋に固有の技巧とされ、大腸を安価で販売するスーパーマーケットにはない市場の「売り」とみなされているからである。とくに大腸の大量消費が顕著な正月と旧盆の時期において、アブラを剥がした大腸はA市場の目玉商品になっている。この時期には、アブラを剥がした大腸を求めて、常連客の他に、わざわざ遠方からA市場を訪れる客もいるほどである。それほどまでに人びとにとってアブラの有無が重要なのであり、臭気の強弱を左右すると考えられているのである。

市場の売り手と同様に、買い手も大腸のにおい、とくにアブラの臭気を嫌う傾向にある。大腸を好んで買う人も、アブラのにおいを肯定的に評価することはなく、むしろ除去すべき悪臭の類とみなす。そこで売り手はアブラ剥がしを行ない、生姜で茹でたり、販売する前に冷凍したりして消臭作業を重ねる（表6-2の②b、⑤）。ここで一点注意しておきたいのは、買い手によっては、においの強弱を基準として大腸の品質を評価する者がいることである。大腸のなかにも品質の差があり、においも仕入れ先やブタの生育環境などによって一律ではない。そのため、売り手はにおいに対するこだわりの強い買い手に備えて、入念に消臭作業を行なうのである。

表6-3　大腸と胃・小腸の感覚的な性質の対比

感覚的な性質	大腸	胃・小腸
色	白い	黒い
におい	くさい においがある	くさくない においがない
手触り	アブラが多い 軟らかい	アブラが少ない 硬い

（2）大腸の白色化

興味深いことに、A市場を訪れる買い物客は、内臓について上述した方名の部位名称よりも、感覚的な性質を呼称に用いる（表6－3）。とくに買い手は、視覚的な性質を多用する傾向にある。具体的には、大腸の方名はビービーであり、胃と小腸はナカミという総称で指示することができるが、買い手は店頭に並ぶ大腸をビービーと呼ばずに「白い（もの）の」と呼ぶ。また買い手は大腸と比べて相対的に黒い、胃と小腸を「黒い（もの）の」と呼ぶ。このことは買い手にとって、色の違いが大腸と胃・小腸の弁別的特徴となっていることを示している。

ただし実際には、大腸の白さと、胃・小腸の黒さは、表現通りに明らかな反対色ではない（写真6－15、6－16）。筆者から見ると、大腸の「白」は象牙色と淡いベージュ色の中間色に見え、胃・小腸の「黒」は薄茶色に見えた。それらは「白黒」という言語表現から想像される明白な反対色ではない。また大腸と胃・小腸のなかにも、色の濃淡があるため、両者の差異はかなり曖昧なものだといえる。くわえて市場の店先は薄暗いため、色の違いは見えにくく、買い手によっては色の相違を正確に把握するのが難しい。こうした状況下、売り手はどの買い手でも色の違いを知覚できるように、大腸を白く加工し、胃・小腸とのコントラストをつける技巧を編み出している（表6－2の②a、④a）。それによって、価値が高く大量に売れる大腸を、胃・小腸から差異化することができるのである[26]。

大腸を白くするうえで重要なのは、大量のベーキングパウダーを添加して茹でる作業である[27]（表6－2の②a）。売り手の説明によれば、ベーキングパウダーを添加することで、大腸は白くなるという[28]。

写真 6-15　大腸＝「白い（も）の」

写真 6-16　胃・小腸＝「黒い（も）の」

さらにここで着目したいのは、商品化されて「白いの」「黒いの」と呼ばれるようになる「大腸」と「小腸」は、厳密には臓器区分に対応しない点である。なぜなら、売り手は加工の際に、二つの商品を色別に分けるからである（表6-2の④a）。具体的には、売り手は白いはずの大腸のなかに「黒っぽい部分」を見つけると、切り取って黒い小腸の群に入れる。また売り手は、黒いはずの小腸のなかに「白っぽい部分」を見つけると、切り取って白い大腸の群へと混ぜる［比嘉 2011a：9–10］。このように、切り分ける作業においては、「大腸」と「小腸」は臓器区分に厳格には対応せず、色という相対的な基準によって分類されることとなる。(29)

以上がA市場における大腸の色とにおいを加工する商品化のプロセスである。A市場の売り手は大腸を白色化することで、加工前には曖昧な胃・小腸との差異を鮮明にする。さらに、消臭することで大腸の品質を上げようと努める。このように売り手は大腸に入念な加工を施すことで、商品としての大腸の弁別的特徴を明確にし、同時にその商品価値を高めている。

3-3　大腸の売買にみる買い手の世代差

本項では、ブタの内臓をめぐって繰り広げられる売り手と買い手のやりとりに焦点を当て、買い手の世代差によって感覚の使い方が異なる点を具体的な事例からみていく。

前述したとおり、A市場の大腸はスーパーマーケットで販売される大腸よりも、買い手による価値づけが高い。なぜなら、スーパーマーケットでは大腸の加工処理のなかで最も重要なアブラを剥がす作業を行なっていない、とされるからである。ただしそれだけでなく、スーパーマーケットでは大腸を密閉パックに入れて販売しているため、購入時にアブラを除いているか否かを触って嗅いで確かめることができない。これは大腸に直に触れることができるA市場とは対照的である。つまり、スーパーマーケットと比べて、買い手にとっての市場の特長は、大腸のアブラを取り除く点と、購入時に直接においを嗅いだり触ったりできる点にあるといえる。

沖縄の市場で展開する売り手と買い手のやりとりを理解するためには、他にもいくつか考慮に入れなければならない事柄がある。第一に、沖縄の市場では一般的に、売り手と買い手のあいだに長期にわたる顧客関係が形成される。この関係は前述のコーイ・ウェーカと呼ばれる(30)。

A市場の女性客は、母親や姑、他の親族や知人から店を紹介され、長期にわたって同じ肉屋を利用し、ときには世代を越えてその店に通い続けることも珍しくない。売り手は長期の取引関係のなかで、常連客の好みの部位や肉質から、家族構成まで把握していく(31)。それだけでなく、常連客に対して上質の肉や稀少な部位を優先的に販売し、大腸に関してはとくにその傾向が強い。

売り手と買い手の関係の第二の特徴として、売買に際して、買い手よりも売り手のほうが優位にたつ傾向が強い。それが顕著に現われるのは、売り手が大腸の販売対象者を制限する場合である。市場で販売される大腸はスーパーマーケットのそれと比べて、価値づけが高く、ときに肉屋を何軒もまわって買い占める客さえいる。売り手は、常連客に優先的に大腸を販売するために、常に一定の在庫を残すように努めている。そのため、売り手は他の買い手が大腸を求めているにもかかわらず、売らないことがある。つまり、大腸の稀少性が高まる正月や旧盆の時期には、売り手は自分と客との関係を考慮しながら、売る相手を選ぶことができるのである［比嘉 2008：78–79］。それに対して、買い手は特定の売り手と長期的な取引関係を築くことで、良質な大腸を確実に手に入れようとする。

こうした売り手優位の傾向は、買い手の世代によって異なる様相を呈する。そこでここからは、買い手を世代別に分類し、記述を進めることにしたい。市場に買い物に来る客は主に女性で、年齢層には四十代から九十代までと幅がある[32]。また、買い手は出身地域によって多少の差があるが、ブタの自家生産・自家消費の経験と記憶の有無から大別できる。買い手は大まかに六十代を境に、ブタの自家屠殺や解体の経験がある世代と、ない世代に分けられる。①高齢の七十代以上の買い手はたいてい自家消費の経験があり、屠殺や解体の記憶がある程度鮮明である。彼女たちは、過去に男性が屠殺・解体したブタの内臓を洗い下拵えする役割を担っていた。それに対して、②六十代前半の買い手は、自ら屠殺や解体に携わった経験はなく、父母世代の屠殺を見た記憶しかない場合が多い。また、③五十代以下になると、自家消費の記憶すらない買い手が大半である。

したがって、買い手は年齢差に応じて、①自家消費の経験あり、②自家消費の経験はないが記憶はある、③自家消費の経験も記憶もなし、の三グループに分類できる。とくに、①自家消費の経験がある世代と、③自家消費の経験も記憶もない世代の女性たちは、ブタの内臓を購入する際の感覚の使い方、ならびに重視する感覚的な性質の両方において顕著な差がある。以下では、買い手の世代差と感覚の使い方の差異を、具体的な事例に即して記述する。その際、①を高齢の買い手、③を若年の買い手と表記する。なお、両者の差異を明白にするために、ここでは中間層の②の買い手は特別に取り上げることはしない。

売買における売り手優位の傾向は、高齢の買い手よりも、若年の買い手に対して強まる。若年の買い手は、市場で売り手から商品を購入するだけでなく、そのときどきの儀礼食に適した肉や内臓の種類から、その調理法、盛り付け方までを習う。大腸についても、若年の買い手は知識が少なく、売り手に多くのことを教えてもらわねばならない。それゆえ、相対的に売り手優位の状況になりやすい。

それに対して、高齢の買い手の場合には、相対的に売り手優位の傾向が弱まる。すでに一例を挙げたが、高齢の買い手と売り手のあいだでは、ブタの部位の民俗名称や儀礼食の調理法などをめぐって口論が起こることがある。また、高齢の女性のなかには、良質の大腸を売らない売り手を見て文句を言う者もいる。あくまで若年の買い手との比較ではあるが、高齢の買い手は相対的に、売り手と対等に近づく。

このような売り手と買い手の関係にみられる、買い手間の世代差は、感覚使用の差異とも深く関わっている。以下では、買い手の世代差と感覚使用の相違に注目し、買い手が大腸の感覚的な性質を知覚したり、大腸の品定めをする事例を記述する。

(1) 若年の買い手に対する視覚の教育

ここでは、商品表示のない状況で、内臓を識別することを迫られる若年の買い手の事例を取り上げる。前項で述べたようにA市場の肉屋では、ナカミと呼ばれる内臓は、色の違いや臭気の有無、手触りや弾力から、大腸と胃・小腸の二種類に商品化される。買い手は、両者の違いを識別して商品を選ばなければならない。

A市場の肉屋には三メートルほどの陳列台があり、その台上に肉や内臓が山積みにされる。陳列台の両端には二種類の内臓、大腸と胃・小腸が客から手の届くところに置かれ、それぞれ一斤ずつビニール袋に入った状態で積み上げられる。もちろん、どちらが大腸で、どちらが胃・小腸かを記した表記はない。若年の買い手はどちらが胃・小腸で、どちらが大腸かを自ら識別できなければ、売り手に頼らずに商品を購入することはできない。

そこで問題となるのが、自家屠殺（内臓の洗浄等）の経験がない若年の買い手が、大腸と胃・小腸を区別できない傾向にあることである。彼女たちは加工されていない生の臓器を実際に目にし、手に取って、洗浄し切り分けた経験が過去になく、加工済みの製品しか目にしたことがない[33]。それゆえ、若年の買い手は方名の部位名称を知っているにもかかわらず、目の前の現物と照合できないのである。

売り手は二種類の商品を、臓器として区別できない若年の買い手に対して、色で見分けることを教える。若年の買い手は売り手に、色の相違から内臓を識別する方法を教わるなかで、大腸が白いことを学ぶ。ここでは大腸と胃・小腸を色の差異として知覚することで、売買が成立する様相を記述する。その際、若年の買い手は、大腸のことを「大腸」あるいはその方名「ビービー」と呼ばずに「白い（も）の」と呼ぶことが多い。そこで、買い手の視点から記述するときには「白いの」と表記する。なお売り手は、若年の買い手と話をするときのみ、大腸を「白いの」と呼ぶ。

二〇〇五年一二月二九日に、あるナカミを買いに来た若年の買い手Dは、陳列台の上にある二種類のナカミを交互に見て、売り手に「白いのはどっちね」と尋ねた。その質問を受けて、売り手は「あい、これさー」と言い、買い手Dの目の前に積まれた大腸（白いの）の山を指さした。そして売り手は、陳列台の反対側に積まれた胃・小腸の前に一歩踏み出して、胃・小腸を一袋取り、買い手Dの前まで持ってきて、「こっちが、黒いの。色が違うでしょう」と、白いの（大腸）と黒いの（胃・小腸）を並べた。買い手Dは、「ほんとだね。じゃあ、この白いの二つ、もらおうね」と言い、大腸二斤分の金額二千円を財布から出した。

ここでは、「白いの」がどれかを分からない買い手に対して、売り手は、買い手の目の前に大腸と胃・小腸の現物を並べて、色の違いを教えている。色の違いを教える場合、売り手は、ビニール袋に入った大腸を一袋だけ上に持ちあげるか、大腸の山に掌をのせ、「こっちの白いのが大腸」と言い、次にもう片方の手で胃・小腸の袋を上にあげたり、胃・小腸の山を指し、「こっちの黒いほうが胃と小腸」と説明する。そのうえで、売り手は買い手に、色の白いほうが欲しいのか、それとも黒いほうを買いたいのかを尋ねる。

色の違いを説明する際に、重要となるのが、先述した売り手による色の加工である。売り手は必ず、色の対比を鮮明にした二種類のナカミを見せる。このとき売り手は、ベーキングパウダーで白色化した大腸と、未加工の黒い胃・小腸を見せ、色の対比を確認させる。大腸と胃・小腸の区別がつきにくい若年の買い手にとって、売り手の加工によって人為的につくりだされ強調された色のコントラストが、二種類の内臓を区別するのに役立つ。

ここで売り手は内臓の視覚的な性質について、実際には大腸と胃・小腸のあいだには、襞の模様や厚さといった複雑で多様な差異があるにもかかわらず、色の差異だけに焦点を絞る。それゆえ、若年の買い手は視覚、嗅覚、触覚のなかでは視覚のみに、そして視覚のなかでは色だけに、大腸の知覚を単純化される状況にある。

しかし、こうした色の単純な対比を用いても、すぐに買い手が白黒の見分け方を学習できるわけではない[34]。わかりやすい例を挙げると、ある四十代の女性客が陳列台の上に置かれたビニール袋を手に取って「この白いの（大腸）頂戴」と売り手に差し出したことがあった。しかし、この女性が「白いの」と呼んで差し出したのは、実際には「黒いの（胃・小腸）」であった。つまり、この女性は二種類の内臓のうち、どちらが「白いの」で、どちらが「黒いの」かを見分けられておらず、「黒いの」と「白いの」を見間違えたのである。

このように買い手が、大腸の白さと胃・小腸の黒さを実際に見分けられているかどうかという点には、注意が必要である。売り手と買い手のやりとりを注意深く見ていると、若年の買い手が「白いの」と「黒いの」という言葉を使っていても、実際にはそれらを見分けられていないことがある。市場では、売り手に商品を取ってもらうのではなく、買い手が自分で商品を選びとるのが基本である。そこで売り手は「白いの」という呼称を使うだけで、実際に色の違いを知覚できない買い手に対して、商品の見分け方を説明し続ける。買い手は、長期にわたって同じ肉屋に通い続けるなかで、徐々に「白いの」と「黒いの」を見分けられるようになっていく。

さらに売り手は、色以外の性質についても、買い手に大腸と胃・小腸の差異を教える。具体的には若年の買い手に対して、大腸が軟らかく、胃・小腸が硬いことを言葉で説明する。さらに、それを味覚にも結びつけ、硬い胃・小腸は油分が少ないから「あっさりとした」味がすると伝える。また、軟らかく油分の多い大腸は「濃厚な」味がすると教える。そして、においに関しては大腸と胃・小腸の違いには言及せずに、大腸に対して消臭効果の高いアブラ剥がしを行なったことを強調する。

このように若年の買い手は、売り手から大腸と胃・小腸の色、硬さや味の違い、においの有無について説明を受けるが、内臓を購入する際にそれらすべてを把握することは困難である。そうした買い手に対して、売り手は色の違いのみに焦点をしぼって、根気強く買い手に教えている。

以上の説明は、売り手が買い手に儀礼食の食材や調理法、盛りつけ方などを教える行為の一環として為されており、なかでも食材を見分けるという最も基礎的な部分を構成している。売り手による教育は、買い手が長期的に肉屋に通い続けることを前提としており、沖縄の市場に特徴的なコーイ・ウェーカ関係のなかで為されている。その関係のなかで、若年の買い手は来店のたびに学習を続け、色の違いを識別できるように目を訓練していくのである。

（2）高齢の買い手がもつにおいの記憶と連想

若年の買い手とは対照的に、高齢の買い手は二種類の内臓を識別できるだけでなく、さらに積極的に大腸の品定めを行なう。ここでは、自家屠殺の経験がある高齢の買い手がどのように大腸の感覚的な性質を知覚し、品質を吟味するかを記述し分析する。

A市場の肉屋を訪れる高齢の買い手は、大腸のにおいに最も関心を示す。なかでも、高齢の買い手が注意を向けるのは、臭気の源とされるアブラである。この点を意識して、売り手がアブラを剥がしていることはすでに言及した。高齢の買い手はみな口々に「アブラ、取ってるね」と売り手に尋ねる。この種の質問を、若年の買い手がしないことからも、とくに高齢の買い手がにおいに対して敏感であることがわかる。さらに高齢の買い手は、売り手からアブラを取っているという答えが返ってきた場合でも、それに満足するわけではない。高齢の買い手は、必ず、自分でアブラを取っているかを確かめなければ、大腸を購入しないのである。

先に述べたように、大腸はあらかじめビニール袋に入った状態で陳列台に置かれている。そこで高齢の買い手は、においを嗅げるように、売り手にビニール袋の封を開けてもらう。売り手のほうも、高齢の買い手が「アブラ、取ってるね」と質問をしたり、大腸に視線を注いでいたりすると、自ら率先してビニール袋を破いて、大腸をごそっと台の上に空け、「アブラ、きれいに取ってあるよ」と言い、大腸のアブラを剥がした裏側を広げて、高齢の買い手に見せる。

くわえて高齢の買い手は、陳列台に並んだ大腸のみならず、台に並ぶ前の加工途中にある大腸や、加工のしかた自体にも関心を向ける。たとえば、高齢の買い手の多くは通路側に面した大腸を切るための作業台に近づき、そこで大腸が一口大に切られるさまを観察する。買い手は作業台に近づいても、たいていすぐに売り手には話しかけず、しばしのあいだ黙って観察を続ける。また、女性によっては陳列台の奥に身を乗り出し、アブラを剥ぐ作業を見ようとする。買い手は売り手の作業を見ながら、アブラを取ったか、大腸をきれいにしたかを質問していく。

それに続いて、買い手は、今度は自分で大腸をひとかけら手に取り、丸まって見えなくなった裏側を広げ、顔に近づけて、アブラが本当に除去されているかを念入りに見定める。次にその表面を指で擦り、ぬめりがないかを指の感触で確かめる。そして最後に高齢の買い手は、大腸を鼻に近づけ、においを嗅ぐ。買い手によっては一連の吟味をすべて行なわないこともあるが、においを嗅がない人はいない。買い手はにおいを嗅いだ後で満足すると「これを頂戴」と言い、そのときに嗅いだものを目の前で袋に詰めるよう、売り手に指示を出すことが多い。当然、作業台の前だけでなく、売り手が陳列台の上に大腸を広げたときにも、高齢の買い手は同様の行動をとる。

このように高齢の買い手たちは、売り手の言葉を当てにせず、その都度自分の感覚で大腸を吟味して購入する。極端な例として、二〇〇五年一二月二七日に、六十代後半ほどの女性客が大腸のにおいを確かめるために、加工途中の大腸を無断で食べたことがあった。その際も、大腸を飲み込んだ女性が口にした言葉は「くさくないさ。ジョートー（上等）さ」というものであった。このように高齢の女性が個々の大腸を毎回、購入のたびに吟味することからも、個別の大腸には臭気の強弱に差があり、質の違いがあると捉えられていることが分かる。そのなかで、高齢の買い手は丁寧に消臭がなされて、においのしない良質な大腸を探し求めるのである。

次に、なぜここまで高齢の買い手が大腸のにおいにこだわるのかを考えてみたい。大腸好きの買い手にとっても、大腸のにおいを肯定的に語る人はいない。とくにアブラのにおいは、鼻を刺激する不快な臭気だとみなされている。それは、単に大腸やアブラのにおいそれ自体の問題ではない。大腸のにおいが嫌われ、除去されるべきとされるのは、「大腸＝糞」の連想に由来すると考えられる。高齢の買い手にとって、大腸やそのアブラのにおいは、過去の自家生産・自家屠殺の経験から、ブタの糞を連想させるのである。

ここで、高齢の買い手たちによる「汚い」という語りをみてみよう。筆者はたびたび肉屋の店先で大腸を切っていると、その前を通りがかる高齢の女性から話しかけられた。そこで女性たちは一様に、「（大腸は）汚いのに、あんたはえらいさ」と言ったり、「私は年寄りだけど、これ触るの、いやさ。あんたは若いのにえらいね」と言って筆者を褒めた。また大腸や胃・小腸を購入する際にも、高齢の買い手たちは大腸が汚いことに言及する。たとえば、幾人かの高齢の買い手は「スーパーのビービーグヮー（大腸）は汚い」と言って市場を訪れる。あるいは逆に、胃・小腸を買いに来た八十代の女性は大腸を指さし、「これアブラ取っても、におうでしょ。ビービーグヮー（大腸）は汚いから、黒いの（胃・小腸）は硬いけど、そっちを買おうね」と言っていた。この女性に限らず、高齢の買い手のなかには、大腸の汚さを理由に、胃・小腸のほうを購入する人も少なくない。

また別の例としては、ある女性は「人の作ったナカミジルは食べんよ。正月の親戚の家でも、絶対口つけんさ。ちゃんと洗ったかも分からんし、どこで買ったかも分からんさ。自分できれいにしないとね。ここの（店の）はきれいにしてるから、ジョートー（上等）さ」と言った。売り手によれば、このように自分で下拵えして調理した大腸以外は「汚い」と言って、食べない人は珍しくないとのことであった。なかには、市場で買った大腸を自宅で再度洗い、強く洗い過ぎて可食部分が減り、再び買い足しに来る高齢の買い手も毎年、数人いる。それに対して売り手は、買い手が大腸を購入する際に、自宅で強く洗わないように繰り返し伝えている(35)。

これらの例をみると、高齢の買い手がにおいに敏感で、アブラの有無を非常に気にしており、大腸を購入するときは必ずにおいを嗅ぐという行動の理由も理解できる。先述したとおり、高齢の女性客には自家生産・自家屠殺の経験がある。彼女たちは過去にブタの世話をし、屠殺時には大腸から糞を取り除いて洗い、下拵えをしていた。そのため、大腸と胃・小腸の区別がつかない若年の買い手とは対照的に、高齢の女性たちは市場の店先で、現物を見て大腸であることが瞬時に分かると同時に、大腸が「汚い」糞に直接触れる部分であることを目で鼻で指先で熟知しているのである。とくにアブラが発する臭気の強さは、なおのこと大腸と「汚い」糞の結びつきを強めるのであろう。

以上のように高齢の買い手に特徴的なのは、大腸のにおいを必ず嗅いでから商品を購入する点である。彼女らは売り手の言語的な説明よりも、嗅覚、視覚、触覚を用いた感覚情報の探索に専念し、ビニール袋を取り除いて、大腸に直に接することを重視する。そこでは、嗅覚のみならず、視覚や触覚、さらには味覚で得られた感覚情報が、においに結びつけられる。こうした高齢の買い手のにおいに対する敏感さや嗅覚の鋭さは、自家生産・自家消費の経験に裏打ちされた、「大腸＝糞」という連想に起因すると解釈可能である。においに過敏な買い手を相手に、売り手にとっては大腸をいかに消臭し、糞とアブラ・大腸の連想を断ち切れるかが、販売戦略の要となっている。

ただし、大腸のにおいと高齢の買い手との関係は、一義的なものではなく、実はより多義的である。最後に、その一端が垣間見える事例を取り上げたい。大腸のにおいは、常に否定的なにおいとして嗅がれるわけではないのである。大腸のにおいは、くさいとされる一方で、正月の記憶と結びつく。そのことは、大腸を茹でるときに辺り一面にたちこめるにおいと関係する。

正月前の肉屋では、休むことなく売れ続ける大腸を補充するために、大きな鍋で大腸を茹でる作業が続く。肉屋が林立する市場の一角は始終、鍋から漏れ出た湯気がたちこめる。肉屋と通路のあいだには壁のような仕切りがないため、大鍋の蓋を開ければ、湯気と化した大腸のにおいは辺り一面に広がっていく。こうした状況下、二〇〇六年の正月前に、六軒の肉屋が立ち並ぶ通りにさしかかった、ある高齢の女性は、肉屋に群がる人だかりの前で立ち止まり、「ソゥグヮチ　カジャー　ヤッサー（正月のにおいだね）」と言った。

この女性にとって、大腸の湯気のにおいは、不快な悪臭ではなく、正月に稀少なブタ（ソゥグヮチ・ゥワー、正月ブタ）の大腸を食した記憶と結びついている。ここでのにおいは、食物や季節の行事と密接に結びついた記憶を喚起する媒体となっている。この短い語りから、同じ発生源のにおいが、二通りに嗅がれていることが推察できる。高齢の買い手にとって大腸のにおいは、単なる臭気の強弱や有無、快・不快の問題ではなく、記憶や経験を想起する種類のものでもある。

（3）変わりゆく感覚に映し出される人間とブタの関係

市場の売り手は売買に先立って、大腸を白色化し、消臭する技巧をつくりあげていた。重要なのは、売買に先立って行なわれる二種類の加工が、内臓に対して注意の向け方が異なる二種類の買い手に対応する点である。つまり、白色化という大腸と胃・小腸の識別を容易にするための加工は、若年の買い手に対して行なわれ、消臭という大腸の品質を高める加工は、高齢の買い手に対して行なわれている。

若年の買い手は、自家屠殺（その際の内臓の洗浄・加工）の経験がなく、購入する内臓の識別もままならない。そのため、若年の買い手は売り手から、大腸と胃・小腸を識別する際の感覚の使い方を教えられる。彼女たちにとって、市場は内臓とかかわる際に必要な感覚を学習する場所となっている。

若年の買い手とは対照的に、高齢の買い手は自家屠殺の時代に、ブタの体内から内臓を取り出して洗浄・加工した経験があり、内臓を容易に識別できる。それだけでなく、彼女たちは、積極的に陳列台の大腸を直に手に取って吟味し、加工途中の大腸に手を出すことさえある。高齢の買い手は自家生産の時代に、ブタの飼育から屠殺・解体、内臓の下拵え・調理までの連続するプロセスのなかで、自らの感覚を鍛えてきた。彼女たちにとって、市場は過去の経験で培った感覚を存分に活用できる場所なのである。このように、若年と高齢の買い手は、市場という同じ場所でも、豚肉と異なった関係を築いている。

以上、本項では沖縄の人びととブタの肉・内臓とのかかわりを捉えてきた。養豚の専業化前後に生じた変化は、現在の市場で培われる買い手の感覚に刻まれ、世代間の断絶を生み出している。買い手間の感覚使用の相違は、人とブタとのかかわりに埋め込まれた感覚の変容を示唆している。

高齢の買い手にみられた感覚の豊かさは、言語化を逃れる部分を多分にもつ。その豊かな感覚は、産業化以前のブタの自家生産・自家消費の慣行に根ざしており、そこから切り離されたかたちで若年の買い手へと受け継がれるものではない。現在の感覚は、過去の経験とその記憶と分かち難く結びついているのである。

それでは、時が経ち世代交代が進むにつれて、嗅覚優位に編成される多感覚の豊かさは、視覚の限定的な使用へと切り縮められていくのだろうか。筆者は、市場を訪れる買い手の感覚が、単に失われていくわけでないと考える。確かに、高齢の買い手に顕著な多感覚の豊かさや嗅覚の鋭敏さは、若年層にはみられない。だが、視覚に関しては、高齢の買い手には無い、新たな感覚が、若年の買い手に芽生えていると積極的に捉えることができる。市場の売り手はブタの内臓加工において、特定の色を際立たせ、不快なにおいを消す努力をしていた。こうした売り手の創意工夫によって、若年の買い手たちは、色の違いのみによって内臓を見分けるという、新たな視覚の使い方を学習する。沖縄における養豚の産業化以前・以降の断絶と、市場の売り手の努力は、買い手の側に嗅覚優位から視覚優位へと感覚の変容を引き起こしているのである。

最後に、高齢の女性が嗅ぎとった「正月のにおい」の事例を思い起こしていただきたい。「正月のにおい」は単に「くさい大腸」とにおいの種類が異なるだけではない。そうではなく「正月のにおい」は、まさに生活世界を丸ごと引き受けた感覚であり、言語記述の難しい、嗅覚に収斂した感覚総体の発露と解釈すべきであろう。この事例は、産業化の進展により変わりゆく感覚が、市場というフィールドを越えた豊かな広がりと深みをもつことを端的に示している。

1　これは朝岡の指摘した、マチの職住分離の特徴と重なるものである［朝岡 1996：361］。

2　このタイプは次に述べる露店と外観が類似するが、家賃の支払いにおいて異なる。常設店舗の家賃は店舗の敷地面積からではなく、商品の陳列台や冷蔵庫一台につき三〇〇〇円を支払うというのが相場である。たとえば、A市場の平均的な規模の肉屋では、冷蔵庫二台分の金額六〇〇〇円をひと月に支払う。その場合、冷蔵庫の大きさに限らず、家賃は一律である。

3　A市場は一九八四年に沖縄県主導の再開発地区に指定され、その翌年に「A市場振興組合（以下、組合）」を発足した。当初、組合は再開発に備え、公的機関との意思疎通を図ることを目的に立ちあげられた。ただし調査時点では、A市場の権利関係が複雑であることから、開発計画の話し合いに参加する対象者を特定できず、開発計画は進んでいなかった。二〇〇四年九月時点で、九〇名の組合員と一四名の役員がいた。役員は理事長一名、副理事長二名、理事一〇名、事務局長一名である。A市場のなかで組合に加盟していない店は二五軒であり、そのうちの五軒は前述した露店の売り手である。五名の女性売り手は組合に加盟していないが、売り手からも買い手からも「A市場の売り手」として認識されている。組合加盟店は全体の七割弱が食料品を扱う店である。そのうち肉屋は一〇軒であり、そのなかの七軒が豚肉専門の肉屋である。

4　その他に、豚肉の加工品四種類と、鶏肉（手羽中）と、牛肉（ステーキ用ロース肉、シチュー用モモ肉）の計二種の精肉が陳列台の片隅で売られている。

5　その他に、頻繁に耳にする言い回しとして「あんたがいいのが、いいさ」や「なんでもいいさ」、「あんたが好きにしたらいいさ」などがある。また、いつも同じ物を同じ量だけ買う客は、「あるねー」とだけ尋ねる。

6　なお、ソーキ（表6-1の3）は軟骨部分を切断し、別々に商品化される場合がある。また、臀部のナカジリ（表6-1の11）とチビジリ（表6-1の12）は売れ残ると、挽き肉にして販売される。これら二つの臨時商品を合わせると、合計二九種類の品目が店頭に並ぶことになる。

7　沖縄のサンマイニクと、日本の他地域のバラとの大きな違いは、皮の有無と、カット方法にある。前者は皮付きでブロック状にカットされ、大きな塊のまま販売される点に特徴がある。それに対して、後者のバラは、皮無しのスライス肉である。これら部位名称の違いは、整形方法の違いと結びついている［比嘉 2011b：16-19］。

8　重箱料理は、具材の種類と数が決まっており、かつそれぞれの具材が奇数（例：サンマイニクは七枚）でなければならない。くわえて、各具材を詰める位置と詰め方が詳細に決められている。注意すべきは、写真6-6の旧盆用の重箱料理は、サンマイニク（図6-2下中央）の皮を上向きに詰めるのに対し、清明祭用の場合は逆に下向きに詰めるなど行事ごとに異なる点である。その他にもいくつか特筆すべき規則がある。図中央のかまぼこは、三年忌前の死者がいる場合は、白色のかまぼこを使用し、それ以降の場合は赤色のかまぼこを使用する。同様に、その隣の田芋（ターンム）も繁栄を意味するめでたい食物（カリーヌムン）であるため、三年忌前の死者がいる場合は、大根（デークニ）を用いる。その際、図中央上部の昆布も結び方が異なる。また、沖縄の重箱は仕切りがないため、具材を切り揃え、爪楊枝を使って詰めるなど、盛り付けるのが非常に難しいとされる。実際に供える際には、図下サンマイニクのある部分を仏壇や墓の側に向ける。

9 なお、ブタ専門のバクヨーはゥワーバクヨーといった。

10 チビジリは、臀部の皮付き肉（表6-1の12）であり、売れない部位の代表とされる。

11 その際、半身肉一頭分では足りない部位でも、部分肉を注文すると割高になる場合はその部位を仕入れることはない。たとえば、ヒレやカタに相当する部位は、沖縄県内のみならず、日本の他地域や、主要な輸入先であるデンマークなどでの高値が設定されているため、この部位を単独で仕入れることはない。なお、ここで便宜的に、豚部分肉取引規格［食肉通信社編 2002：34］に基づく部位名称ヒレとカタという語を用いたが、それぞれの名称は地域によって異なる。

12 大半の部分肉は、A市場とは異なる分割方法（卸業者の商用分類）でカットされており、異なる部位名称が付与されている。そのため、豚肉商はA市場の「民俗分類」に即して、部分肉の切断箇所を修正したり、民俗名称に呼びかえる。分割方法の違いは、個々の精肉店で修正可能な程度であることが条件である。また、豚肉の民俗分類（分割法と命名法）も、沖縄県内でも地域差があり、各肉屋や各市場ごとにも多少の違いがある。

13 戦前から戦後、本土復帰を経る養豚の変化は、當山［1979］に詳しい。その他に、食肉の慣習とアメリカ統治の影響を扱った、農学者吉田茂の論考［吉田 1999］や、沖縄の在来ブタの衰退をめぐる諸変化を主題化した近年の研究［小松 2007］などがある。

14 ただし、腎臓は屠殺時の衛生検査の関係から、半身肉から切り取らずにそのまま半身肉と一緒に流通する。腎臓は部位単位で流通しない唯一の臓器である。

15 調査当時、部位別に仕入れられる製品は以下のとおりである。肋骨肉二種類、足先、前足、後足、内臓五種類（胃、小腸、大腸、心臓、肝臓）、骨二種類、顔皮、耳皮、Aロース相当部位、Bロースに相当する二種類の部位、腹部肉の計一八種類である

16 他地域の商用分類でカットされた部分肉は、必ずしもその地域産の肉であるとは限らない。この点は、広く一般的に肉の産地へのこだわりが強くみられることからも強調しておきたい。

17 ダニッシュ・クラウン社のウェブサイトを参照した。

18 本章で用いる「翻訳」という用語は、前川［2000］の「翻訳的適応」の概念に依拠している。前川は「閉ざされた社会」を前提とし、現地の経済を閉鎖的なシステムとして捉える認識論を批判した。そこから、世界システムと現地の経済システムの接合を問題化し、

「翻訳的適応」という概念を提示した。この視点は、商品経済に埋め込まれた民俗分類の動態性を理解するうえで参考になる。

19 ナカミジルとは、大腸、小腸、胃などの内臓にくわえ、赤身の多い豚肉やシイタケ、細切りこんにゃくを合わせ、煮込んだ汁物である。汁は豚骨でダシをとるが、内臓の茹でるときの湯が透明になるまで丁寧に洗い、手間暇をかけ、すまし仕立てに仕上げる。

20 ここで示す数値は、二〇〇四年の正月（一二月末の大晦日までの一週間）において、C店で売却された大腸の平均量を大まかに算出したものである。その後二〇〇八年まで同時期に同店で調査を実施したが、大腸の売却量がこの値を下回ることはなかった。

21 ブタの頭数に換算するために、ブタ一頭当たりの大腸の長さと重さについては、沖縄県北部食肉衛生検査所に確認をとった。ブタ一頭の大腸は約四メートルで、そのすべてが商品化される。大腸一メートルあたりの重さは約〇・三キログラム、大腸七〇〇キログラムは二三三三メートルである。

22 二〇〇四年当時、沖縄県内でのブタ屠殺数のひと月平均は、約二万七〇〇〇頭である［沖縄県福祉保険部薬務衛生課 2003］。なお、屠殺頭数の平均値は年間屠殺頭数から算出した。

23 なお、アブラという語は、通常アンダという方名に対応するが、上述した膜と綿状の臭気を発する物体にはアンダという方名が用いられることはない。この文脈以外では、アブラないしアンダは濃厚な味わいをだす肉の脂肪部分を指し、肯定的に評価されている。ここでは、否定的なにおいを伴う膜と綿状の物体を指すときにのみ、アブラと表記する。

24 筆者はA市場での調査以前、大腸料理を食べていたが、アブラを取る作業をするようになってから、そのにおいを嗅ぎとってしまうようになり、口にできなくなった。

25 人びとによれば、沖縄のナカミジルに使う大腸は、それを茹でたときのスープが澄んでいれば、きれいにアブラが除去されたものと分かるという。

26 くわえて売り手は、手触りや弾力といった触覚的な性質においても、大腸を加工することで、胃・小腸との差異を鮮明にする（表6-2の②c、③、④b）。まず大腸は加工前から、軟らかいのに対して、胃・小腸は硬いとされる。売り手は色と同様に、大腸を加工し、元の状態より軟らかくすることで、硬い胃・小腸との区別を明確にする。このように売り手は、大腸を加工することによって、胃・小腸との差異化を図る。

27 大腸はすでに屠殺直後に、衛生上の理由から茹でられてある。それは、胃と小腸も同様である。

28 売り手が行なう大腸の白色化は、人工的な漂白剤を用いた脱色とは全く異なるものである。そのため、本書では、市場の売り手による大腸を白くする加工法を、「漂白」ではなく、「白色化」という語を用いている。

29 一方、胃はというと、色の基準では小腸と同じく黒いために、小腸と混ぜられる。その際に、胃のなかに「白っぽい」部分が見つかったとしても、それを白い大腸に混ぜることはない。なぜなら、胃の場合、視覚的な性質よりも、触覚的な性質が重視されるからである。まずもって胃は、歯ごたえや食感と結びつく硬さによって弁別される。胃の硬さは、否定的な評価として受け取られるものではなく、歯ごたえや食感のよさといった肯定的な評価と結びつく。同じく小腸も硬い。それに対して、白い大腸（と小腸の一部分）は軟らかい。つまり、胃は色を基準として再分類されずに、硬さといった触覚的な基準にもとづいて、黒く硬い小腸（と大腸の一部）に混ぜられるのである。

30 ただし、通常の取引場面でコーイ・ウェーカという言葉が発せられることはほとんどない。

31 沖縄県那覇市の公設市場を調査した小松［2002a］も同様の点を指摘している。

32 買い物客のなかには、二十代の女性はほとんどおらず、三十代の客もかなり少ない。

33 先に述べたように、現在、大腸は茹でられてから、市場に出回るため、屠殺経験のない若年の買い手は生の大腸を目にする機会がない。それは、胃と小腸も同様である。

34 その他に付加的な条件として関係があるのは、姑などからの言づけでナカミを購入しに来る客が多く、見間違えることを懸念し、売り手の判断に依存する点にあると思われる。とくに若年の買い手は、熟練の売り手を前に、敢えて自身の眼力に頼ることは少なく、売り手に指示を仰ぐ傾向にある。

35 売り手の説明では、市場で丁寧にアブラを除去した大腸を再度洗う必要はない。その理由として売り手は、アブラを剥がした大腸はアブラを剥がしていない大腸と比べて薄くなっているため、何度も洗ったり、強く揉み洗いしたりすると、大腸が溶け、可食部分が減るからだとする。

第7章 考察と結論

本書では、第1章で人類学における人と動物の関係論を検討し、沖縄の人とブタ／肉の関係を捉える視座を導き出した。産業社会における人と家畜の関係を記述・分析する際には、功利主義的な視点を考慮せざるを得ない。産業化以降の沖縄における人とブタの関係は、まずもって大量生産体制に組み込まれている。

しかし、産業家畜が実利に資するよう利用される一方で、人びととブタのあいだには当該地域の食文化の論理や、空間的な境界をめぐる象徴の論理が介在していた。言うまでもなく、たとえ産業社会にあっても人間とブタの関係は功利主義に尽きることはない。

本書で取り上げたブタへの嫌悪と肉への嗜好性という相矛盾する態度の併存は、消費者と生産者の分割を前提としている。この矛盾は養豚場、屠殺場、市場、そしてさらにより広い文脈のなかで複雑な様相を呈する。本章では、本書で提示した民族誌的事例をもとに、この矛盾を中心に据えて現代沖縄における人とブタの関係について考察する。

1 産業化以降の沖縄における人とブタの関係

1-1 ブタへの嫌悪と境界の維持

産業化以降の沖縄では、ブタが「くさく汚い」家畜として嫌悪されるようになった。近年の養豚場の移転や廃業を促す法令の制定は、悪臭に対する徹底した不寛容さと、それに合わせた環境整備の重視を表わしている。しかしながら、ブタへの嫌悪は、多頭飼育化と専業化の過程で歴史的に形成された新しい現象であることを、第3章で明らかにした。

ブタへの嫌悪は、人とブタの居住環境を分離し、ブタを遠隔化する過程で生まれた。多頭飼育に移行するまで、ブタはたいていの家庭の庭先で飼われていた。そのためブタの糞尿は、自らの屋敷地や畑など村落の至るところにある「当たり前」のにおいだった。だが産業化の過程で、ブタは多頭に増え、人の居住地から離れた遠隔地で飼育されるようになった。そのとき、ブタのにおいは村落外部から流れてくる「異臭」となった。つまり、人とブタの居住環境の分離によるブタの遠隔化こそが、悪臭言説の浸透に基盤を与えたのである。環境の具体的な改変が、ブタを害畜とする支配的な言説の前提条件を成していた。

ブタに対する「くさい」という反応は、養豚場の建設反対や立ち退き運動を引き起こすまでに至り、養豚業者の排除を正当化している。専業化の過程で生み出されたブタへの嫌悪は、現在も養豚農家の日常に影響を及ぼしている。

第4章では、人とブタの分離が、養豚場に対する消費者の日常的な監視と苦情、それに応じる行政の立ち入り検査と処罰を通して強化されることを論じた。

興味深いのは、事例では、単に人からブタを遠ざけるという一方向の分離のみならず、逆方向からの分離がなされていた点である。とくに養豚場の内部者からみたとき、人間こそ、ブタから遠ざける必要がある。一旦、人とブタのあいだに確固たる空間的な境界がつくられると、養豚場外部の人間の行動を制限することで、人とブタが再び近接する事態が避けられる。この二方向の遠隔化によって、人とブタの境界は維持され続けるのである。

だが、言うまでもなく、ブタは食用家畜であり、そもそも消費者に売られるために飼育されている。つまり、生体ブタが害畜であるからといって、根絶すれば済むという問題ではない。人とブタの空間的な境界は、ブタが食肉になる段階で乗り越えられなければならない。

厳重に維持される人とブタの空間的な境界は、豚肉産業の至上目的のもとに越境される。重要なのは、その際の手順である。ブタは生きた「動物」のままではなく、適切な「食肉」のかたちとなって、人とブタの空間的な境界を越える。

第5章では、害畜と名指されることさえあるブタが、屠殺場で脱動物化される点をみた。屠殺と解体の工程のなかでは、「汚いブタ」を連想させる部位が次々と除去されていく。動物性を消し去ることで、ブタは人びとの認識のうえで「食べられる肉」となる。そして最終的に衛生検査をもって、「汚い家畜」であるブタから、個体性をも含む動物性とは無縁な「食べられるきれいな食肉」がつくりだされる。屠殺場は生きたブタを「動物」のカテゴリーから「食肉」のカテゴリーに属するモノへと転換し、消費者が好む肉につくり変える制度となっている。

脱動物化された豚肉は、市場を介して消費者へと流通することとなる。第6章でみたように、市場を訪れる買い手は、現在も肉を好んで購入し、とくに大腸に関しては以前にも増して大量に消費する。だが、自家消費の経験がある高齢の買い手は、ブタの痕跡が消されたはずの肉や内臓から、そのにおいを嗅ぎ取る傾向にある。高齢の買い手は大腸のにおいに敏感であり、できるだけくさくない商品を選ぶ。さらに購入後もにおいを洗い落とそうとし、ときには大腸が跡形も無くなるまで洗い続けることさえある。高齢の買い手にとっては生きたブタと結びつく、くさい大腸は「食肉」ではないのだ。

こうした行動が自明なものでない点は、若年の買い手との対比から明らかであった。生きたブタと肉の結びつきが稀薄な若年の買い手は、大腸にブタのにおいを読み取ることはできないし、そもそもブタの痕跡に対する関心もない。つまり、大腸という同じモノが、自家消費の経験がある高齢者にとっては「食肉」ではなかったのに対して、その経験がない若年層にとっては「食肉」となったのである。人と豚肉とのかかわり方には、ブタと接した経験の有無が如実に現われるのである。

つまり、ブタは「動物」から「食肉」カテゴリーに属するモノとなり、人とブタの空間的な境界を越境するだけではない。むしろ境界を越えた後にこそ「食物」カテゴリーに属するモノへの転換は完徹されねばならないのである。とくに生きたブタを身をもって知る、自家屠殺の経験がある人にとって、「動物」から「食肉」への転換はより徹底される必要がある。生きたブタすなわち「動物」をよりよく知るほど、転換に際して動物性の残滓が問題視されるのである。

このように屠殺場で脱動物化されたにもかかわらず、市場では豚肉の動物性がにおいに特化したかたちで問題視されていた。それに対して、市場の売り手は、高齢の買い手の行動を熟知しており、前もって大腸のにおいを除去する努力を怠らない。このようにみたとき、脱動物化の実践は屠殺場で完結せず、市場での加工まで続く、一連のプロセスであることが分かる。

ノスケ［Noske 1989, 1997］によれば、産業社会の人びとにとっての家畜とは、動物であるよりも、まず第一に〈肉〉である。この問題意識を本書の事例に即して掘り下げてみたとき、産業化が急激に進展した沖縄における人と肉とのかかわり方は、沖縄の戦後から現在までの地域史を映し出し、過去の人とブタの関係をひきずっている点に特徴がある。つまり、豚肉流通の最末端に位置する市場における、人と肉とのかかわり方のなかに、三〇年以上前の過去の経験と、その消失とが、世代差となって現われていたのである。

以上、本書ではブタの飼育、屠殺、加工、売買の流れに沿って、それぞれの場所でブタ、屠体、肉と人がどのようにかかわるかを丹念に描いてきた。一連の商品化の過程を横断するブタ／肉は、生きたブタの痕跡を消されることで商品としての肉になる。産業化によって、人びとに嫌悪される生体ブタは生産者が働く養豚場に、人びとに好まれる豚肉は消費者が集まる市場へと振り分けられる。そのとき問題となるのが、ここまで論じた人とブタの空間的な境界の維持と、その越境であった。

しかし現在、実際に人と生きたブタが接する養豚場の内部をより詳細に観察すると、この構図には単純に還元できない、多彩な人とブタの関係があることが分かった。この点については第4章で企業経営と世帯経営の二つの養豚場の事例から、養豚の専業化と効率化に伴う、人とブタの日常的なかかわりとして描き出した。

養豚場内部における人とブタの個別的なかかわりに目を向けると、養豚農家は効率化と利益増大のためにブタをモノ化する一方で、特定のブタを擬人化していた。個々の養豚農家は大量生産を目指すなかで効率化を図るために、ブタを数字によって管理し、繁殖に必要な情報のみを収集する。ブタのモノ化は、見る人と、見られるブタのあいだに距離を設けるものである。それによって、ブタは必要な情報を読み取られるだけの客体となる。この主客の関係構築によってこそ、効率的な多頭飼育が可能になるのである。

だが、ブタは肉の大量生産を担う歯車の一部と化す一方で、人に働きかけ、相互的なコミュニケーションを行なう存在とみなされている。こうしたブタの両極的な扱い方は、個々の人とブタの身体接触の度合いと相関する。概して養豚場では、外部者の視線を気にする役職にある人物が、ブタとの接触を最も回避する傾向にあった。しかしその一方で、養豚農家のなかには、ブタとの接触を避けない人物もいた。前者の人びとはブタをモノとして扱うのに対して、後者の人びとはブタに固有名をつけ、感情移入し、ブタを模倣することさえあった。こうした人とブタのかかわりは、固定的な「見る／見られる」関係とは決定的に異なる。人と擬人化されたブタとのあいだでは、言語および音声を介した双方向的なコミュニケーションが展開していた。そこではブタは人間と半ば同一視され、人と連続した意味のある存在となっている。

この事例は明らかに、産業家畜をエージェンシーなき受動的な客体と捉えてきた従来の理論に合致しない。養豚場の内部では、ブタは具体的な相互行為のなかで、人とのあいだに個別的な関係を生み出すエージェントである。

しかし、こうした人とブタとの人格的なかかわりは、沖縄の養豚場においてはむしろ例外であった点に留意する必要がある。第1章で言及したナイトは、人間と動物の社会性についての議論のなかで、個々の人間と個々の動物の間にのみパーソナルな関係が生まれ、動物の種という形式的・一般的な次元には社会性が生まれないと主張した[Knight 2012]。本書で取り上げた養豚場のブタは、ナイトのいうカテゴリーとしての種とは異なり、実体的な集合として管理統制の対象となる〈種〉としてのブタである。それらのブタは、基本的には個性を帯びることなく〈種〉として一括管理され、効率的な生産ラインの歯車となる。事例では、そうした大量生産体制を地としながら、規格外のブタや、作業ミスにより偶然飼い続けられることになったブタが、人と個別的で濃密な関係をとり結んでいた。人とブタの個別的で人格的な関係は、例外として、なかばシステムの外で生じていたのである。

もちろん、それらの人が常にブタを擬人化するわけではない。作業によってはモノとして扱い、あるいは外部者の視線を意識する場面ではブタを嫌いさえする。だが、そこには現実と乖離した極端な好意の言説とも、消費者の固定的な嫌悪の態度とも異なる、ブタのモノ化と擬人化の揺らぎが見て取れる。こうした揺らぎは、功利主義的な視点と象徴的なアプローチの双方から人とブタの関係を捉えることによって、はじめて明らかになったものである点を強調しておきたい。

1-2 肉への嗜好性とブタの肯定的な表象

現在の沖縄ではブタが嫌悪される文脈がある一方で、そのブタから生み出される肉に対する嗜好性が極めて高い。第3章の後半部では、悪臭問題に起因するブタへの嫌悪とは対照的な、ブタへの好意の言説を分析した。ブタへの好意は、実体のブタに対してではなく、イメージや表象のブタに対する態度である。社会の圧倒的多数を占める消費者にとって、実体のブタが不在な状況下、イメージや表象の次元でブタは好まれる傾向にある。

ブタに対する好意の言説は、肉の特権化と、尊いブタのイメージを含む。この二つの好意の言説においては、過去のブタ殺し儀礼ゥワー・クルシを中心とするブタの自家生産・自家消費の連続線上に現代の豚肉消費が位置づけられる。また、現在のブタの各部位に及ぶ嗜好も同様に、ブタ殺しという過去の習慣のみによって説明される。つまり、現在の消費慣行と過去のそれとの連続性が、ひたすらに強調されるのである。

しかしながら、豚肉消費の連続性の言説は、産業化による人とブタの関係の変化を覆い隠し、ブタの一部でしかない肉だけに焦点を絞る点で現実から乖離している。つまり、豚肉食の連続性を強調する歴史観は、分業化の過程を無視して消費中心に構成されたものである。それは消費者優位の社会に適合した歴史観だといえる。

また、一九八〇年代から顕著にみられるようになった、尊いブタのイメージに関しては、ブタと「戦後沖縄の復興」が結びつけられている。戦後、ハワイ在住の沖縄出身者が、沖縄復興の一貫として養豚に不可欠な繁殖ブタを贈った出来事は、現在、劇化したかたちで繰り返し語られる。この物語にあっては、養豚復興は「戦後沖縄の復興」の象徴と化し、ブタの尊さと人との親密さが過剰なほどに強調される。さらに戦争により途絶えかけた人とブタの関係は、六〇〇年間にわたる養豚の歴史の連続線上に紡がれることとなる。沖縄の人びとにとってブタは単なる食用家畜ではなく、人間に近く親密で、沖縄の歴史と文化を体現する存在だという観念がありありとみてとれる。

こうした状況下、近年では新たに沖縄の在来ブタであるアグーの復興運動が隆盛している。黒色ブタのアグーは「沖縄文化」の象徴となり、観光資源や愛玩動物として高く評価されている。沖縄の地元紙は、沖縄の戦後復興六〇年間を「黒ブタから白ブタになる」歴史に重ね合わせ、黒ブタが衰退し、外来種の白ブタが隆盛する経緯として描く。そこから在来ブタを含めた沖縄の伝統を見直す必要性を説く。

その前提はもはや言うまでもない。沖縄の人びととブタの関係は可能な限り連続したものでなければならない。より正確に言えば、もはや人とブタの関係は完全には連続していないが、在来種アグーの復興により確固たる連続性を取り戻すべきである、という前提である。

しかし、本書では、ブタに対する嫌悪と好意という両極端の態度が歴史的につくられた点を論じた。人とブタの関係は、養豚場のブタの領域と、市場の肉の領域を両極とし、前者がブタ嫌い、後者が肉好きの態度と結びつく。実体のブタ、すなわち養豚農家が接する、においがする生きたブタと、表象上のブタ、すなわち消費者が抱くイメージのうえでの尊いブタとが、異なる領域で併存するのである。表象上のブタは肉への嗜好性と矛盾しないどころか、むしろ消費慣行と合致するのは明らかだ。事実、人びとが豚肉を非常に好んで買うのは、養豚場から離れた市場においてである。

第6章の市場の事例からみえてきたのは、沖縄における豚肉への嗜好性が産業化による変化と分かち難く結びついている点であった。一部の部位のみを単独で大量供給できる豚肉流通の変化、すなわち部分肉の登場は、大腸の消費量が拡大する素地をつくりだした。それによって「ブタを余すところなく食べる」かつての慣行は、自家生産・自家消費の文脈を離れて、「一部分を大量に食べる」部分消費の慣行へと移行したのである。

また民俗分類に関しても、現在の市場では肉の形や切断ラインの異なる他地域の肉が大量に出回り、変化が生じている。だが、こうした変化にもかかわらず、売り手はさまざまな技巧を洗練させ、地域の民俗分類に合致した肉をつくりだす。つまり、流通網の拡大のなかでも、売り手の行為のおかげで、豚肉の民俗分類は表面的には変化せず、自家生産・自家消費の時代から連続しているかのように映るのである。

注目すべきは、現時点のブタの部位に関する民俗分類や大腸の大量消費が、大量生産体制の確立と流通網の再編に伴って創出された新しい慣行である点である。食の産業化に注目した古典的な研究として、グディは産業化による生産の再編が消費の変化を引き起こす点を指摘した［Goody 1982］。この論点をグディが一般論として提示したのに対して、本書の市場の事例は、まさにその地域個別的な様相を示しているだろう。しかしそれだけでなく、沖縄の場合、生産から消費への影響のみならず、消費から生産への影響が大きいことを忘れてはならない。この点に注目すると、グディが論じた生産の変化に起因する消費の変化という、単線的な因果の構図にはおさまらない、食の産業化がもたらすよりダイナミックな様相がみえてくる。

その例として、屠殺場でなぜある部分が「動物」に分類され、ある部分が「食物」に分類されるかを沖縄における豚肉消費の慣行と、より広い政治経済的な文脈との関連から論じたい。それによって沖縄に固有な脱動物化の特徴が明らかになる。第2章で屠殺場の外で展開する消費の傾向について、主に次の二点に着目した。第一点は、儀礼食とのかかわりであり、第二点は観光とのかかわりである。

まず儀礼食に関しては、沖縄では豚肉は儀礼時に欠かせない食物であり、皮付きであることが必須である。さらに、皮付き肉は人びとの美学に則って、丁寧に脱毛され整形されたものでなければならない。そのため、屠殺場では皮を残し、皮の表面に検印せず、さらに三回にわたる脱毛処理が行われることが重要である。また、動物の生命そのものとして想像されうる血も、沖縄本島のとくに中北部一帯では、正月料理に欠かせない儀礼食の材料となっている。血の食利用は自家消費時代に遡る慣行であるが、産業屠殺に移行してからも重要であり続け、屠殺場の工程を変更するに至っている。

このようなブタの食利用の持続が、ブタをどのように脱動物化するかを方向づけ、産業屠殺のありかたを沖縄に即したものへと変えてきたのである。したがって、独自の美的基準に裏打ちされた肉へのこだわりの強さや儀礼食の形式性は、単に過去から連続しているのではなく、あくまで産業化の文脈に組み込まれ、その生産（加工）工程をある程度規定しながら持続している点を見落としてはならない。

とくに二〇〇〇年以降の観光の活性化に伴って、沖縄の豚肉料理は観光資源としての価値を獲得した。観光の文脈で食される豚肉料理は、日本本土で通常食される薄切り肉と同じであっては決してならない。というのも、沖縄を訪れる観光客の九割は国内旅行者であるため、沖縄料理を日本の他地域の料理から差異化することが必須だからである。それゆえ、沖縄以外の地域では通常食されない血や皮付き肉、顔や足などの料理が、とりわけ重要な観光資源として選ばれる。つまり、日本の他地域では「動物」に分類される食材が「沖縄の豚肉料理」として選ばれることとなる。したがって、「動物」と「食物」の振り分けにおいて決定的な役割を果たす屠殺場の脱動物化は、地元の儀礼食のみならず、観光資源としての豚肉料理の必要によって変更を被りながら、同時に、それらの存続の基盤ともなっている。

このように屠殺場における屠殺と加工が埋め込まれた空間的な広がりと時間的な深度に目を向けるとき、分業化した社会における人とブタの関係の持続がみえてくる。総じて、沖縄における豚肉の大量生産体制は、戦争による養豚の壊滅状況からの復興を経て確立した。近年に至っては、大量生産の要である養豚場は悪臭問題化され、排斥運動の対象となっているにもかかわらず、観光業の推進に伴う波及的な影響を受けている。こうしたなか、豚肉消費の慣行は、部分的には大量生産体制を存立の基盤とし、部分的にはその体制を改編しながら持続している。ただし、この持続の裏に、ブタへの嫌悪があることを忘れてはならない。本書では繰り返し、ブタへの両義的な態度が産業化の過程で生まれたことを指摘した。ここからは単一の動物種に対する両義的な態度を、再度、境界論と突き合わせて論じていく。

第1章で述べたように日本の紀伊半島の山村における人間と野生動物の関係を扱ったナイト［Knight 2006］は、人と動物の相互作用を境界の維持と侵犯に注目して読み解いた。彼は、同地域で過疎化が進むにつれて、人と野生動物の棲み分けが崩れるさまを描き出した。人間の土地利用が減るにつれて、野生動物の側からの境界侵犯が常態化する。その過程で、野生動物は山村の人びとにとって害獣となり、駆除の対象となった。そうした状況下、いかに村落社会の人と野生動物との境界を再確立するかが問題となった。

興味深いのは、人が野生動物を害獣とみなす一方で、それとは異なる感情をもつという点である。野生動物は「被害者（victim）」ともみなされるというのである。なぜなら、かつて人間たちが野生動物の居住する自然領域を侵した際には、野生動物は害獣ではなく、むしろ被害者であったからだ。さらに興味深いことに、人びとは、産業化のなかで周縁化され、過疎化してしまった自らの村の現状を、かつての被害者としての野生動物に重ね合わせ、それら動物に対して共感するのである。そこには野生動物を害獣として、自身から分離して捉える態度とは異なり、人間と動物を類比において連続した存在と捉える態度がみられる［Knight 2006：237-246］。

日本の山村部と沖縄の都市部では大きく状況が異なるが、ナイトの示した知見は本書に有用な視座を与えてくれる。ナイトが対象とした山村では、過去にあった人間と野生動物の空間的な境界が過疎化のなかで崩れていった。それに対して、本書の事例では自家生産・自家消費の時代には、人間と家畜は同じ居住空間で共住していた。そこから専業化と多頭飼育化の過程で、人間と家畜の居住地が遠隔化され、両者のあいだに新たに境界が創出されたのである。この点は、いくら強調してもし過ぎることはない。境界が自明のものではなく、創出された点に、本書の事例の特徴がある。

一旦、つくりだされた境界は、常に人間とブタを分離する二方向の遠隔化によって維持されることとなる。その境界が越境されるのは、ブタが「動物」から「食肉」になったときのみである。仮に「動物」のままのブタやそれに属するモノやにおい（＝動物性）が境界を侵犯して人間の居住領域に届けば、それは「害畜」やそれに類するモノとみなされ、嫌悪と排除の対象となる。

一方、山村で害獣とされる野生動物が、同時に「被害者」として過疎化を経験した村人と重ね合わされるのと類似して、沖縄においてもブタへの両義的な態度が顕著である。産業化以降に生まれたブタへの好意の言説においては、人とブタは親密で連続した存在として描かれる。戦後の養豚復興が、沖縄の人びと自身の復興と同義とされ、外来種に圧倒された在来種アグーの復興運動は「沖縄文化」の復興と重ね合わされていた。そればかりか現行の豚肉消費の慣行も、過去から絶え間なく続く人とブタの親密な関係の証左として賛美される。

このようなブタの肯定的な表象と消費慣行に、沖縄の人とブタが過去から築いてきた親密な関係を読み取ることもできる。だが、ここで問われるべきは、単一の動物種に対する嫌悪と好意という両義的な態度が、ズレながらもいかに併存するかである。産業化以降に広まった、人とブタの親密さを強調する言説によって隠されているのは、実体としてのブタを嫌悪しているにもかかわらず、そのブタから生み出される肉を好むという矛盾である。実体としてのブタは人びとから遠ざけられ、不在である。実際に人びとが接しているのはブタではなく、その肉である。それに対して、ブタの肯定的なイメージが、実体としてのブタの不在を補っている。実体のブタは社会の周縁で不可視化され、表象のブタが、人びとの食する肉と結びつけられる構図が成立したのである。

このような持続の物語を構築できるのは、消費者が社会の圧倒的多数を占める産業社会においてである。というのも、肉の特権化とブタの肯定的な表象は、消費者にとって嫌悪の対象である実体のブタが不在であることを前提としているからである。換言すれば、ブタを肯定し、人とブタの親密さを強調する言説は、人とブタの分離を基盤としている。ゆえに、消費者によってイメージのブタと、豚肉とが好まれながらも、実体としてのブタがいる養豚場と自身の居住空間との境界は維持され続けねばならないのである。

この構図は、屠殺場という制度によって強化されている。ブタが肉になる決定的な仕組みとして注目した脱動物化は、生体ブタから肉への移行を不可視化する実践でもあった。それは、消費者の手に渡る肉から生体ブタの痕跡が消される行為であり、いわば実体のブタと肉を切断する試みだといえる。このように養豚場、屠殺場、市場、そして言説と環境の変化まで含めて総体的に考察することで、産業社会における人と家畜の関係を十全に把握することができる。

2　課題と展望

本書では、沖縄において重要な家畜・食物であるブタ／肉と、人びとが取り結ぶ矛盾をはらんだ関係を、産業化によって生じた時間的・空間的な広がりに位置づけて理解することを目指した。産業化以後の人とブタ／肉の関係は、生きたブタの生産領域から、肉の消費領域まで、丹念にみていくことで初めてその矛盾まで含めて理解することができる。本書では、〈ブタ嫌い・肉好き〉という矛盾した態度がいかなる歴史過程のなかで生まれたかを、言説と物理的な環境の改変に目を配りながら明らかにした。また、現時点の人とブタ／肉の関係に関しては、養豚場、屠殺場、市場においてそれぞれの人がどのようにブタ、屠体、肉と接するかを記述し、近代産業に根ざす社会的・文化的な論理を見出すことを試みた。

一連の民族誌的記述を通して、本書では〈沖縄のブタ文化〉と評される際に、取り上げられることのなかったネガティブな側面を意識的に拾い上げた。もちろん、本書はブタのポジティブな表象それ自体を否定するものではない。そうではなく、ブタに対する好意の言説が流布される一方で、養豚場の排斥運動を引き起こすまでに根深いブタへの嫌悪という矛盾こそを主題化する必要があったのである。とくに、ブタの肯定的な表象を強調することはこの矛盾を不可視化する言説を再生産することと同義に近い。そのため、過去から連綿と続く人とブタの親密な関係のみを際立たせる言説は、批判的に捉えねばならない。ゆえに、本書の一連の記述は一貫して、伝統主義的な見方に抗するものとなっているはずである。それだけでなく、こうした単一の動物に対する矛盾した態度を記述することは、沖縄という一地域を超えて、他の産業社会における人と動物の関係を理解するうえで有用だと思われる。

最後に本書の残された課題と今後の展望として、まず沖縄移民社会との比較が挙げられる。本書ではブタへの嫌悪が産業化の過程で生じたと主張したが、沖縄の人びとが移り住んだ移民社会でもブタをめぐる類似した排除や差別の問題が生じていたとされる。そうした沖縄と移民社会の比較分析によって、産業社会における人とブタの関係を、より広い視野から捉えることが可能になるだろう。

また、今後は日本の本土地域や、沖縄以外のアメリカの被植民地における公衆衛生政策や近代化政策の資料を収集し、沖縄の特異性ないし他地域との共通性を検討する必要がある。それによって、沖縄における人とブタの関係とその変化をより広い政治経済的な布置のうえに位置づけることができる。

さらに、沖縄の人とブタの関係を、他の動物と人との関係と比較する方法もある。沖縄は一般的に「美しい」島というイメージがあり、それにもとづく海洋リゾート開発が行われる一方で、野生動物の保護活動も活発化している。本書では、社会環境に限定したため、今後は自然環境まで含めて、特定の動物と人がどのように共存あるいは対立しているかを捉える。具体的には、沖縄にはジュゴン食の歴史、イルカ食やクジラの観光利用などがあり、また日本の天然記念物に指定され、絶滅危惧種とされるヤンバルクイナなどの野生動物の保護活動が活発である。それら生育環境の異なる動物種と人のかかわりを分析し、本書で扱った人と家畜動物とのかかわりと比較することで、沖縄の文脈を重視しつつ、人類学の人と動物の関係に関する理論構築にさらなる知見を加えることができるだろう。

あとがき

ドブ川。ブタがいて汚かったあの川は、本書全体を導くモチーフであるだけでなく、私の沖縄での生活を代表する〈においの風景〉である。一九九一年、私は家族とともに沖縄に移り住み、あのドブ川のほとりに建つ中学校に入学した。そこで私は「ナイチャー（内地の人）」としてのスタートをきることになった。ナイチャーとは沖縄の言葉で、沖縄諸島以北の日本人を「ウチナンチュ（沖縄の人）」と区別して呼ぶものである。沖縄では最多とも言われる「比嘉」の姓であるにもかかわらず、日常にみられる「沖縄の人／非-沖縄の人」の区別を、私は身をもって経験することになった。皆と「同じであること」が尊ばれる中学校という場で、「沖縄の人」になろうとする日々は決して楽だったとは言いがたい。私は次第に沖縄への問題意識をもつようになり、沖縄研究へと引き寄せられていった。ブタのいた川とともに、私の沖縄への問いは始まったのだ。

本書は、二〇一三年に筑波大学大学院人文社会科学研究科に提出した博士論文「産業社会における人と動物の関係―沖縄におけるブタへの嫌悪と肉への嗜好性―」をもとに加筆・修正したものであり、二〇〇三年以降に行なった沖縄でのフィールドワークの成果である。だが、ある意味で、本書は今から二四年前の移住経験にすでに基礎づけられていたともいえる。

嫌われるブタ、食べられるブタ、そして愛でられもするブタ。これまで表にのぼることのなかった、嫌われるブタを民族誌に書き記したことにも、本書の意義があるとは思う。しかし何よりも、この一筋縄にはゆかない、沖縄の人とブタのかかわりを、いずれかに還元して代表させてしまうことなく描き出すこと。それが本書の目指したところである。

だから単純に沖縄でブタが嫌われる文脈もある、と言いたかったわけではない。ときに人びとが自らと同一視さえする、そのブタが嫌われているのだ。ブタは自己から簡単に切り離すことのできない存在であり、自らの写し鏡でもある。だからこそ、ブタは嫌われ、避けられるのだろう。幾重かの捻じれがそこにはある。養豚場を彩る花々や愛らしいブタのオブジェは、幾ばくかブタへの風当たりがゆるむよう、養豚場の願いを映し出しているかのようだ。ブタへの嫌悪と好意に揺れ、豚肉の大量消費に駆り立てられる沖縄の人とブタとのかかわりを、その分断まで含めて描き出すことが、本書で少ないながらも成功していることを祈っている。この本をここまで読んで下さった読者の方々の眼前には、果たしてどのような風景が広がっているのだろう。

本書のもととなった論文の初出は、以下の通りである。

〈日本語〉

・比嘉理麻　二〇〇八「現代沖縄における豚肉の『部分消費』の拡大と制御―食肉流通の近代化に焦点をあてて」『インターカルチュラル』六号、六六～八三ページ。

・比嘉理麻　二〇一一「産業社会の矛盾を映し出すブタへの嫌悪と好意―沖縄の養豚場が「迷惑施設」になる歴史」『インターカルチュラル』九号、一三〇～一四七ページ。

・比嘉理麻　二〇一一「プロセスとしての民俗分類―現代沖縄におけるブタ／肉の商品化の時間と空間」『日本民俗学』二六五号、一～二九ページ。

・比嘉理麻　二〇一二「食肉産業にみる商品の感覚価値―沖縄における豚肉の均質化と差異化」『カルチュラル・インターフェースの人類学』前川啓治編、新曜社、二〇八～二二二ページ。
・比嘉理麻　二〇一五「変わりゆく感覚―沖縄における養豚の専業化と豚肉市場での売買を通じて」『文化人類学』七九号四巻、三五七～三七七ページ。
〈英語〉
・Higa Rima 2011 A Problematization of Pigs and Pork : A History of Modernity to Invent and Deodorize Odor, *Inter Faculty*. 2 : 57–75.
・Higa Rima 2014 Meat Processing by De-Animalization : Pork as a Ritual Meal and Tourism Resource in Okinawa, Japan, *Revisiting Colonial and Post-colonial*. H. W. Wong and K. Maegawa eds. Los Angeles : Bridge21 Publications, pp. 231–255.

本書を完成させるまで、数えきれないほどたくさんの方々にお世話になった。沖縄の養豚場、屠殺場、市場で働いている方たちには本当に頭が下がる思いである。みなさんが真剣に働く仕事場で私に役割を与えて下さり、ブタや肉とのかかわりを直に経験させて下さった。私の雑多な質問に、延々と付き合って下さったみなさんの優しさと辛抱強さがなければ、本書は決して生まれることがなかった。ここに心からの謝意を捧げたい。

博士論文の審査では、筑波大学の前川啓治先生、関根久雄先生、鈴木伸隆先生、中野泰先生に大変お世話になった。博士論文を執筆する過程では、筑波大学の内山田康先生、風間計博先生（現京都大学）、関西学院大学の関根康正先生に貴重なご助言をいただいた。記して御礼申し上げます。筑波大学大学院の院生や友人たちには、いつも励まされた。すべての方のお名前をあげることはできないが、筆者の拙い発表や論文草稿に対して親身になって相談にのり、有益なコメントを下さった、深川宏樹さん、吉田ゆか子さん、山崎寿美子さん、奈良雅史さんには心からありがとうと言いたい。

また京都に移ってからもたくさんの方々にお世話になった。京都大学の田中雅一先生には、日本学術振興会の特別研究員PDとして受け入れていただき、多大なご支援をいただいた。また火曜会、エコゾフィ研究会、日本人の国際移動研究会に参加させていただいた。新しい研究環境のなかで、たくさんの研究者の知的好奇心に触れ、改めて自分にとって本質的な問いは何なのかをみつめ始めることができた。議論の輪にくわえて下さった方々にお礼を申し上げたい。

なお、本研究は琉球大学後援財団「琉球文化研究奨励金」（二〇〇三年度）、文部科学省大学院教育改革支援プログラム「新領域開拓のための人社系異分野融合プログラム」（二〇〇七〜二〇〇八年度）、公益信託澁澤民族学振興基金「大学院生等に対する研究活動助成」（二〇〇九年度）、日本学術振興会特別研究員PD・研究奨励費（二〇一二〜二〇一四年度）の助成を受けたものである。また、本書の刊行は、平成二六年度京都大学総長裁量経費による出版助成を受けて可能となった。本書の刊行に際して、京都大学学術出版会の鈴木哲也さんには、本書の趣旨をご理解いただき、的確なご助言をいただいた。高垣重和さんには、なかなか筆の進まない筆者に懇切丁寧に対応していただいた。記して感謝の意を表したい。

最後に、私のことを愛情かけて育て研究生活を見守ってくれた両親に感謝の気持ちを伝えたい。慣れない沖縄での生活に幾度か折れそうになったとき、母の笑顔と涙があった。ありがとう。

二〇一五年二月　　比嘉　理麻

琉球開発金融公社（1972）『琉球開発金融公社 10 年史』琉球開発金融公社.
琉球政府文教局（1988a）『琉球史料　第 1 集政治編』〈復刻版〉那覇出版社.
——（1988b）『琉球史料　第 6 集経済編』〈復刻版〉那覇出版社.
琉球政府農林水産局畜産課（1968）『沖縄の畜産』琉球政府農林水産局畜産課.

【新聞記事】
『沖縄タイムス』: 2008 年 1 月 10 日付け，同年 3 月 27 日付け，同年 7 月 2 日付け，2009 年 1 月 17 日付け，同年 1 月 20 日付け，同年 2 月 19 日付け，同年 9 月 12 日付け，同年 12 月 31 日付け.
『琉球新報』: 2008 年 12 月 31 日付け，2009 年 1 月 17 日付け，同年 2 月 19 日付け，同年 3 月 6 日付け，同年 12 月 15 日付け，同年 12 月 19 日付け，2011 年 6 月 6 日付け.

【映像資料】
ニコラウス・ゲイハルター監督・撮影（2008）『いのちの食べかた』（2005 年 11 月 28 日公開）紀伊國屋書店.
沖縄県農林水産部畜産課（2007）『琉球在来豚アグー物語―おきなわブランド豚作出への道』（2007 年 1 月制作，同年 3 月 29 日放送.）

【ウェブサイト】
ダニッシュ・クラウン社（Danish Crown）　http://www.danishcrown.com/custom/produktkat3/svin/indexblade/porkindex.html　閲覧日：2004 年 11 月 23 日.
名護市ホームページ　http://www.city.nago.okinawa.jp/4/3565.html　閲覧日：2012 年 3 月 12 日.
南城市ホームページ http://www.city.nanjo.okinawa.jp/about-nanjo/introduction/population.html　閲覧日：2012 年 3 月 12 日.
沖縄県中央食肉衛生検査所ホームページ http://www.pref.okinawa.jp/site/kankyo/shokuniku-chuo/shokucho/chuo-hokubu.html　閲覧日：2009 年 4 月 16 日.

引用資料

【行政文書】

沖縄県文化観光スポーツ部観光政策課（2012）「平成 23 年（2011 年）入域観光客数概況」沖縄県文化観光スポーツ部観光政策課.（http://www3.pref.okinawa.jp/site/view/contview.jsp?cateid = 233&id = 26154&page = 1　閲覧日：2012 年 2 月 29 日）.

沖縄県文化環境部環境保全課（2006）『悪臭防止法に基づく臭気規制の導入について』沖縄県文化環境部環境保全課.（http://www3.pref.okinawa.jp/site/contents/attach/11429/pamphHP.pdf　閲覧日：2010 年 7 月 24 日）.

沖縄県中央食肉衛生検査所・沖縄県北部食肉衛生検査所（2004）『事業概要（創立三〇周年記念誌）』沖縄県中央食肉衛生検査所・沖縄県北部食肉衛生検査所.

沖縄県企画部企画調整課（2011）『おきなわのすがた』沖縄県企画調整課.

沖縄県企画部統計課（2012）「推計人口」『沖縄県統計資料 WEB サイト』（http://www.pref.okinawa.jp/toukeika/estimates/estimates_suikei.html　閲覧日：2012 年 8 月 20 日）.

沖縄県農林水産部畜産課（1979）『沖縄県畜産経営環境汚染防止指導方針』沖縄県農林水産部畜産課.

――（1983）『市町村別家畜飼養頭羽数の推移（昭和 45 年～昭和 57 年）』沖縄県農林水産部畜産課.

――（2006）『家畜排せつ物法の遵守は，畜産業のルールです！！～管理基準を守りましょう～』沖縄県農林水産部畜産課.

――（2008）『おきなわの畜産』沖縄県農林水産部畜産課.

――（2012）『平成 23 年 12 月末家畜・家きん等の飼養状況調査結果』沖縄県農林水産部畜産課（http://www.pref.okinawa.jp/site/norin/chikusan/chikusei/shiyoutouhasuu.html　閲覧日：2012 年 8 月 20 日）.

沖縄県農林水産行政史編集委員会（1986）『沖縄県農林水産行政史　第五巻畜産編・養蚕編』農林統計協会.

沖縄県福祉保険部薬務衛生課（2003）「家畜の種類別屠殺頭数及び枝肉量」沖縄県福祉保険部薬務衛生課（http://www.pref.okinawa.jp/toukeika/so/so14.xls　閲覧日 2006 年 7 月 1 日）.

大里村（1992）『畜舎等設置に関する取り扱い要綱』大里村.

友寄喜・嘉手納納恒・嘉数江美子（2006）「沖縄県における臭気指数規制導入に係る実態調査」『沖縄県衛生環境研究所報』40：173-174.

名護市広報（2007）『市民のひろば』2007 年 9 月号（no. 430），名護市.

農林水産部畜産課・沖縄県畜産試験場（1979）『畜産環境保全（講習会用）』農林水産部畜産課・沖縄県畜産試験場.

琉球政府（1952）『公報』第 21 号，1952 年 9 月 1 日，琉球政府.

――（1955）『経済振興第一次五ヵ年計画書』琉球政府.

――（1959）『公報』第 71 号，1959 年 9 月 4 日，琉球政府.

――（1960）『長期経済計画書』琉球政府.

—— (2012) The Anonymity of the Hunt : A Critique of Hunting as Sharing, *Current Anthropology*. 53(3) : 334–355.

Kohn, Eduardo (2007) How Dogs Dream : Amazonian Natures and the Politics of Transspecies Engagement, *American Ethnologist*. 34 (1) : 3–24.

Lesbirel, S. Hayden (1998) *NIMBY Politics in Japan : Energy Siting and the Management of Environmental Conflict*. New York : Cornell University Press.

Marcus, George E. (1998) *Ethnography through Thick and Thin*. Princeton : Princeton University Press.

Mullin, Molly H. (1999) Mirrors and Windows : Sociocultural Studies of Human-Animal Relationships, *Annual Review of Anthropology*. 28 : 201–224.

—— (2002) Animals and Anthropology, *Society and Animals* 10 (4) : 387–393.

—— (2010) Anthropology's Animal, *Teaching the Animal : Human-Animal Studies across the Disciplines*. Margo Demello ed. New York : Lantern Books. pp. 145–201.

Nadasdy, Paul (2007) The Gift in the Animal : The Ontology of Hunting and Human-Animal Sociality, *American Ethnologist*. 34 (1):25–43.

Noske, Barbara (1989) *Humans and Other Animals : Beyond the Boundaries of Anthropology*. London : Pluto Press.

—— (1997) *Beyond Boundaries : Humans and Animals*. Montreal, New York and London : Black Rose Books.

Rappaport, Roy A. (1968) *Pigs for the Ancestors : Ritual in the Ecology of a New Guinea People*. New Haven and London : Yale University Press.

Sahlins, Marshall (1976) Comments : Structural and Eclectic Revisions of Marxist Strategy : A Cultural Materialist Critique [and Comments and Reply], *Current Anthropology*. 17 (2) : 298–300.

Shanklin (1985) Sustenance and Symbol : Anthropological Studies of Domesticated Animals, *Annual Review of Anthropology*. 14 : 375–403.

Stull, Donald D. and Broadway, Michael J. (2004) *Slaughterhouse Blues : The Meat and Poultry Industry in North America*. Belmont : Wadsworth.

Vialles, Noelie (1994) *Animal to Edible*. translated by J. A. Underwood. Cambridge University Press. (Vialles, Noelie 1987 *Les Abattoirs des Pays de l'Adour*. de la Maison des Sciences de l'Homme.)

Viveiros de Castro (1998) Cosmological Deixis and Amerindian Perspectivism. *Journal of the Royal Anthropological Institute*. 4 (3) : 469–488.

Wynne-Edwards, Jeannie (2003) Overcoming Community Opposition to Homelessness Sheltering Projects under the National Homelessness Initiative. pp. 1–48. (http://www.urbancentre.utoronto.ca/pdfs/elibrary/NHINIMBY.pdf 閲覧日：2010年7月9日)

Candea, Matei (2010) "I fell in love with Carlos the meerkat": Engagement and detachment in human-animal relations, *American Ethnologist.* 37(2): 241-258.

Cassidy, Rebecca (2007) *Horse People : Thoroughbred Culture in Lexington and Newmarket.* Baltimore : Johns Hopkins University Press.

Counihan, Carole (1999) *Anthropology of Food and Body : Gender, Meaning and Power.* New York and London : Routledge.

Demello, Margo ed. (2010) *Teaching the Animal : Human-Animal Studies across the Disciplines.* New York : Lantern Books.

DeLind, Laura B (1998) Parma : A Story of Hog Hotels and Local Resistance, *Pigs, Profits, and Rural Communities.* Kendall M. Thu and E. Paul Durrenberger eds. State University of New York Press. pp. 23-38.

Descola, Philippe (1996) Constructing Natures : Symbolic Ecology and Social Practice, *Nature and Society : Anthropological Perspectives.* Philippe Descola and Gísli Plásson eds. London and New York : Routledge. pp. 82-102.

Edminster, Avigdor (2011) *"This Dog Means Life": Making Interspecies Relations at an Assistance Dog Agency.* A Dissertation submitted to the Faculty of the Graduate School of the University of Minnesota.

Goody, Jack (1982) *Cooking, Cuisine and Class : A Study in Comparative Sociology.* Cambridge : Cambridge University Press.

Grasseni, Cristina (2009) *Developing Skill, Developing Vision : Practices of Locality at the Foot of the Alps.* New York and Oxford : Berghahn Books.

Hara Tomoaki (2007) Okinawan Studies in Japan, 1879-2007, *Japanese Review of Cultural Anthropology.*8 : 101-136.

Higa Rima (2013) Sensory Value of Commodity : Homogenization and Differentiation of Pigs and Pork in Okinawa, Japan. *International Journal of Business Anthropology* 4 (1): 62-76.

—— (2014) Meat Processing by De-Animalization : Pork as a Ritual Meal and Tourism Resource in Okinawa, Japan, *Revisiting Colonial and Post-colonial.* H. W. Wong and K. Maegawa eds. Los Angeles : Bridge21 Publications, pp. 231-255.

Hurn, Samantha (2012) *Humans and Other Animals : Cross-Cultural Perspectives on Human-Animal Interactions.* London : Pluto Press.

Ingold, Tim (1994) From Trust to Domination : An Alternative History of Human-Animal Relations, *Animals and Human Society : Changing Perspectives.* London and New York : Routledge, pp. 1-22.

—— (2000) *The Perception of the Environment : Essays in Livelihood, dwelling and skill.* London and New York : Routledge.

Knight, John (2000) Introduction, *Natural Enemies : People-Wildlife Conflicts in Anthropological Perspective.* John Knight ed. London and New York : Routledge. pp. 1-35.

—— (2005) Introduction, *Animals in Person : Cultural Perspectives on Human-Animal Intimacies.* John Knight ed. Oxford and New York : Berg. pp. 1-13.

—— (2006) *Waiting for Wolves in Japan : An Anthropological Study of People-Wildlife Relations.* Honolulu : University of Hawaii Press.

え」の実践へ』前川啓治編，新曜社，pp. 208–222.
——（2015）「変わりゆく感覚—沖縄における養豚の専業化と豚肉市場での売買を通じて」『文化人類学』79(4)：357–377.
平川宗隆（2005）『豚国・沖縄——あなたの知らない豚の世界』那覇出版社.
平川宗隆・新城明久・山門健一・緒方　修・王志　英（2007）「沖縄県における屠畜場の変遷と山羊の屠殺頭数」『地域研究』3：29–35.
福井勝義（1991）『認識と文化——色と模様の民族誌』東京大学出版会.
前川啓治（2000）『開発の人類学——文化接合から翻訳的適応へ』新曜社.
松井健（1989）『琉球のニュー・エスノグラフィー』人文書院.
三浦耕吉郎編（2008）『屠場　みる・きく・たべる・かく——食肉センターで働く人びと——』晃洋書房.
宮平盛晃（2012）「沖縄におけるシマクサラシの性格」『捧げられる生命—沖縄の動物供犠』原田信男・前城直子・宮平盛晃共著，お茶の水書房，pp. 21–95.
吉田茂（1971）「沖縄に於ける屠畜場——その現状と問題点」『琉球大学農学部学術報告』18：13–42.
——（1983）「広域流通環境下における豚の地域内自給流通構造に関する研究——沖縄県における豚流通の特質とその経済的意義」『琉球大学農学部学術報告』30：1–123.
——（1999）「沖縄の農業及び食生活における中国・アメリカの影響——畜産及び食肉等の消費を通して」『市場史研究』19：59–71.
——（2004）「戦後初期の沖縄畜産の回復過程と布哇連合沖縄救済会」『琉球大学農学部学術報告』51：95–100.
ユクスキュル，ヤーコプ・フォン／クリサート，ゲオルク（2005）『生物から見た世界』日高敏隆・羽田節子訳，岩波書店.（Uexküll, Jakob von und Georg Kriszat 1934 *Streifzüge durch die Umwelten von Tieren und Menschen*. Berlin : J. Springer.）
リーチ，エドモンド（1976）「言語の人類学的側面——動物のカテゴリーと侮蔑語について」『現代思想』4（3）：68–91.（Leach, Edmond 1964 Anthropological Aspects of Language : Animal Categories and Verbal Abuse, *New Directions in the Study of Language*. Eric H. Lenneberg ed. pp. 23–63.）
レヴィ＝ストロース，クロード（2000（1970））『今日のトーテミズム』仲澤紀雄訳，みすず書房.（Lévi-Strauss, Claude 1962 *Le Totémisme Aujourd'hui*. Paris : Presses Universitaires de France.）
——（1976）『野生の思考』大橋保夫訳，みすず書房.（Lévi-Strauss, Claude 1962 *La Pensée Sauvage*. Paris : Librairie Plon.）

【英語文献（アルファベット順）】
Bestor, Theodore C（1989）*Neighborhood Tokyo*. California : Stanford University Press.
——（2003）Inquisitive Observation : Following Networks in Urban Fieldwork, *Doing Fieldwork in Japan*. Theodore C. Bestor, Patricia G. Steinhoff and Victoria Lyon Bestor eds. pp. 315–334. Honolulu : University of Hawai`i Press.
——（2004）*Tsukiji : The Fish Market at the Center of the World*. California : University of California Press.

Purity and Danger : An Analysis of Concepts of Pollution and Taboo. London : Routledge & Kegan Paul.）
多田治（2008『沖縄イメージを旅する──柳田國男から移住ブームまで』中央公論新社.
谷泰（1987「西南ユーラシアにおける放牧羊群の管理──人-家畜関係行動の諸相」『牧畜文化の原像─生態・社会・歴史』福井勝義・谷泰編，日本放送出版協会，pp. 147-206.
當山眞秀（1979）『沖縄県畜産史』那覇出版社.
渡嘉敷綏宝（1996）『豚・この有用な動物』那覇出版社.
土佐昌樹（2001）「なぜ犬を食べてはいけないのか──韓国社会のグローバル化と犬食タブーの行方」『季刊　ヴェスタ』43 : 16-21.
──（2006）「現代韓国犬事情──ポシン文化とペット文化の相克と共存」『季刊　東北学』9 : 48-59.
土屋雄一郎（2008）『環境紛争と合意の社会学』世界思想社.
中西康博（2012）「サンゴの島々における水環境」『琉球列島の環境問題─「復帰」40年・持続可能なシマ社会へ』沖縄大学地域研究所〈「復帰」40年，琉球列島の環境問題と持続可能性〉共同研究班編，高文研，pp. 41-49.
日本食品保全研究会編・春田三佐夫監修（2000）『HACCPにおける微生物危害と対策』中央法規.
萩原左人（1995）「豚肉の分類・料理・儀礼（上）」『歴史人類』23 : 119-140.
──（2009）「肉食の民俗誌」古家信平・小熊誠・萩原左人共著『日本の民俗 12　南島の暮らし』吉川弘文館，pp. 195-278.
ハリス，マーヴィン（1988）『文化の謎を解く──牛・豚・戦争・魔女』御堂岡潔訳，東京創元社.（Harris, Marvin 1974 *Cows, Pigs, Wars and Witches : The Riddles of Culture*. New York : Random House.）
──（1997）『ヒトはなぜヒトを食べたか──生態人類学から見た文化の起源』鈴木洋一訳，早川書房.（Harris, Marvin 1977 *Cannibals and Kings : The Origins of Cultures*. New York : Random House.）
──（2001（1988））『食と文化の謎』板橋作美訳，岩波書店.（Harris, Marvin 1985 *Good to Eat : Riddles of Food and Culture*. New York : Simon & Schuster.）
ハンセン，ポール（2014）「毛むくじゃらで曖昧な境界─社会的メタファーの境界でエスノグラフィーすること」『歴史人類』42 : 28-39，菊池真理訳.
比嘉夏子（2006）「生きものを屠って肉を食べる─私たちの肉食を再考する試み」『フィールドワークへの挑戦』菅原和孝編，世界思想社，pp. 213-234.
比嘉理麻（2008）「現代沖縄における豚肉の『部分消費』の拡大と制御──食肉流通の近代化に焦点をあてて──」『インターカルチュラル』6 : 66-83.
──（2011a）「産業社会の矛盾を映し出すブタへの嫌悪と好意──沖縄の養豚場が「迷惑施設」になる歴史」『インターカルチュラル』9 : 130-147.
──（2011b）「プロセスとしての民俗分類──現代沖縄におけるブタ／肉の商品化の時間と空間」『日本民俗学』265 : 1-29.
──（2012）「食肉産業にみる商品の感覚価値──沖縄における豚肉の均質化と差異化」『カルチュラル・インターフェースの人類学──「読み換え」から「書き換

小松かおり（2002a）「シシマチ（肉市）の技法」『核としての周辺』松井健編，京都大学学術出版会，pp. 39–90.
――（2002b）「第一牧志公設市場のゆくえ――観光化による市場の変容」『開発と環境の文化学―沖縄地域社会変動の諸契機』松井健編，榕樹書林，pp. 165–185.
――（2007）「在来家畜の商品化―沖縄在来豚『アグー』の復活」『生きる場の人類学――土地と自然の認識・実践・表象過程』河合香吏編，京都大学学術出版会，pp. 365–385.
コルバン，アラン（1990）『においの歴史』山田登世子・鹿島茂訳，藤原書店.（Corbin, Alain 1982 *Le Miasme et la Jonwuille : L'odorat et l'imaginaire social 18e–19e siècles*. Aubier-Montaigne.）
――（1993）『時間・欲望・恐怖』小倉孝誠・野村正人・小倉和子訳，藤原書店.（Corbin, Alain 1990 *Le Temps, le Désir et l'Horreur*. Aubier.）
桜井厚・岸衞編（2001）『屠場文化――語られなかった世界――』創土社.
桜井厚・好井裕明編（2003）『差別と環境問題の社会学』新曜社.
佐藤衆介（2005）『アニマルウェルフェア――動物の幸せについての科学と倫理』東京大学出版.
サーリンズ，マーシャル（1982）「文化は肉と利のためか――M・ハリス著『食人と王―文化の起源』の書評」『現代思想』10（6）: 164–179，板橋作美・板橋礼子訳.（Sahlins, Marshall 1978 Culture as Protein and Profit, *New York Review of Books*. 25（18）.）
――（1987）『人類学と文化記号論――文化と実践理性』山内昶訳，法政大学出版.（Sahlins, Marshall 1976 *Culture and Practical Reason*. Chicago : The University of Chicago.）
鹿野一厚（1999）「人間と家畜との相互作用からみた日帰り成立機構――北ケニアの牧畜民サンブルにおけるヤギ放牧の事例から――」『民族学研究』64（6）: 58–75.
島袋正敏（1989）『沖縄の豚と山羊』ひるぎ社.
清水修二（1999）『NIMBY シンドローム考』東京新聞出版局.
下嶋哲朗（1995）『海からぶたがやってきた！』くもん出版.
――（1997）『豚と沖縄独立』未來社.
食肉通信社出版局編・畑田勝司監修　2002『豚枝肉の分割とカッティング――豚肉を商品化するまで』食肉通信社.
シンガー，ピーター（2011（1988））『〈改訂版〉動物の解放』戸田清訳，人文書院.（Singer, Peter 2009（1975）*Animal Liberation*. New York : Harper Perennial Modern Classics.）
新城明久（2010）『沖縄の在来家畜――その伝来と生活史』ボーダーインク.
シンジルト（2012）「家畜の個体性再考―河南蒙旗におけるツェタル実践」『文化人類学』76（4）: 439–462.
菅原和孝（2007）「狩り＝狩られる経験と身体配列――グイの男の談話分析から」『身体資源の共有』菅原和孝編，弘文堂，pp. 89–121.
高良倉吉（1996）「琉球史研究からみた沖縄・琉球民俗研究の課題」『民族学研究』61（3）: 463–467.
ダグラス，メアリ（2009『汚穢と禁忌』塚本利明訳，筑摩書房.（Douglas, Mary 1966

引用文献

【日本語文献（五十音順)】
青木人志（2009)『日本の動物法』東京大学出版会.
朝岡康二（1996)「沖縄諸島における『町』の形成」『国立歴史民俗博物館研究報告』67：355-401.
池谷和信（2014)「世界の家畜飼養の起源—ブタ遊牧からの視点」『「はじまり」を探る』池内了編，東京大学出版会，pp. 105-126．菊池真理訳.
伊谷純一郎（2010（1973))『高崎山のサル』講談社.
上江州均（1981)「『豚』あれこれ——久米島を中心に——」『沖縄民俗研究』3：43-48.
内澤旬子（2007)『世界屠畜紀行』解放出版社.
——（2012)「飼い喰い—三匹のブタとわたし」岩波書店.
梅田英春（2003)「ローカル，グローバル，もしくは『ちゃんぷるー』——沖縄観光における文化の多様性とその真正性をめぐる議論」『観光開発と文化——南からの問いかけ』橋本和也・佐藤幸男編，世界思想社，pp. 83-111.
エヴァンズ＝プリチャード，E・E（1997（1978))『ヌアー族——ナイル系一民族の生業形態と政治制度の調査記録』向井元子訳，平凡社.（Evans-Pritchard, E. E. 1940 *The Nuer*. Oxford : Clarendon Press.)
大本幸子（2001)『泡盛百年古酒の夢』河出書房新社.
小長谷有紀（1999)「モンゴルにおける出産期のヒツジ・ヤギの母子関係への介入」『民族学研究』64（6): 76-95.
太田至（2002)「家畜と貨幣—牧畜民トゥルカナ社会における家畜交換」『遊牧民の世界』京都大学出版会，pp. 223-266.
奥野克己（2012)「序　《特集》自然と社会の民族誌——動物と人間の連続性」『文化人類学』76（4): 391-397.
奥野克己編（2011)『人と動物，駆け引きの民族誌』はる書房.
奥野克己・山口未花子・近藤祉秋編（2012)『人と動物の人類学』春風社.
奥野克己・山口未花子・シンジルト・近藤祉秋・池田光穂（2012)「《特集》自然と社会の民族誌—動物と人間の連続性」『文化人類学』76（4): 391-485.
風戸真理（2009)『現代モンゴル遊牧民の民族誌——ポスト社会主義を生きる』世界思想社.
ギアーツ，クリフォード（1987)『文化の解釈学Ⅱ』吉田禎吾・柳川啓一・中牧弘允・板橋作美訳，岩波書店.（Geertz, Clifford 1973 *The Interpretation of Cultures*. New York : Basic Books.)
北村毅（2009)『死者たちの戦後誌—沖縄戦跡をめぐる人びとの記憶』御茶の水書房.
ギル，トム（2007)「ニンビー現象における排除と受容のダイナミズム」『排除する社会・受容する社会』関根康正・新谷尚紀編，吉川弘文館，pp. 2-32.
金城須美子（1987)「沖縄の肉食文化に関する一考察——その変遷と背景」『生活文化史』11：14-30.
厚生省環境衛生局乳肉衛生課編　1983　『食肉衛生検査マニュアル』中央法規出版.

見られるブタ　120, 235
見る人　120, 235
民俗分類　174
モノ化　10, 111, 121, 235 →ブタのモノ化

や
ヤギ　25, 141, 163
野生動物　2, 8-10, 241, 242, 245
養豚場の立ち退き運動　39, 42
汚れ　73

ら
ランドレース（Landrace）　60, 67, 71, 73, 160, 164
離乳　78, 82, 100, 103, 111, 115, 118, 123, 124, 128
流通　14, 28, 60, 150-152, 155, 158, 161, 162, 165, 179-181, 184-187, 193, 196, 204, 205, 208, 209, 228, 233, 235, 239
ロース
　A――　176, 189, 190, 228
　B――　176, 189, 190, 194, 196-203, 228
ローテーション　110

大量生産　19, 28, 60, 111, 235, 236, 241
大量生産体制　121, 132, 165, 231, 236, 239, 241
脱動物化　19, 20, 137, 140, 144, 145, 148, 149, 155, 158, 161, 162, 165, 233, 234, 240, 241, 243
多頭飼育　28, 44-47, 69, 72, 73, 78-80, 112, 115, 121, 126, 132, 133, 232, 236
多頭飼育化　43, 45-48, 52, 54, 75, 77, 82, 86, 115, 232, 242
種付け　73, 97-99, 110, 111, 115, 116, 124, 131
蛋白質論争　3
血・血液　99, 140, 148-152, 155, 156, 161, 162, 171, 174, 240
チー・イリチャー　152
血抜き　148, 149, 151, 152, 163
吊り下げ式解体　144
デュロック（Duroc）　71, 73
デンマーク式の商用分類　193, 196, 203
等級　62, 159-161, 164, 175, 181
等級制度　60, 62, 158-160
動物人格論　21
動物性　144, 148, 153, 158, 161, 233, 234, 242
トウモロコシ　73, 127, 134
屠体　12, 142, 146, 147, 153, 155, 157, 158, 161, 163, 164, 235, 244
と畜検査員　145, 156
土間式解体　142
豚舎
　——の改変　75, 84
　——の形式　72, 75, 78, 97, 100
　機能別——　78, 84
　旧式——　74, 76, 77, 80, 82, 83, 118-120, 127, 128
　新式——　74, 77, 82, 85, 118-120, 122, 127, 134
　肉ブタ専用——　78, 82, 83, 101, 103, 133
　繁殖メス——　78, 79, 97-99, 118, 120, 126, 127, 129
　分娩・授乳——　78, 80, 82, 97, 115, 118, 127

な
ナイト，ジョン（Knight, John）　8, 10, 11, 236, 241, 242
ナカミジル　205, 206, 223, 229
流れ作業　142, 143, 148, 156
名付け　122, 123, 125, 126, 128, 129, 188
名前　123-126, 128, 129, 191
におい　12, 41, 42, 48, 52, 53, 67, 101, 131, 210, 211, 214, 215, 220-224, 226, 229, 232, 234, 238, 242 →カジャー，ブタのにおい
日本式の商用分類　196, 197, 198
尿　44, 45, 47-49, 51-54, 72, 73, 77, 80, 82, 83, 85, 86, 93, 94, 96, 100, 101, 133, 232
ニンビー（NIMBY）　40-42, 66
農耕　3, 4
ノスケ，バーバラ（Noske, Barbara）　6, 235

は
排泄物・排せつ物　26, 52-54, 76, 133, 148
発情　78, 97, 98, 99, 103, 109, 111, 112, 118, 120, 124, 126, 127, 130, 131
ハリス，マーヴィン（Harris, Marvin）　3, 4
番号　115-118, 122, 124, 128, 157 →数字
繁殖　3, 27, 59, 60, 70-73, 77, 78, 79, 86-88, 96-100, 103, 105, 108-112, 115, 118, 120, 122-127, 129-132, 134, 235, 238
非衛生　90, 156
非効率　60, 120
病気　83, 89, 101, 112, 113, 134, 156
表象　58, 62, 65, 96, 237-239, 243, 244
ブタ　※「ブタ」のみでの検索は不要です
　——の陰部　120, 122
　——の遠隔化　45, 47, 48, 54, 86, 232, 233, 242
　——の顔　35, 118, 122
　——のにおい　48, 49, 54, 55, 93-95, 104, 106, 232, 234 →カジャー，におい
　——のモノ化　10, 19, 108, 111, 121, 235, 237
　——への嫌悪　13, 14, 19, 20, 41, 42, 48, 54, 55, 65, 66, 69, 86, 91, 96, 107, 108, 165, 231, 232, 235, 237, 238, 241-245
　——への好意　19, 39, 42, 65, 69, 237, 238, 242-244
ブタ化　131
ブタ便所　75, 76
部分消費　205, 208, 239
糞　12, 44, 45, 47-49, 51-54, 72, 73, 76, 77, 82-86, 93, 94, 96, 97, 100, 101, 104, 105, 120, 132-134, 222-224, 232
ベスター，テオドル（Bestor, Theodore C.）　17, 21
牧畜　2, 9, 134
本土復帰　28, 43, 45-49, 51, 108, 141-143, 159, 163, 164, 208, 228

ま
マニュアル　17, 52, 108, 163, 196
マニュアル化　108, 110, 111

242-244
交尾　98, 103, 105, 131, 134
功利主義　2-4, 8, 9, 21, 231, 237
効率
——化　69, 73, 75, 78, 118, 144, 235
——性　9, 60, 63, 78, 118, 121, 127, 132, 139
作業——　83, 108, 118, 120
コーイ・ウェーカ　173, 215, 220, 230
個体識別　21, 112, 115, 116, 122, 123, 129, 134, 135, 157
コミュニケーション　7, 21, 121, 130, 132, 236
コルバン，アラン（Corbin, Alain）　41, 42

さ
サーリンズ，マーシャル（Sahlins, Marshall）　3, 4, 5, 20, 144, 162
在来種　33, 37, 60-65, 67, 71, 72, 95, 228, 238, 243
サツマイモ　25
産業化　2, 8, 10-15, 19, 20, 42, 45, 48, 57, 60, 65, 69, 132, 139, 145, 165, 181, 205, 208, 226, 231, 232, 235, 237, 239-245
産業社会　2, 3, 7, 9, 11-13, 15, 16, 20, 39, 40, 42, 65, 111, 137, 138, 140, 231, 235, 243-245
サンマイニク　153, 175-178, 190, 194, 196, 227, 228
飼育期間　100, 109, 126, 134
視覚　62, 65, 112, 116, 159, 160, 175, 192, 204, 212, 217, 219, 223, 224, 226, 230
自家消費　19, 27, 28, 32, 56, 73, 165, 197, 208, 216, 224, 226, 234, 237, 239, 240, 242
自家生産　19, 28, 32, 56, 69, 73, 106, 165, 197, 208, 216, 222-226, 237, 239, 242
自家屠殺　28, 32, 43, 47, 138, 139, 174, 187, 205, 207, 216, 217, 220, 222, 223, 225, 234
耳刻　115, 117
自然交配　73, 97, 103
死の不可視化　140
社会性　10, 11, 236
重箱料理　178, 227
熟練　83, 100, 112, 116, 134, 163, 188, 211, 230
ジュゴン　24, 245
主体　7, 9, 20
出産　77, 78, 80, 82-84, 87, 97, 103, 104, 110, 111, 115, 118, 127, 133
狩猟　2, 7-10
正月　27, 28, 32, 47, 56, 57, 139, 151, 205-208, 211, 215, 223, 224, 226, 229, 240
消臭　49, 52, 53, 96, 210, 211, 214, 220, 222, 224, 225
小腸　187, 205, 209, 212-214, 217-220, 222, 223, 225, 228-230
象徴　4-6, 8, 39, 60, 65, 149, 231, 237, 238
象徴論　2, 6, 7, 9, 20
商品価値　140, 158, 161, 162, 214
情報　112, 113, 115, 116, 120, 121, 123, 124, 126, 132, 172, 180, 223, 224, 235
飼料　44, 51, 71, 72, 73, 92, 101, 127, 132, 134 →餌
人格　6, 7, 9, 11, 21, 236, 237
人工授精　71, 97, 98, 103, 125, 130-132
身体　20, 21, 52, 132, 184-188, 192, 193, 196, 197, 200, 203, 204, 206, 236
数字　30, 115, 116, 121, 123, 132, 235 →番号
スーチカー　30
スーチキ・ガーミ　31, 32
清浄区域　145-147, 148, 155, 156
生殖　110, 111, 115, 120, 161
制度　17, 28, 60, 62, 112, 113, 139, 140, 143, 158-160, 162, 175, 233, 243
制度化　112
世代差　214, 216, 217, 235
世帯養豚　69, 72, 73, 81-83, 85, 87, 88, 91, 92, 100, 102, 103, 105-108, 110, 115, 116, 118, 122, 123, 125, 126-128
接触　13, 88, 91-93, 94, 97-108, 126, 130, 132, 155, 157, 158, 161, 236
接触感染　89
専業化　15, 19, 45, 47, 48, 52, 54, 69, 72, 75, 84, 86, 88, 91, 105, 107, 138, 225, 232, 235, 242
戦後　1, 12, 15, 19, 27, 28, 33, 42, 43, 45, 58, 60, 62-64, 71, 76, 77, 139, 141, 166, 167, 170, 179, 180, 228, 235, 238, 242
戦前　1, 27, 28, 37, 43, 45, 58, 83, 141, 228
ソゥグヮチ・ゥワー　27, 224
ソゥグヮチ・カジャー　224
相互行為　9-11, 109, 121, 179, 197, 200, 236
祖先祭祀　28, 33, 150, 153, 175

た
対峙　7, 9, 10, 106, 111, 121, 132, 137
大腸　187, 205, 206-214-226, 228-230, 234, 239
体表　63, 112 →毛
大ヨークシャー（Large White）　71, 73
大量消費　15, 28, 32, 206, 208, 211, 239

索引

あ
アグー　37, 60-64, 67, 72, 95, 238, 243
悪臭　13, 19, 39, 41, 42, 45, 48-55, 66, 86, 89, 96, 211, 224, 232
悪臭言説　49, 54, 65, 107, 232
悪臭問題　237, 241
胃　164, 187, 205, 209, 212-214, 217-220, 222, 223, 225, 228-230
異臭　48, 54, 232
インゴルド，ティム（Ingold, Tim）　9, 10, 11
ヴィアレス，ノエリエ（Vialles, Noelie） 139, 140, 144, 162, 163
ウシ　3, 4, 5, 20, 24, 25, 29, 36, 141
美しさの基準　178
ゥワー
——・クルシ　27, 56, 207, 237
——サー　47, 143
——・フール　75
ウンケー・ジューシー　202, 203
衛生　47, 48, 76, 139, 141, 145, 147, 151, 153, 155, 156, 158, 163, 164, 187, 228, 229, 233, 245
衛生検査　47, 48, 76, 139, 141, 145, 147, 151, 153, 155, 156, 158, 163, 164, 187, 228, 229, 233, 245
エージェンシー　9, 10, 11, 111, 236
エージェント　10, 236
餌　25, 72, 73, 77, 80, 83-87, 97, 100, 101, 106, 113, 116, 127, 132, 134 →飼料
汚染　41, 50, 86, 133, 147, 155-158, 163
汚染区域　145-149, 155, 156

か
害獣　8
害畜　48, 55, 86, 232, 233, 242
外来種　27, 59-65, 71, 73, 160, 238, 242
格付け検査　60, 143, 145, 146, 158-161
格付け検査員　145
カジャー　93, 224
家畜　2-5, 9-12, 20, 24-26, 29, 30, 43, 47, 51, 53, 54, 59, 79, 86, 108, 111, 129, 133, 135, 137, 140-142, 147, 180, 184, 231-233, 235, 236, 238, 242-244
皮　34, 140, 149, 152, 153, 155, 161, 162, 171, 174, 175, 194, 197, 227, 228, 240
感覚　61, 62, 65, 107, 139, 188, 203, 204, 206, 208-210, 212, 214, 216, 217, 220, 222-226
環境　3, 7, 10, 21, 42, 45, 47-50, 52-55, 65-67, 86, 133, 134, 211, 232, 243-245
観光　8, 29, 32-34, 36, 37, 60, 61, 140, 238, 240, 241, 245
監視　86, 107, 156, 233
管理　10, 49, 52-54, 72, 73, 75, 93, 97, 100, 101, 103, 108-110, 112, 113, 115, 116, 118, 123, 132, 133, 141, 147, 148, 157, 163, 235, 236
機械化　10, 72, 73, 78, 84, 100, 103, 133, 139, 142
規格　127, 158, 160, 163, 183, 193, 194
規格化　123, 125, 128, 129, 160, 161, 163, 181
企業養豚　69, 71-73, 81-83, 89-93, 96, 97, 100, 102, 103, 105, 107, 108, 110, 116, 118, 120, 122-125, 129, 132
擬人化　19, 121, 131, 235-237
汚い　48, 55, 84, 89-91, 95, 133, 145, 147, 222, 223, 232, 233
客体　9, 11, 20, 111, 112, 121, 235, 236
旧盆　47, 178, 202, 203, 206, 207, 211, 215, 227
境界　8, 19, 84, 86, 88-93, 95, 96, 100, 102, 107, 108, 120, 126, 131, 132, 147, 148, 163, 167, 232-235, 241-243
境界論　9, 241
きれい　145, 147, 155, 156, 158, 161, 221, 223, 229, 233
儀礼　5, 14, 28, 33, 36, 56, 57, 174, 175, 237, 240
儀礼食　32, 33, 55, 140, 153, 173, 178, 200, 202, 205, 207, 216, 217, 220, 240, 241
くさい　2, 13, 89, 93, 94, 95, 106, 210, 222, 224, 226, 232, 234
グディ，ジャック（Goody, Jack）　13, 239
毛　62, 63, 67, 126, 134, 140, 147-149, 152, 153, 155, 171, 181 →体表
言説　42, 49, 54, 55, 57, 65, 66, 232, 237,

比嘉理麻（ひが りま）
筑波大学大学院人文社会科学研究科博士課程単位取得退学，博士（国際政治経済学）（筑波大学，2013 年）．
1978 年生まれ．
2012 年 4 月から現在まで日本学術振興会特別研究員 PD（京都大学）．
専門 文化人類学，沖縄研究．
主著 「変わりゆく感覚―沖縄における養豚の専業化と豚肉市場での売買を通じて」（『文化人類学』79(4)，2015 年），「産業社会の矛盾を映し出すブタへの嫌悪と好意―沖縄の養豚場が『迷惑施設』になる歴史」（『インターカルチュラル』 9，2011 年），「プロセスとしての民俗分類―現代沖縄におけるブタ／肉の商品化の時間と空間」（『日本民俗学』265，2011 年），『カルチュラル・インターフェースの人類学』（共著，新曜社，2012 年）など．

（プリミエ・コレクション 52）
沖縄の人とブタ――産業社会における人と動物の民族誌

2015 年 3 月 31 日　初版第一刷発行

著者　比嘉理麻
発行者　檜山爲次郎
発行所　京都大学学術出版会
京都市左京区吉田近衛町69
京都大学吉田南構内（606-8315）
電話　075 - 761 - 6182
FAX　075 - 761 - 6190
振替　01000 - 8 - 64677
http://www.kyoto-up.or.jp/
印刷・製本　株式会社 太洋社

ISBN978-4-87698-075-8　定価はカバーに表示してあります
Printed in Japan